Die Genese der metamorphen Gesteine

Helmut G. F. Winkler

Zweite, erweiterte Auflage

Mit 53 Abbildungen

Springer-Verlag Berlin Heidelberg GmbH 1967

Professor Dr. Helmut G. F. Winkler
Mineralogisch-Petrologisches Institut der Universität Göttingen

© by Springer-Verlag Berlin Heidelberg 1967. Library of Congress Catalog Card Number 67-20590.
Ursprünglich erschienen bei Springer-Verlag Berlin Heidelberg New York 1967

ISBN 978-3-662-27542-9   ISBN 978-3-662-29029-3 (eBook)
DOI 10.1007/978-3-662-29029-3

Umschlagentwurf: A. Choudhuri
Titel-Nr. 1281

Vorwort zur zweiten Auflage

Es ist für einen Autor eine Freude, wenn er bereits ein Jahr nach Erscheinen der ersten Auflage vom Verlag die Nachricht erhält, daß eine zweite Auflage in Kürze notwendig wird. Ich habe gerne die Gelegenheit ergriffen, den Text der ersten Auflage vollständig zu überarbeiten, um einige Fehler zu verbessern und die neuesten Ergebnisse zu berücksichtigen. Zwischen dem Abschluß des Manuskriptes der ersten und der zweiten Auflage liegen genau zwei Jahre. In dieser kurzen Zeit haben petrographische Geländearbeiten und experimentelle Laborarbeiten viele neue Ergebnisse geliefert, die im unverändert gebliebenen Rahmen dieses Buches zu berücksichtigen waren. Es ist höchst erfreulich festzustellen, daß jene beiden verschiedenartigen Arbeitsrichtungen sehr aktiv sind, sich gegenseitig anregen und sich ergänzen.

Wesentliche Änderungen und Erweiterungen sind vor allem in den Kapiteln 4, 5, 6, 11, 12, 14, 15 und 16 vorgenommen worden; nur das erste und das letzte Kapitel konnten fast unverändert bleiben. Einige wenige Änderungen gegenüber der ersten deutschen Auflage sind in der später erschienenen amerikanischen und in der französischen Auflage bereits angebracht worden, aber die hier vorliegende zweite deutsche Auflage stellt eine Überarbeitung des ganzen Buches dar. Das Ausmaß der beträchtlichen Erweiterung gegenüber der ersten Auflage spiegelt sich infolge des geänderten Druckverfahrens nicht in der Seitenzahl wider.

Mein herzlicher Dank gilt Herrn Dr. W. JOHANNES und Herrn Dr. P. METZ für das Lesen der Korrektur und Frau Dr. PAULA SCHNEIDERHÖHN für die mühevolle Arbeit der Zusammenstellung des Sachverzeichnisses. Außerdem bin ich einigen Kollegen sehr dankbar für Anregungen, die ich aus Buchbesprechungen, persönlichen Briefen oder Diskussionen erhalten habe. Der Deutschen Forschungsgemeinschaft und meinen jungen Mitarbeitern gilt wiederum mein besonderer Dank, denn ohne ihre Hilfe hätten die meisten der erforderlichen experimentellen Arbeiten nicht durchgeführt werden können. Dem Springer-Verlag möchte ich Dank und Anerkennung aussprechen für die mustergültige Zusammenarbeit und vor allem dafür, daß er es auch diesmal ermöglicht hat, das Buch preisgünstig auf den Markt zu bringen. Damit ist mein Wunsch erfüllt worden, daß jeder Student, für den das Buch nützlich ist, es sich auch kaufen kann.

Göttingen, 1. Februar 1967   HELMUT G. F. WINKLER

Vorwort zur ersten Auflage

Seit etwa 15 Jahren hat eine erstaunliche Entwicklung in der Petrologie eingesetzt; denn von den seit jener Zeit zur Verfügung stehenden Möglichkeiten, Reaktionen gleichzeitig unter hohen Drucken und recht hohen Temperaturen zu studieren, hat die experimentelle Mineralogie und Petrologie sofort Gebrauch gemacht. Auf diesem Gebiet herrscht eine sehr rege Forschungstätigkeit mit dem Ziel, die Entstehung der magmatischen und vor allem der metamorphen Gesteine zu ergründen.

Erst vor wenigen Jahren sind die bekannten Lehrbücher von TURNER und VERHOOGEN (1960) und von BARTH (1962) in 2. Auflage erschienen, aber inzwischen liegen auf dem Gebiet der Metamorphose so viele neue experimentelle Arbeiten und auch petrographische Beobachtungen vor, daß es mir angebracht erscheint, unser jetziges Wissen über die Genese der metamorphen Gesteine darzustellen. Hierbei stehen die mineralogisch-chemischen Aspekte im Vordergrund, nämlich die Reaktionen, durch welche die Gesteine unter den Bedingungen innerhalb der Kruste der Erde metamorph umgebildet worden sind und noch umgebildet werden. „The question of the general relationship between the minerals and mineral associations, on the one hand, and temperature and pressure, on the other, is the real core of the study of metamorphic rocks" (BARTH, 1962).

Nicht behandelt ist die Gefügekunde der metamorphen Gesteine, welche in sich ein geschlossenes Gebiet ist. Die sehr interessanten zeitlichen Beziehungen zwischen Orogenese und Metamorphose konnten leider im Rahmen dieses Buches ebenfalls nicht dargestellt werden.

Das vorliegende Buch ist aus meinen Vorlesungen hervorgegangen; möge es den Studenten der Petrologie, Geologie und Geochemie als Lehrbuch dienen und ihnen Anregungen für ihre Arbeiten geben. Außer der in Praktika und im Gelände zu erlangenden Vertrautheit mit dem Erscheinungsbild der Metamorphite sind für das Verständnis des Textes keine weiteren speziellen Voraussetzungen nötig. Die fortlaufend zitierte Literatur ermöglicht leicht ein vertieftes Studium und öffnet so dem Studenten unmittelbar das Tor zur modernen Forschung.

Meinen Mitarbeitern, vor allem Herrn Dozent Dr. H. v. PLATEN, Herrn Dr. E. ALTHAUS und Herrn Dr. P. METZ möchte ich für mannigfache Hilfeleistungen und für die Durchführung einer Anzahl von Experimenten herzlich danken. Die Deutsche Forschungsgemeinschaft hat seit vielen Jahren durch apparative Leihgaben unsere Arbeiten sehr gefördert; ihr gebührt mein besonderer Dank. Frau Dr. PAULA SCHNEIDERHÖHN, die mir die große Mühe der Zusammenstellung des Registers bereitwilligst abgenommen hat, bin ich dankbar verpflichtet. Dem Springer-Verlag danke ich, daß er neue Wege gegangen ist und es dadurch ermöglicht hat, den Studenten ein preisgünstiges Buch anzubieten.

Göttingen, 1. Februar 1965   HELMUT G. F. WINKLER

Inhaltsverzeichnis

1. Definition und Arten der Metamorphose

Wenn magmatische Gesteine, die bei relativ hohen Temperaturen zwischen etwa 650 °C und 1200 °C gebildet worden sind, oder Sedimente, die bei Oberflächentemperatur entstanden sind, in Bereiche der Erdkruste gelangen, in denen andere Temperaturen und Drucke als bei der Entstehung der magmatischen bzw. sedimentären Gesteine herrschen, dann sind viele Minerale jener Gesteine nicht mehr stabil; sie reagieren vielmehr zu solchen Mineralparagenesen, die unter den neuen Bedingungen stabil sind. Die Gesteine werden umgebildet. Man unterteilt den großen Temperaturbereich, in dem Gesteinsveränderungen erfolgen können — abgesehen von dem Oberflächenbereich der Verwitterung —, in den sich unmittelbar an die Sedimentation anschließenden niedrigertemperierten Bereich der diagenetischen Umbildungen (Diagenese) und den höhertemperierten Bereich der metamorphen Umbildungen (Metamorphose).

Definition: „Metamorphose ist die mineralogische Veränderung von Gesteinen unter Beibehaltung des festen Zustandes infolge physikalischer und chemischer Bedingungen, die außerhalb des Bereichs der Verwitterung und der Diagenese in der Tiefe der Erde geherrscht haben und die von denjenigen Bedingungen verschieden sind, bei denen die Gesteine entstanden sind." Obwohl diese Definition alle Gesteine umfaßt, werden Salzgesteine (Evaporite) und Kohlen hier nicht betrachtet, weil deren Metamorphose bereits bei wesentlich niedrigeren Temperaturen und Drucken erfolgt als die Metamorphose silikatischer und carbonatischer Gesteine. In den als metamorph bezeichneten geologischen Gebieten findet man niemals mehr Evaporite, und kohlige Substanz liegt als Graphit vor.

Man unterscheidet entsprechend dem geologischen Vorkommen lokal begrenzte von regional ausgedehnten Metamorphosen.

Lokal begrenzt sind die *Kontaktmetamorphose* und die völlig andersgeartete *Dislokationsmetamorphose.*

Die *Kontaktmetamorphose* kommt durch Aufheizung des Nebengesteins infolge Intrusion größerer Magmamassen zustande. Wir können sie auch als lokal begrenzte statische Thermometamorphose bezeichnen, bei der sich eine Aureole metamorpher Gesteine entwickelte. Diese Metamorphite haben ein dichtes, regelloses, meistens sehr feinkörniges Gefüge und werden Hornfelse genannt. In dem großen Temperaturgefälle vom heißesten Kontaktbereich bis in das unveränderte Nebengestein können mineralogisch Zonen verschiedener metamorpher Umbildungen unterschieden werden.

Die *Dislokationsmetamorphose* (cataclastic metamorphism) ist auf Bereiche von Verwerfungen und Überschiebungen beschränkt. Es erfolgt ein mechanisches Zerbrechen und Zermahlen und dadurch eine Änderung des Gesteinsgefüges; man nennt die so veränderten Gesteine Mylonite. Bei dieser lokal sehr begrenzten Umbildung ohne Wärmezufuhr fanden chemische Reaktionen zwischen den Mineralen nicht oder nur untergeordnet statt. Wir werden nicht weiter darauf eingehen.

Andersgeartete und ebenfalls lokal eng begrenzte Gesteinsumwandlungen hat COOMBS (1961) mit *Hydrothermal-Metamorphose* bezeichnet. Hier sind heiße Lösungen bzw. Gase durch Klüfte geströmt und haben nur im unmittelbaren Nebengestein Mineralumbildungen verursacht. Auch auf solche Prozesse werden wir hier nicht weiter eingehen.

Regional ausgedehnt findet man metamorph umgebildete Gesteine in Arealen von Hunderten bis Tausenden von Quadratkilometern. Man spricht daher von *regionaler Metamorphose*. Zwei mineralogisch und genetisch verschiedene Arten regionaler Metamorphosen müssen heute unterschieden werden; wir wollen sie nennen:

   a) regionale Thermo-Dynamometamorphose (Regionalmetamorphose i. e. S.);

   b) regionale Versenkungsmetamorphose.

Die regionale *Thermo-Dynamometamorphose* steht in einem geographischen und sicher auch ursächlichen Zusammenhang mit großräumiger Gebirgsbildung. Die Metamorphose erfolgt — wie bei der Kontaktmetamorphose — durch Zufuhr thermischer Energie, wobei aber sehr ausgedehnte metamorphe Zonen gebildet werden. Aus der Änderung der jeweiligen Mineralbestände schließt man auf ein kontinuierliches Ansteigen der Temperatur mit zunehmender ursprünglicher Tiefenlage; dabei sind Werte von etwa 700 °C erreicht worden. Es ist also in einem Krustenteil der Erde thermische Energie von unten zugeführt worden; d. h. zur Zeit solcher Metamorphose und Gebirgsbildung war die Temperatur in den jeweiligen Erdtiefen höher als vor und nach solchem Geschehen; der geothermische Gradient, °C/km, war größer als zu „normalen" Zeiten. Anders aber als bei der Kontaktmetamorphose, der statischen Thermometamorphose, fand die regionale Thermo-Dynamometamorphose unter gleichzeitiger orogener Durchbewegung statt. Damit soll nicht gesagt werden, daß alle Mineralbildungen nur während der orogenen Bewegungsphasen entstanden seien. Detaillierte Untersuchungen haben gezeigt, daß das nicht zutrifft, sondern daß auch in der Zeit zwischen Bewegungsphasen und auch noch postorogen Umkristallisationen erfolgen. Trotzdem zeigen die so entstandenen Metamorphite sehr deutlich den Einfluß einer Beanspruchung durch gerichteten Druck, denn eine schieferige Textur ist um so besser bei ihnen entwickelt, je größer ihr Anteil an blättchen- und stäbchenförmigen Mineralen ist (Chloritschiefer, Glimmerschiefer etc.).

Früher glaubte man, daß die Art der gebildeten Minerale entscheidend davon abhängt, ob gleichzeitig mit dem Ablauf metamorpher Mineralreaktionen Durchbewegungen (displacive-shearing stress) stattfanden oder nicht. Nach heutiger Kenntnis dürfte das jedoch ohne Bedeutung sein; denn DACHILLE und ROY (1960) haben experimentell nachweisen können, daß die Stabilitätsbereiche der metamorphen Mineralassoziationen infolge zusätzlicher Durchbewegung nicht geändert werden. Lediglich die Reaktionsgeschwindigkeiten bei der Bildung der stabilen Paragenesen werden wesentlich vergrößert, was zwar für experimentelle Untersuchungen sehr wichtig, aber für das natürliche Geschehen, dem sehr lange Zeiten zur Verfügung standen, nicht bedeutsam ist.

Wesentliche Unterschiede der regionalen Thermo-Dynamometamorphose zur lokalen Kontaktmetamorphose bestehen darin, daß die Gefüge der gebildeten Metamorphite sehr unterschiedlich sind, und ferner, daß die Kontaktmetamorphosen in der Regel nur im oberen Krustenteil in etwa 1 bis 10 km Tiefe, entsprechend Belastungsdrucken zwischen einigen hundert und etwa 2000 bis 3000 Bar stattgefunden haben, während die regionalen Thermo-Dynamometamorphosen im Zusammenhang mit Orogenesen in der Regel unter höheren, bisweilen unter erheblich höheren Belastungsdrucken stattfanden. Hierin besteht der wesentliche genetische Unterschied; denn der Temperaturbereich, in dem metamorphe Reaktionen bei beiden Arten der Metamorphose stattfinden, kann gleich groß sein; er liegt — wie wir später zeigen werden — zwischen etwa 400 °C und maximal etwa 800 °C. Wir werden auch später sehen, daß man heute nicht mehr nur zwischen Kontaktmetamorphose und regionaler Thermo-Dynamometamorphose unterscheiden muß, sondern wir müssen bei letzterer mehrere Ausbildungsarten, mehrere Typen unterscheiden. Diese Metamorphose kann nämlich unter hohen Drukken, unter mittelhohen und unter mittleren Drucken erfolgt sein, während die Kontaktmetamorphose meistens unter relativ kleinen Drucken abgelaufen ist. Es ist also durch eine hoch aufgestiegene magmatische Intrusion im darüber befindlichen Krustenteil ein sehr großer geothermischer Gradient von 100 °C pro km oder mehr gebildet worden. Dieser sehr große geothermische Gradient hat aber nur eine lokal recht begrenzte Verbreitung: Kontaktmetamorphose. Wenn andererseits eine regionale Aufheizung eines Krustenbereiches derart erfolgt, daß z. B. 750 °C in 15 km Tiefe bzw. 25 km Tiefe herrschen, dann ist ein geothermischer Gradient von etwa 50 °C/km bzw. 30 °C/km eine Zeitlang vorhanden, und unter solchen unterschiedlichen Temperatur- und Druckbedingungen erfolgen unterschiedliche Mineralreaktionen, die zu verschiedenen Ausbildungsarten der Produkte der regionalen Thermo-Dynamometamorphose führen. Wir haben

---

DACHILLE und R. ROY in J. H. BOER et al. (editors): Reactivity of Solids. Amsterdam 1960, und J. Geol. 72, 243—247 (1964).

also verschiedene Typen zu unterscheiden, die in Fig. 1 schematisch mit Typ A bis C bezeichnet sind.

Die regionale *Versenkungsmetamorphose* (burial metamorphism; COOMBS, 1961) steht weder mit Orogenese noch mit plutonischen Intrusionen in einem Zusammenhang. Sedimente und eingelagerte Vulkanite einer Geosynklinale sind allmählich in größere Tiefen versenkt worden, ohne daß gleichzeitig orogene Gebirgsbildung stattfand. Die Temperaturen, die selbst in großen Krustentiefen erreicht worden sind, sind viel niedriger geblieben als bei der Thermo-Dynamometamorphose; Temperaturen um 400 °C bis 450 °C dürften höchstens erreicht worden sein. Wegen des Fehlens orogener deformativer Durchbewegungen sind die Metamorphite in der Regel nicht geschiefert; das ursprüngliche Gefüge ist noch weitgehend erhalten geblieben, aber der Mineralbestand ist geändert worden. Im Handstück erkennt man die metamorphe Umbildung oft nicht, sondern erst im Dünnschliff unter dem Mikroskop.

Durch Versenkungsmetamorphose sind diejenigen Metamorphite entstanden, die einerseits in der sogenannten *zeolithischen Fazies* und andererseits in der sogenannten *Glaukophanschieferfazies* zusammengefaßt sind; sie werden später eingehend beschrieben. Der Unterschied dieser beiden Ausbildungsarten ist nicht durch verschieden hohe Temperaturen, sondern durch stark unterschiedliche Drucke bedingt. Die Temperaturen waren in beiden Fällen niedrig, aber die Gesteine der Glaukophanschieferfazies sind unter den höchsten in der Erdkruste erreichbaren Drucken entstanden, also in Krustenbereichen mit besonders kleinem geothermischen Gradienten, während bei der Bildung der Gesteine der zeolithischen Fazies wohl annähernd ein „normaler" geothermischer Gradient wirksam gewesen ist.

Aus der Bezeichnung Glaukophanschieferfazies könnte man meinen, daß hier eine Schieferung der Gesteine allgemein sei. Das trifft zwar für einige Gebiete und für solche lokalisierte Vorkommen zu, die entlang großer Verwerfungszonen gruppiert sind und tektonisch aus größerer Tiefe hochgeschleppt worden sind. Man hat aber in letzter Zeit Metamorphite dieser Fazies in ausgedehnten Gebieten z. B. in Kalifornien festgestellt, die keine Schieferung aufweisen; das ursprüngliche Gesteinsgefüge ist so wenig geändert worden und die neugebildeten Minerale sind so feinkörnig, daß allein durch eine mikroskopische Untersuchung der metamorphe Charakter des Gesteins festgestellt werden kann.

Trotz der niedrigen Metamorphosetemperaturen ist unter den sehr hohen Drucken der Glaukophanschieferfazies meistens eine vollständige Anpassung des ursprünglichen Mineralbestandes an die metamorphen Bedingungen erfolgt, während unter den niedrigeren Drucken der zeolithischen Fazies die Anpassung an die metamorphen Bedingungen nicht immer voll-

---

D. S. COOMBS: Australian J. Sci. 24, 203—215 (1961).

ständig, sondern oft nur weitgehend oder — bei grobkörnigeren Gesteinen —
im Entstehen begriffen war. Bei den höheren Temperaturen der Kontakt-
und der Regionalmetamorphose sind die Umkristallisationen vollständig
erfolgt, obwohl die Drucke sehr verschieden waren.

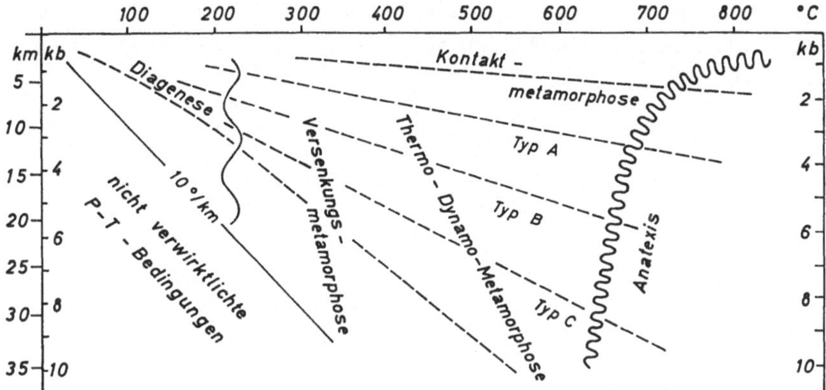

Fig. 1. Schematisches Druck-Temperaturdiagramm der Metamorphosearten. (Der
T-P-Bereich links unterhalb des niedrigstmöglichen geothermischen Gradienten
von etwa 10 °C/km ist in der Natur nicht verwirklicht.) Die dem Druck zugeord-
neten Tiefen sind maximale Tiefen; sie können auch geringer sein; siehe Kapitel 2

Zusammenfassend sind in Fig. 1 die verschiedenen Arten von Metamorphosen, mit denen wir uns hier näher beschäftigen wollen, verschiedenen
geothermischen Gradienten, genauer gesagt, verschiedenen Temperaturver-
teilungen mit der Tiefe, schematisch zugeordnet. Zu der Darstellung ist noch
zu bemerken, daß man in Kontinenten ab Tiefen von einigen km als „normalen" geothermischen Gradienten 20 °C/km annimmt; in 20 km Tiefe
würde dann die Temperatur etwa 400 °C betragen. In schnell abgesunkenen
Geosynklinalen ist der Temperaturanstieg mit der Tiefe geringer, in aktiven
Orogenen ist er größer, z. T. wesentlich größer, und in Gebieten seichter
magmatischer Intrusionen entsteht — auf geringe vertikale und horizontale
Entfernungen begrenzt — ein sehr starkes Temperaturgefälle (Kontaktmetamorphose). In der Darstellung ist der Bereich der Diagenese von demjenigen der Metamorphose zwischen 300 °C und 200 °C durch eine
Schlangenlinie abgegrenzt. Man nahm an, daß bereits bei erheblich niedrigeren Temperaturen die Metamorphose silikatischer Gesteine begänne, und
man war erstaunt, daß Tiefbohrungen in 7 km Tiefe, wo 200 °C gemessen
wurden, noch völlig unmetamorphe Gesteine antrafen. Heute wissen wir,
daß man nichts anderes erwarten kann.

Das Gebiet der Metamorphose, also der Mineralreaktionen unter Beibehaltung des festen Zustandes, reicht bis in das Gebiet der Anatexis hinein.
Hier beginnt der Prozeß, durch den in quarz- und feldspatführenden Ge-

steinen in größerem Ausmaß Schmelzen granitischer Zusammensetzung gebildet werden; in anderen Gesteinen findet keine Schmelzbildung statt. Dieses Gebiet der Anatexis überlappt sich mit dem Gebiet höchsttemperierter Metamorphose. Die Schlangenlinie bei den höheren Temperaturen kennzeichnet den Bereich des Beginns der Anatexis von Gneisen; mit den niedrigsten Temperaturen der Anatexis sind die (druckabhängigen) Temperaturen des Beginns des Schmelzens von Graniten in Gegenwart von Wasser[1] identisch.

---

[1] O. F. TUTTLE und N. L. BOWEN: Geol. Soc. Amer. Mem. **74** (1958).
W. C. LUTH, R. JAHNS und O. F. TUTTLE: J. Geophys. Res. **69**, 759—773 (1964).

2. Faktoren der Metamorphose

Temperatur und Drucke sind die physikalischen Faktoren, unter deren Einfluß die Metamorphosen ablaufen. Metamorphose ist im allgemeinen gleichbedeutend mit Reaktionen zwischen den in einem Gestein benachbart liegenden Mineralen unter Bedingungen der Erdtiefe. Eine Mineralparagenese, die bei niedrigen Temperaturen stabil ist, wird bei höheren Temperaturen instabil und reagiert zu einer neuen, jetzt stabilen Paragenese. Wenn an der Reaktion Carbonate bzw. H_2O- oder OH-haltige Silikate beteiligt sind, dann wird CO_2 bzw. H_2O frei; je höhertemperiert die Metamorphose ist, um so geringer ist die in Mineralen gebundene Menge an CO_2 und H_2O. Eine leichtflüchtige, unter metamorphen Bedingungen gasförmige Phase ist während der Metamorphose also stets vorhanden; sie war auch bereits vor Beginn der Metamorphose in den Gesteinsporen, auf feinen Klüften und adsorbiert auf den Kornoberflächen der Minerale zugegen. Selbst bei magmatischen Gesteinen müssen wir annehmen, daß während der Metamorphose vor allem H_2O in genügender Menge vorhanden war bzw. sich Zugang über feine Klüfte schaffen konnte, denn sonst hätte z. B. die Metamorphose von Basalten zu Amphiboliten und zu Chlorit-Epidot-Grünschiefern nicht erfolgen können.

Aus vielen Experimenten wissen wir, daß durch die Anwesenheit insbesondere von Wasser bei der Metamorphose die Umkristallisationen außerordentlich beschleunigt werden; ohne Wasser würden manche Reaktionen selbst in geologischen Zeiten nicht vollständig abgelaufen sein.

Auf die katalytische Wirkung kleiner Mengen von Wasser ist es zurückzuführen, daß benachbarte Minerale eines Metamorphits in der Regel eine im thermodynamischen Gleichgewicht befindliche Assoziation koexistierender Minerale [1] darstellen. Die gasförmige Phase, die mit den Mineralen des Gesteins während des Prozesses der metamorphen Umbildung koexistierte, darf keineswegs unberücksichtigt bleiben, wenn auch über ihre Menge und Zusammensetzung petrographisch keine Aussagen mehr gemacht werden können. Trotz der Anwesenheit einer leichtbeweglichen, gasförmigen Phase zwischen den Korngrenzen, auf Schieferungsflächen, in Kapillaren und Poren darf man jedoch nicht meinen, daß diese gasförmige Phase, die natürlich

---

[1] Zu einer Gleichgewichtsparagenese eines Metamorphits gehören natürlich nicht die sogenannten gepanzerten Relikte, d. h. Minerale, die so vollständig von Neubildungen umschlossen sind, daß ihre Teilnahme an einer speziellen metamorphen Reaktion ausgeschlossen war.

auch die dem jeweiligen Gleichgewicht entsprechende Menge an Mineralen
gelöst enthalten hat, Stoffumlagerungen über große Entfernungen im Gestein
verursacht hätte. Wir haben vielmehr viele Hinweise dafür, daß das ganze
Gesteinssystem *während der nur kurzen Zeit*, die für die metamorphen Umkristallisationen benötigt wird, „geschlossen" war. Stoffwanderungen fanden
meistens nur in der Größenordnung der bei der Umkristallisation gebildeten
Kristallgrößen statt; denn oft kann beobachtet werden, daß selbst feine
chemische Unterschiede in ehemaligen Sedimenten auch nach der metamorphen Umbildung noch völlig erhalten sind. Die Metamorphose erfolgte
überwiegend isochemisch, d. h. ohne Zufuhr und Abfuhr von Stoffen[1]; erst
nach erfolgter Metamorphose konnten H_2O und CO_2 vollständig entwei-
chen. Wäre letzteres nicht der Fall gewesen, dann hätten ja bei allmählichem
Absinken der Temperatur die Reaktionen wieder rückwärts ablaufen müssen. Aber *retrograde Metamorphose* ist in der Regel nicht erfolgt, sondern
hat nur in gewissen, lokal begrenzten Bereichen stattgefunden. Für solche
Bereiche, wo höhergradige Metamorphite in niedrigergradige umgewandelt
worden sind (z. B. Amphibolite in Grünschiefer), muß man annehmen, daß
erhebliche Zeit nach Durchschreitung des Höchststandes der Metamorphose
ein Zustrom neuer, H_2O-reicher, oft CO_2-haltiger Gase auf Scherflächen und
Klüften in das Gestein erfolgt ist. Dann konnten die Reaktionen rückläufig
ablaufen unter Bildung der bei niedrigeren Temperaturen stabilen Mineralassoziationen, die ja in der Regel OH- bzw. CO_2-reicher sind. Aber retrograde metamorphe Gesteine oder — wie man auch sagt — diaphtoritische
Metamorphite machen nur einen sehr kleinen Bruchteil der Metamorphite
aus. Andererseits ist ein Beginn einer Rückumwandlung schon recht oft bei
gewissen Mineralen zu beobachten; diese wird wohl erst in der Nähe der
Oberfläche stattfinden. Abgesehen hiervon zeigt die Art des Mineralbestandes der Metamorphite, daß der *jeweils höchstgradige Zustand* der Metamorphose fixiert worden ist; d. h., die Mineralparagenesen der Metamorphite
sind unter den relativ höchsten Temperaturen und/bzw. höchsten Drucken
entstanden, welche jeweils in einem metamorphen Bereich geherrscht haben.

In regional metamorphen Gebieten kann man Zonen gewisser Ausdehnung unterscheiden, deren Metamorphite jeweils in einem gewissen *Bereich*

---

[1] Zum Unterschied von isochemischen Umkristallisationen spricht man von
allochemischen Umbildungen, wenn Stoffaustausch stattgefunden hat. Diesen Vorgang nennt man *Metasomatose;* er kann in allen Temperatur- und Druckbereichen,
selbst unter Oberflächenbedingungen, wirksam sein. Man war der Meinung, daß
die Metasomatose von weitreichender Bedeutung für die Metamorphose sei, aber
heute scheint man sich mehr der Ansicht zuzuneigen, daß Metasomatose in metamorphen Gebieten nur von begrenzter Bedeutung ist. So ist z. B. nicht daran zu
zweifeln, daß in der Nachbarschaft eines Granitplutons durch gasförmige Zufuhr
von Stoffen aus dem kristallisierenden Granit metasomatische Reaktionen zu
Neubildungen geführt haben können, die ohne Stoffzufuhr nicht möglich gewesen
wären.

von Temperaturen und Drucken entstanden sind. Die koexistierenden Minerale sind also Phasen eines Systems, welches sich in einem (mindestens) bivarianten Gleichgewicht befand, denn die Freiheitsgrade Druck und Temperatur können in einem gewissen Bereich willkürlich variiert werden, ohne daß sich die Mineralparagenese ändert. Gleiches gilt für die Minerale der angrenzenden Zonen. Aber dort, wo zwei Zonen aneinandergrenzen, herrschen die physikalischen Bedingungen für eine Phasengrenze. Auf der Phasengrenze hat das System einen Freiheitsgrad weniger (eine Phase mehr) als in den Bereichen diesseits und jenseits der Phasengrenze. Das Ziel der metamorphen Petrologie ist es nun, diese Phasengrenzen für möglichst alle bei den Metamorphosen ablaufenden Reaktionen zu ermitteln. Nehmen wir an, wir hätten es mit einer univarianten Reaktion zu tun, dann ist das Gleichgewicht zwischen den Phasen auf der rechten und der linken Seite der Reaktionsgleichung (d. h., es ist die Lage der Phasengrenze) durch eine ganz bestimmte Temperatur bestimmt, deren Höhe vom Druck (von der Erdtiefe) abhängt. Es gibt nun Reaktionen, deren Gleichgewichtstemperatur stark druckabhängig ist; sie können Druckindikatoren der Metamorphose sein. Andere Reaktionen, die nur sehr wenig druckabhängig sind, liefern gute Temperaturmarken. In Experimenten ist ermittelt worden, daß eine Anzahl häufig erfolgender Reaktionen nur eine Erhöhung der Gleichgewichtstemperatur von 2 bis etwa 10 ° aufweisen, wenn der hydrostatische Druck (oberhalb etwa 1000 Bar) um jeweils weitere 1000 Bar [1] erhöht wird. (Im Druckbereich unterhalb etwa 1000 Bar ist der Einfluß des Druckes auf die Höhe der Gleichgewichtstemperatur relativ größer.)

Bei der Metamorphose wirkt vor allem der Druck, der durch die Last des überlagernden Gesteins zustande kommt. Der Belastungsdruck P_l steigt je nach dem spez. Gewicht um etwa 250—300 Bar je km Tiefenzunahme. Man darf annehmen, daß der Belastungsdruck *hydrostatisch*, also allseitig wirkt.

Die in Gesteinsporen, auf Kapillaren und auf feinen Klüften vorhandenen leichtflüchtigen Bestandteile, welche unter den meisten metamorphen Bedingungen *eine* fluide, *gasförmige* Phase bilden, stehen vermutlich unter dem gleichen Belastungsdruck, so daß der Druck der fluiden Phase, P_f, als etwa gleich dem Belastungsdruck, P_l, angenommen wird. Bedenkt man jedoch, daß mit steigender Temperatur metamorphe Reaktionen ablaufen, bei denen oft große Mengen an H_2O und/oder CO_2 frei werden, und bedenkt man weiter, daß das Porenvolumen der Gesteine zunächst recht klein ist, dann ergibt sich, daß dieses *intern* im Gesteinsverband während einer metamorphen Reaktion erzeugte Gas einen Druck ausübt, der größer sein wird als der Belastungsdruck; denn es wird ein Druck aufgebaut, der

---

[1] 1 Bar = 10^6 dyn/cm²; abgekürzt b. 1 technische Atmosphäre (at) = 1 kp/cm² = 0,980665 Bar. 1 physikalische Atmosphäre (Atm) = 1,0333 kp/cm² = 1,01325 Bar.

den Belastungsdruck um den Betrag der Druckfestigkeit des Gesteins übersteigt. Der außerdem darüber hinausgehende Gasdruck wird durch erzwungenes Aufreißen von Klüften abgeblasen werden müssen. Es ist demnach zu erwarten, daß infolge des intern durch Reaktion generierten Gasdrucks ein gewisser Überdruck geschaffen wird, so daß P_f größer als P_l während der Zeit des Ablaufs metamorpher gaserzeugender Reaktionen ist.

Die Größe des intern erzeugten Gas-Überdrucks *(internally created gas-overpressure)* hängt von der Festigkeit der Gesteine in der Tiefe ab. Wir kennen sie nicht; denn man muß ja bedenken, daß ganz besondere Verhältnisse herrschen: In dem von dem Belastungsdruck in erster Näherung allseitig umschlossenen Gestein sind — ähnlich wie in einem Käse mit sehr vielen kleinen Gasblasen — porenförmige Druckbereiche geschaffen worden, die wohl selbst schwache Gesteinszwischenwände zwischen solchen Druckporen stabilisieren können, so daß es denkbar ist, daß insgesamt die Festigkeit des Gesteins erheblich erhöht wird. Dann erscheint es möglich, daß während der Zeit der metamorphen Reaktion ein intern erzeugter Überdruck wirksam ist, der den Belastungsdruck um mehrere 1000 Bar übersteigt. (Erst lange nach erfolgter Metamorphose, dann nämlich, wenn die fluide Phase diffusiv den Gesteinsverband verlassen hat, wird dieser Überdruck verschwinden, und gleichzeitig wird das Porenvolumen der Gesteine sich erheblich verringern.)

Es erscheint also denkbar, daß durch einen intern geschaffenen Gas-Überdruck während der metamorphen Reaktion der Druck der fluiden Phase möglicherweise um einige 1000 Bar größer ist als der Belastungsdruck. Daraus folgt dann, daß die Korrelation des Gasdrucks mit der Tiefe sich ändert: Während bei $P_f = P_l$ die Korrelation recht gut bekannt ist, derart, daß z. B. 7000 Bar etwa 25 km Tiefe entsprechen, muß bei $P_f > P_l$ der Gasdruck von 7000 Bar in geringerer Tiefe, vielleicht in nur 15 km Tiefe geherrscht haben.

Thermodynamisch hat es keine Folgen, wenn $P_f > P_l$ ist. Denn die Minerale stehen während einer Reaktion mit einer sie umgebenden fluiden Phase im Gleichgewicht, deren Druck P_f *gleich* dem von ihr auf die festen *(solid)* Minerale allseitig ausgeübten Druck P_s ist, also $P_f = P_s$; entsprechend ist auch $P_f = P_s$, wenn $P_f = P_l$ wäre, wenn also kein intern geschaffener Gas-Überdruck $P_f > P_l$ gemacht hätte. In beiden Fällen stehen Gasphase und feste Minerale unter demselben allseitig wirkenden Druck; das ist entscheidend. Wenn dagegen $P_f < P_s$ ist, was bei hydrothermalen lokalisierten Mineralbildungen an Kluftwänden und in den den Klüften nahegelegenen Gesteinspartien denkbar ist, dann wirkt sich das folgendermaßen aus: Die Gleichgewichtstemperatur einer Reaktion, bei der ein Gas entsteht, wird um

J. B. Thompson: Amer. J. Sci. **253**, 65—103 (1955).

W. S. Fyfe, F. J. Turner und J. Verhoogen: Metamorphic reactions and metamorphic facies. Geol. Soc. Amer. Memoir **73** (1958).

so niedriger, je geringer P_f gegenüber P_s ist. Dieses Verhalten ist von THOMPSON (1955) und von FYFE *et al.* (1958) ausführlich diskutiert worden. Hier sei nur noch kurz angemerkt, daß für den vorstehenden Fall die übliche Form der Phasenregel $F = K - P + 2$ nicht gilt, sondern $F = K - P + 3$; denn statt der üblichen zwei physikalischen Freiheitsgrade hydrostatischer Druck und Temperatur ist jetzt ein weiterer Freiheitsgrad zu berücksichtigen, weil statt des einen Drucks die beiden verschiedenen Drucke P_f und P_s wirksam sind. Das hat zur Folge, daß ein Gleichgewicht, welches bei $P_f = P_s$ z. B. univariant ist, bei $P_f < P_s$ divariant wird. Der Fall $P_f < P_s$ ist ein Sonderfall, der wahrscheinlich unter ganz besonderen Voraussetzungen selbst regional wirksam gewesen ist, nämlich bei der Bildung der Gesteine der sogen. Granulitfazies (siehe Kapitel 11). In allen anderen Fällen der Metamorphose wird aber angenommen, daß in der Regel der Gasdruck der fluiden Phase gleich dem Druck war, der auf die festen Minerale wirkte, also $P_f = P_s$. Das ist auch bei allen experimentellen Untersuchungen der Fall, und diese Annahme liegt allen petrogenetischen Folgerungen zugrunde, zu denen wir auf Grund experimenteller Ergebnisse später kommen werden.

Meistens wird bei der Metamorphose die fluide Gasphase stark überwiegend H_2O sein, so daß $P_f = P_{H_2O}$ ist. Bei der Metamorphose von Carbonaten jedoch wird CO_2 frei, so daß hier die Gasphase — neben ursprünglich in den Poren des Sediments vorhandenem H_2O — auch CO_2 enthält. Der Druck der Gasphase setzt sich hier also additiv aus den Partialdrucken von H_2O und CO_2 zusammen; die Zusammensetzung der Gasphase ist nicht konstant, sondern je nach dem Molverhältnis von H_2O zu CO_2 verschieden. Die Gasphase kann demnach — im Gegensatz zu der stöchiometrisch festgelegten Zusammensetzung der kristallinen Carbonate usw. — sehr verschiedene Zusammensetzungen bei der Metamorphose carbonatischer Gesteine haben; die frei variable Zusammensetzung der Gasphase ist neben P und T ein zusätzlicher thermodynamischer Freiheitsgrad. Das wirkt sich folgendermaßen aus: Die Gleichgewichtstemperatur z. B. der Reaktion Calcit + Quarz ⇌ Wollastonit + CO_2 ist bei einem bestimmten CO_2-Druck festgelegt, wenn $P_f = P_{CO_2}$ ist; unter dieser Bedingung ist das Gleichgewicht univariant. Wenn aber $P_f = P_{CO_2} + P_{H_2O}$ ist, dann hat bei $P_f = $ const die Gleichgewichtstemperatur nicht einen bestimmten Wert, sondern sie ist um so *niedriger*, je kleiner der Molenbruch von CO_2 in der Gasphase ist; siehe Beispiele in Fig. 5. Das Gleichgewicht ist nicht mehr univariant, sondern bivariant; erst bei Festlegung des P_f *und* des Molenbruchs von CO_2 in der H_2O—CO_2-Gasphase ergibt sich eindeutig die Gleichgewichtstemperatur. Selbst wenn man P_f aus der Tiefe, in der die Metamorphose stattgefunden hat, abschätzen könnte, so wissen wir doch zunächst nichts über die wahrscheinliche Zusammensetzung der Gasphase. Daraus ergibt sich, daß Reaktionen, an denen Carbonate beteiligt sind, in der Natur stets (mindestens) bivariant sind und daher uns kaum Angaben über die Höhe der Gleichgewichtstemperatur in Abhängigkeit vom Gesamtdruck, P_f, machen können. Das ist prinzipiell richtig, aber es kommt natürlich darauf an, wie stark die Abhängigkeit der Gleichgewichtstemperatur vom Molenbruch des CO_2 und von P_f ist. Wir werden Beispiele kennenlernen, die sehr wohl petrogenetisch wichtige Aussagen ermöglichen.

Stellt man sich nun vor, daß ein sedimentärer Komplex aus carbonatischen und OH-haltigen silikatischen Gesteinen der Metamorphose unterworfen wird, dann entstehen durch die Reaktionen CO_2 und H_2O. Das ursprüngliche Porenwasser und das in den carbonatischen Gesteinspartien gebildete CO_2 bilden also eine Gasphase unbekannter Zusammensetzung. In den carbonatfreien silikatischen Partien wird H_2O frei, welches zusammen mit dem Porenwasser überwiegend eine H_2O-Gasphase bildet; hier bleibt also die Zusammensetzung der Gasphase im wesentlichen unverändert, und wenn $P_f = P_{H_2O} = \text{const}$ ist, dann ist bei univariantem Gleichgewicht die Gleichgewichtstemperatur eindeutig bestimmt. Wenn man aber annimmt, daß noch *während* der Metamorphose H_2O und CO_2 in einem großen Gesteinskomplex so schnell diffundieren können, daß sich die Gasphasen aus den carbonatischen und aus den carbonatfreien, silikatischen Bereichen mischen können, dann wäre auch bei der Metamorphose der silikatischen, hydroxylhaltigen Minerale die Zusammensetzung der Gasphase unbekannt; d. h., eine bei $P_f = P_{H_2O}$ univariante Reaktion wie z. B. Kaolinit$+$Quarz$\rightleftharpoons$ Pyrophyllit$+H_2O$ wäre bivariant und würde bei einem konstanten Gasdruck keine definierte Gleichgewichtstemperatur liefern, sondern eine um so niedrigere, je stärker H_2O durch andere leichtflüchtige Bestandteile in der Gasphase verdünnt ist. Die wichtige Frage ist nun aber, ob die gemachte Annahme, nämlich die noch während der Metamorphose erfolgende Durchmischung der in carbonatischen und nicht-carbonatischen Gesteinsbereichen vorhandenen, unterschiedlich zusammengesetzten Gasphasen, wahrscheinlich ist. Sie scheint uns nicht wahrscheinlich zu sein; denn die Ergebnisse der experimentellen Untersuchungen an metamorphen Reaktionen mit Carbonaten und ihre Korrelation mit den Naturbeobachtungen[1] zeigen eindeutig, daß in carbonatischen Gesteinsbereichen zur Zeit der Metamorphose die Gasphase einen hohen Molenbruch von CO_2 enthalten haben muß und daß keine wesentliche Verdünnung des CO_2 dieser Gasphase durch H_2O erfolgt sein kann, obwohl H_2O in den umgebenden nicht-carbonatischen Metamorphiten bei der Metamorphose freigeworden ist. Wir meinen daher, daß während der relativ kurzen Zeit des Ablaufs der Reaktionen auch die Gasphase ihre Zusammensetzung nicht wesentlich geändert hat. Daher dürfen wir für *carbonatfreie* Gesteine im allgemeinen annehmen, daß $P_f \approx P_{H_2O}$ gewesen ist; experimentell durchgeführte univariante Reaktionen liefern uns also bei $P_{H_2O} = \text{const}$ eine für die Beurteilung des Geschehens bei der Meta-

---

[1] Siehe Diskussion auf S. 30 ff.

morphose wichtige und eindeutige Gleichgewichtstemperatur. Bei der Metamorphose carbonatischer und carbonathaltiger Gesteine jedoch ist $P_f = P_{H_2O} + P_{CO_2}$, so daß bei $P_f =$ const stets auch die Abhängigkeit der Gleichgewichtstemperatur von der Zusammensetzung der Gasphase zu berücksichtigen ist. Wie stark die Gleichgewichtstemperatur durch Erhöhung des H_2O-Anteils in der H_2O—CO_2-Gasphase erniedrigt wird, muß jeweils experimentell ermittelt werden; der Effekt kann groß, aber auch nur gering sein, wie die später zu besprechenden, in Fig. 5 dargestellten Beispiele zeigen.

Eine weitere Überlegung stützt die Ansicht, daß bei der Metamorphose nicht-carbonatischer Gesteine $P_f \approx P_{H_2O}$ angesetzt werden darf: Die mittlere Zusammensetzung aller Sedimente (also carbonatische plus nicht-carbonatische Sedimente) hat nach CORRENS 3,86 Gew.-% CO_2 und insgesamt 5,54 Gew.-% H_2O. Nehmen wir stark vereinfachend an, daß diese Mengen vollständig während der Metamorphose als Gase frei werden, dann stehen H_2O und CO_2 im Molverhältnis 3,8 : 1; bei angenommener völliger Durchmischung wäre demnach die Zusammensetzung der H_2O — CO_2-Gasphase durch den kleinen Molenbruch $X_{CO_2} = 0,2$ gekennzeichnet. Berücksichtigt man aber, daß große Mengen an Carbonat, nämlich Calcit, als Marmore bei der Metamorphose erhalten bleiben, also ihr CO_2 nicht abgeben, dann verringert sich der Molenbruch noch wesentlich. Da der hier betrachtete Fall der völligen Durchmischung der Extremfall ist, mit dem in den metamorphen Gebieten nicht gerechnet werden kann, ergibt sich, daß für diejenigen metamorphen Reaktionen, an denen keine Carbonate beteiligt sind, $P_f \approx P_{H_2O}$ gewesen sein muß. Ein geringer CO_2-Anteil ist natürlich nicht ausgeschlossen, ebenso wie man auch mit geringen Konzentrationen von HCl, HF und u. a. in der Gasphase rechnen muß.

Außer hydrostatischem Druck muß nicht-hydrostatischer, *gerichteter Druck* (Stress) betrachtet werden. Man kann zeigen, daß sein Einfluß auf Mineralreaktionen nicht anders ist als der eines hydrostatischen Druckes. Gerichteter Druck trägt im wesentlichen nur zur Vermehrung des hydrostatischen Druckes bei. Auf Grund der Druckfestigkeit von Gesteinen hat man abgeschätzt, daß durch einen gerichteten Druck die Höhe des Belastungsdrucks um allerhöchstens 2000 — 3000 Bar vergrößert werden kann (TURNER und VERHOOGEN, 1960). CLARK (1961) hält die Ausbildung eines solchen „tectonic overpressure" in der Größe von 1000 bis höchstens 2000 Bar für möglich. Bei höheren Temperaturen, bei denen die Gesteine leichter plastisch deformierbar sind, muß der Einfluß des Stress (tectonic overpressure) kleiner sein. Jedenfalls wirkt sich ein „tectonic overpressure"

C. W. CORRENS: Einführung in die Mineralogie. Berlin-Göttingen-Heidelberg 1949.

F. J. TURNER und J. VERHOOGEN: Igneous and metamorphic petrology. New York-Toronto-London 1960, S. 459.

S. P. CLARK: Amer. J. Sci. **259**, 641—650 (1961).

auch derart aus, daß der vorher postulierte „internally created gas over-pressure" und damit P_f noch größer werden kann. Für die allermeisten Fälle der Metamorphose darf man wohl annehmen, daß $P_f \gtrsim P_s$ war; aber P_s wird wohl nicht gleich P_l, sondern meistens größer gewesen sein. Das hat zur Folge, daß eine Korrelation der Drucke mit der Tiefe auf Grund der in der Regel wohl nicht zutreffenden Beziehung $P_f = P_l$ nur maximal mögliche Tiefenangaben ergibt, die um einige oder vielleicht sogar bis zu 10 km zu groß sein könnten.

3. Der Begriff der metamorphen Fazies

Für eine systematische Ordnung der mannigfachen metamorphen Gesteinstypen eignet sich am besten die Gliederung in metamorphe Fazies. Was versteht man unter einer metamorphen Fazies, unter dem Begriff, der schon 1915 von Eskola geprägt worden ist? Eskola selbst hat 1939 folgende Definition gegeben: „Zu einer bestimmten Fazies werden die Gesteine zusammengefaßt, welche bei identischer Pauschalzusammensetzung einen identischen Mineralbestand aufweisen, aber deren Mineralbestand bei wechselnder Pauschalzusammensetzung gemäß bestimmten Regeln variiert." Eskola schreibt weiter: „Die Bedeutung des Prinzips gründet sich also auf die Erfahrungstatsache, daß die Mineralparagenesen der metamorphen Gesteine den Gesetzen der chemischen Gleichgewichtslehre in vielen Fällen gehorchen . . ."

Zur Erläuterung der obigen Definition sei folgendes gesagt:

1. Eine Fazies umfaßt eine ganze Anzahl von Gesteinen, von Mineralparagenesen; eine Fazies stellt also eine Zusammenfassung, eine Gruppe von Mineralparagenesen dar, die sich aus allen möglichen, chemisch stark unterschiedlichen Zusammensetzungen von Gesteinen bei der Metamorphose unter den Bedingungen einer Fazies gebildet haben.

2. Die mineralogische Zusammensetzung eines jeden Metamorphits *einer* bestimmten Fazies ist streng durch den Pauschalchemismus des Metamorphits bedingt; sie ist identisch für alle Gesteine mit gleicher chemischer Zusammensetzung, sofern diese einer Fazies angehören.

Beispiel: Ein Gestein, welches die Komponenten $SiO_2 : CaO : MgO$ im Verhältnis $1:1:1$ enthält, besteht bei der Metamorphose in der Albit-Epidot-Hornfelsfazies aus Calcit + Tremolit + Dolomit bzw. bei dem Verhältnis $SiO_2 : CaO : MgO = 1:0:1$ aus Magnesit + Talk. Die beiden genannten Paragenesen sind nur zwei von der Gruppe chemisch unterschiedlicher Paragenesen, die bei der Metamorphose in der genannten Fazies auftreten. Wenn nun die Bedingungen der Metamorphose nicht die der Albit-Epidot-Hornfelsfazies waren, sondern die der höhertemperierten Hornblende-Hornfelsfazies, dann tritt bei der Zusammensetzung von $SiO_2 : CaO : MgO = 1:1:1$ nicht mehr die Paragenese Calcit + Tremolit + Dolomit auf, sondern Calcit + Diopsid + Forsterit bzw. bei der Zusammen-

---

P. Eskola: in Barth, Correns, Eskola: Die Entstehung der Gesteine. Berlin 1939, S. 339.

setzung $SiO_2 : CaO : MgO = 1 : 0 : 1$ die Paragenese Forsterit + Talk (vgl. die Fig. 3 und 7). Bei jeweils gleicher chemischer Zusammensetzung werden also hier nicht mineralogisch identische Gesteine gebildet, weil die Metamorphose einmal unter den Bedingungen der einen, das andere Mal unter den Bedingungen einer anderen Fazies verlaufen ist. Der Übergang von einer zu einer benachbarten Fazies dokumentiert sich also durch Änderungen der Mineralzusammensetzung der Metamorphite, was natürlich darauf zurückzuführen ist, daß Minerale miteinander reagieren.

Als gut fundierte Arbeitshypothese nimmt man folgendes an:

1. daß die jeweiligen metamorphen Mineralparagenesen im thermodynamischen Gleichgewicht als stabile, koexistierende Minerale gebildet worden sind, was bereits von V. M. GOLDSCHMIDT postuliert und immer wieder bestätigt worden ist;

2. daß alle Gesteine, die zu einer speziellen metamorphen Fazies bzw. Subfazies zusammengefaßt sind, innerhalb eines gleichen Bereichs physikalisch-chemischer Bedingungen gebildet worden sind, also speziell innerhalb eines bestimmten Temperatur- und Druckbereichs, wobei in gewissen Fällen auch noch der Partialdruck von O_2, allgemein die Zusammensetzung der Gasphase zu berücksichtigen ist.

Es wird sich in Zukunft erweisen, ob diese Annahmen ganz allgemein bei der Metamorphose gültig sind; wenn das zutrifft, dann kann die von TURNER (1948) gegebene, leicht verständliche Definition akzeptiert werden: „A metamorphic facies includes rocks of any chemical composition, and hence of widely varying mineralogical composition, which have reached chemical equilibrium during metamorphism under a particular set of physical conditions" — (Eine metamorphe Fazies umfaßt alle diejenigen Gesteine der verschiedensten chemischen Zusammensetzungen, welche während der Metamorphose in *einem bestimmten Bereich physikalisch-chemischer Bedingungen* stabil gebildet worden sind). Petrographische Beobachtungen in metamorphen Gebieten haben ergeben, daß Gesteine der verschiedensten Zusammensetzungen z.B. im ehemals heißesten, d.h. im innersten Bereich eines Kontakthofes um Gabbros in bestimmte metamorphe Paragenesen umgewandelt worden sind. Die gleichen Paragenesen findet man ebenfalls am Kontakt von Gabbros in anderen Teilen der Erde. Sie sind also keine zufälligen Bildungen, sondern die Aufheizung des Nebengesteins durch Gabbrointrusionen bewirkte ihre Entstehung. Alle Mineralparagenesen, die unter diesen Bedingungen der Kontaktmetamorphose aus allen möglichen, chemisch sehr verschiedenartigen Ausgangsgesteinen entstanden sind, werden zu *einer* hochtemperierten kontaktmetamorphen Fazies zusammengefaßt, zur sogenannten Pyroxen-Hornfelsfazies.

Seit Aufstellung des Konzepts der metamorphen Fazies durch ESKOLA sind viele neue petrographische Ergebnisse erreicht worden; sie bewirkten

F. J. TURNER: Geol. Soc. Amer., Memoir 30 (1948).

eine Vermehrung und insbesondere eine Untergliederung der ursprünglich von Eskola aufgestellten Fazies in Subfazies. In dem Buch von Turner und Verhoogen (1960) ist die bis dahin vollständigste Aufstellung gegeben. Inzwischen aber liegt neues Material vor, welches zu einer weiteren Verfeinerung der regionalmetamorphen Fazies zwingt.

Man hat sich bemüht, den Namen einer Fazies so zu wählen, daß ein oder mehrere namengebende Minerale charakteristisch für jeweils eine Fazies sind. So ist z. B. — bei geeignetem Chemismus — die Vergesellschaftung Albit + Epidot eine der kennzeichnenden Paragenesen für Metamorphite der äußeren Kontaktaureole, der Albit-Epidot-Hornfelsfazies. Die Paragenese Hornblende + Plagioklas gilt als charakteristisch für die höhertemperierte, Hornblende-Hornfelsfazies benannte kontaktmetamorphe Fazies; es wird aber gezeigt werden, daß die Paragenese Hornblende + Plagioklas nicht nur in der Hornblende-Hornfelsfazies, sondern über den Bereich dieser Fazies hinaus beständig ist, und daß andere Kriterien zur eindeutigen Kennzeichnung dieser Fazies herangezogen werden müssen.

Die mit steigender Temperatur sich an die Hornblende-Hornfelsfazies anschließende, also hochtemperierte Fazies wird bisher als Pyroxen-Hornfelsfazies bezeichnet. Dieser Name ist leider schlecht gewählt worden, denn ein Pyroxen, nämlich monokliner Diopsid, kann bereits in der niedrigertemperierten Hornblende-Hornfelsfazies auftreten. Hätte man dagegen den Namen „Orthopyroxen-Hornfelsfazies" gewählt, dann wäre wenigstens zum Ausdruck gekommen, daß orthorhombischer Pyroxen, der noch nicht in der Hornblende-Hornfelsfazies auftritt, in der höhertemperierten Hornfelsfazies gebildet werden kann. Aber jener Name wäre auch nicht gut geeignet, denn es hat sich neuerdings herausgestellt, daß die Bildung von Orthopyroxen erst bei wesentlich höherer Temperatur erfolgte als die Entstehung z. B. der häufigen Paragenese Cordierit + Kalifeldspat + Quarz, welche ebenfalls ein Merkmal der „Pyroxen-Hornfelsfazies" ist. Aus diesen (in Abschnitt 6.2 näher erläuterten) Gründen und um in Zukunft Mißverständnissen vorzubeugen, wird hier vorgeschlagen, die Pyroxen-Hornfelsfazies umzubenennen in *Kalifeldspat-Cordierit-Hornfelsfazies*. Die Koexistenz von Kalifeldspat + Cordierit unterscheidet diese Hornfelsfazies von der niedrigertemperierten Hornblende-Hornfelsfazies; jene Paragenese tritt mit dem Beginn der Kalifeldspat-Cordierit-Hornfelsfazies auf, während Orthopyroxen erst bei deutlich höherer Temperatur entsteht. Nunmehr gibt der anstelle der Pyroxen-Hornfelsfazies vorgeschlagene Name Kalifeldspat-Cordierit-Hornfelsfazies eine diagnostisch einwandfreie Information.

Der Name einer metamorphen Fazies ist leider bisher nur selten derart, daß eindeutig kennzeichnende Faziesmerkmale in ihm zum Ausdruck kommen. Auch bei Namen wie Amphibolitfazies, zeolithische Fazies, Glaukophanschieferfazies muß man die mineralogischen Kriterien lernen. Die Verwirrung, die der Name „Glaukophanschieferfazies" gestiftet hat, kann jedoch in Zukunft leicht vermieden werden, wenn man — was hier getan ist — diese Fazies in *Lawsonit-Glaukophan-Fazies* umbenennt; denn die Koexistenz von Lawsonit und Glaukophan — nicht jedoch das Auftreten von Glaukophan ohne Lawsonit — ist eine der diagnostisch kritischen Paragenesen dieser Fazies.

Der Name „zeolithische Fazies" ist leider irreführend, denn nicht das Auftreten von Zeolithen, sondern das Auftreten nur eines einzigen Zeoliths, nämlich des Laumontits, ist charakteristisch für diese Fazies. Deshalb wird hier der Name „zeolithische Fazies" ersetzt durch *Laumontit-Prehnit-Quarz-Fazies*, womit gleichzeitig eine diagnostisch kennzeichnende Paragenese genannt wird.

Der Name Amphibolit-Fazies besagt, daß gabbroide-basaltische Gesteine und entsprechend zusammengesetzte Mergel in ihr zu Amphiboliten metamorphisiert werden. Unter einem Amphibolit versteht man nun aber nicht einen Metamorphit, der fast ausschließlich aus irgendeinem Amphibol besteht, sondern ein Amphibolit besteht aus *Hornblende* (nicht aus Tremolit oder Aktinolith). Ihr Mengenanteil beträgt um $50^0/_0$, der übrige Anteil ist Plagioklas. Ein Amphibolit ist also ein Hornblende-Plagioklas-Metamorphit. Es gibt nun aber auch Amphibolite, welche Albit statt Plagioklas enthalten, und diese Albit-Epidot-Hornblende-Amphibolite gehören nicht in die Amphibolitfazies, sondern in die Fazies des niedrigeren Temperaturbereichs, in die Grünschieferfazies. Das Auftreten von Amphiboliten ist also noch nicht in allen Fällen diagnostisch eindeutig; man benötigt zusätzliche mineralogische Kriterien, auf die wir später zu sprechen kommen.

Der Name Amphibolitfazies ist von ESKOLA eingeführt worden. Seitdem aber hat sich herausgestellt, daß man regionale Thermo-Dynamometamorphose nicht nur in sehr großen Tiefen, d. h. unter hohen und sehr hohen Drucken kennt, sondern auch unter mittleren bis kleinen Drucken. Im letzten Fall kann sich kein Almandin-Granat bilden, sondern dafür entsteht u. a. Cordierit. Daher ist es zweckmäßig, eine Cordierit-Amphibolitfazies von einer Almandin-Amphibolitfazies zu unterscheiden.

Nachfolgend seien die metamorphen Fazies zusammengestellt. Ihre Kenntnis liefert das Gerüst für eine sinnvolle Diskussion der metamorphen Gesteinsumbildungen.

Übersicht der metamorphen Fazies

I. *Seichte Kontaktmetamorphose*
   Sehr niedrige Gasdrucke von meistens weniger als 1500 Bar; Faziesfolge mit steigender Temperatur:
   (1) Albit-Epidot-Hornfelsfazies
   (2) Hornblende-Hornfelsfazies

    (3) Kalifeldspat-Cordierit-Hornfelsfazies
        (früher Pyroxen-Hornfelsfazies genannt)
    (4) Sanidinitfazies

II. *Regionale Thermo-Dynamometamorphose*
  A. *Niedrige und mittlere Drucke,* $P_f \cong P_s$, von ca. 3000 bis ca. 5000 bis 6000 Bar; Faziesfolge mit steigender Temperatur:
    (1) Grünschieferfazies
    (2) Cordierit-Amphibolitfazies
  B. *Hohe und sehr hohe Drucke,* $P_f \cong P_s$, oberhalb ca. 5000 — 6000 Bar; Faziesfolge mit steigender Temperatur:
    (1) Grünschieferfazies (evtl. glaukophanitische Grünschieferfazies)
    (2) Almandin-Amphibolitfazies
    (3) Sonderfazies bei hohen Temperaturen, aber bei $P_{H_2O} \ll P_s$: Granulitfazies

III. *Versenkungsmetamorphose*
  A. *Niedrige Temperaturen; mittlere Drucke,* $P_f \cong P_s$; mit etwas steigender Temperatur:
    (1) Laumontit-Prehnit-Quarz-Fazies
        (früher zeolithische Fazies genannt)
    (2) Pumpellyit-Prehnit-Quarz-Fazies
        (früher Prehnit-Pumpellyit-Metagrauwackefazies genannt)
  B. *Niedrige Temperaturen; hohe und sehr hohe Drucke,* $P_f \cong P_s$; mit etwas steigendem Druck:
    (1) Lawsonit-Albit-Fazies
    (2) Lawsonit-Glaukophan-Fazies
        (früher Glaukophanschieferfazies genannt)
        Mit steigender Temperatur Übergang zu der glaukophanitischen Ausbildung der Grünschieferfazies

Die lokale Kontaktmetamorphose läßt sich auf Grund der geologischen Situation und textureller Kriterien der Metamorphite leicht von der regionalen Thermo-Dynamometamorphose unterscheiden, und von dieser ist die Versenkungsmetamorphose vor allem auf Grund kritischer Minerale leicht unterscheidbar. Das Gerüst für eine sinnvolle Diskussion der mannigfachen metamorphen Gesteinsumbildungen wird also für jede Metamorphoseart durch nur ganz wenige Fazies geliefert, nämlich:
bei der Kontaktmetamorphose 4 Fazies,
bei der Thermo-Dynamometamorphose

  a) unter kleinen und mittleren Drucken   2 Fazies,
  b) unter hohen und sehr hohen Drucken 3 Fazies,

bei der Versenkungsmetamorphose
   a) unter mittleren Drucken   2 Fazies,
   b) unter hohen und sehr hohen Drucken   2 Fazies.

Zwischen die Amphibolit- und die Grünschieferfazies hatte ESKOLA eine *Epidot-Amphibolitfazies* gestellt, die von TURNER (1948) in Albit-Epidot-Amphibolitfazies umbenannt worden ist. FYFE, TURNER und VERHOOGEN (1958) haben dann die Selbständigkeit der Fazies aufgegeben und mit dem Namen Quarz-Albit-Epidot-Almandin-Subfazies als relativ hochtemperierte Subfazies in die Grünschieferfazies eingeordnet. Diesem Verfahren wurde auch in der ersten Auflage dieses Buches gefolgt. Nun haben in einer neuesten Arbeit FYFE und TURNER (1966) wieder eine selbständige Albit-Epidot-Amphibolitfazies vorgeschlagen, was deshalb erforderlich war, weil jene Autoren sich gleichzeitig auch gegen die Verwendung sämtlicher Subfazies ausgesprochen haben. Hierzu sei folgendes bemerkt:

Dem Vorschlag der Abschaffung aller Subfazies können wir uns nicht anschließen; denn in den Subfazies werden die detaillierten petrographischen Beobachtungen niedergelegt, welche graphisch dargestellt und mit dem Chemismus korreliert werden in ACF-, A'FK- und in AFM-Diagrammen. Die Kenntnis der Paragenesen der Subfazies und insbesondere die Abfolge der Subfazies z. B. mit steigender Temperatur ist nun die Voraussetzung zur genauen Charakterisierung einer speziellen Faziesserie (besser Subfaziesserie), durch die allein wir in die Lage versetzt werden, die Temperatur-Gasdruck-Verteilung zu rekonstruieren, die zur Zeit des Höchststandes der Metamorphose in einem Krustenteil der Erde wirksam war. Die detaillierten petrographischen Aufzeichnungen koexistierender Paragenesen, die weitgehend in Subfazies erfolgt sind, werden also dringend benötigt. Es mag beklagenswert sein, daß die meisten Petrologen nicht mehr ohne Schwierigkeiten die wesentlichen Merkmale der zahlreichen inzwischen aufgestellten Subfazies vor Augen haben; man muß eben Bücher und Schriften befragen. Jedenfalls ist nicht einzusehen, was FYFE et al. meinen: „The detailed scheme thus fails as a basis for general discussion of metamorphic problems" und „the scheme of subfacies has become too cumbersome for general use". Vielmehr sind die Subfazies für petrogenetische Überlegungen notwendig, ihre jeweiligen Paragenesen sind bzw. werden registriert, ihr Name gibt in den allermeisten Fällen eine charakteristische Paragenese an, und jede Subfazies ist eine Unterabteilung einer Fazies, deren Name zweckmäßigerweise stets im Zusammenhang mit einer Subfazies genannt werden soll, damit man auf diese Art mühelos in dem größeren Rahmen orientiert ist. Darüber hinaus kann man auch mit Nutzen z. B. von der hochtemperierten Subfazies innerhalb der Grünschieferfazies sprechen, wenn wir deren hochtemperierten

<hr>

W. S. FYFE und F. J. TURNER: Contr. Miner. and Petrol. 12, 354—364 (1966).

Bereich — zum Unterschied von dem mittel- oder niedrigtemperierten Bereich der Grünschieferfazies — meinen. Dieser hochtemperierte Bereich wird als Quarz-Albit-Epidot-Almandin-Subfazies der Grünschieferfazies bezeichnet, wenn hohe und sehr hohe Drucke geherrscht haben, und als Quarz-Andalusit-Plagioklas-Chlorit-Subfazies der Grünschieferfazies, wenn niedrige und mittlere Drucke wirksam gewesen sind.

Aus vorstehender Erörterung folgt, daß hier nicht dem Beispiel von Fyfe und Turner (1966) gefolgt wird: Subfazies bleiben erhalten, und eine Albit-Epidot-Amphibolit-Fazies wird nicht wieder eingeführt. Das hat auch noch folgenden Grund:

Die Fazies, die mit Albit-Epidot-Amphibolit-Fazies bezeichnet wird, tritt mit der charakteristischen Paragenese Albit + Epidot + Hornblende, zu der auch schon Almandin treten kann, nur dann auf, wenn die Drucke bei der Metamorphose hoch oder sehr hoch waren; sie entspricht — wie gesagt — der Quarz-Albit-Epidot-Almandin-Subfazies, dem hochtemperierten Bereich der Grünschieferfazies, an den sich mit weiterer Temperatursteigerung die Almandin-Amphibolitfazies (mit ihren mannigfachen Subfazies) anschließt. Wenn nun aber die Drucke während der Metamorphose nur mittel oder niedrig (nicht sehr niedrig wie bei der seichten Kontaktmetamorphose) waren, so daß sich statt der Almandin-Amphibolitfazies die Cordierit-Amphibolit-Fazies ausgebildet hat, dann entstehen im hochtemperierten Bereich der Grünschieferfazies — in dem noch Chlorit + Quarz vorkommen — zwar auch Hornblende und Epidot, aber sie sind nicht mit Albit, sondern mit Plagioklas assoziiert. Almandin kommt außerdem nie vor. Die Bezeichnung Albit-Epidot-Amphibolit-Fazies wäre also für diese Subfazies nicht anwendbar. Daher soll diese Subfazies, die wir Quarz-Andalusit-Plagioklas-Chlorit-Subfazies der Grünschieferfazies genannt haben, als Subfazies erhalten bleiben und die ihr korrespondierende Quarz-Albit-Epidot-Almandin-Subfazies wird nicht wieder in den Stand einer Fazies mit dem Namen Albit-Epidot-Amphibolit-Fazies „erhoben".

Die von uns unterschiedenen Fazies sind vorher übersichtlich zusammengestellt worden. Die hier benutzten Namen der Fazies geben in den meisten Fällen eine diagnostisch wichtige Paragenese an, nur die Namen Grünschieferfazies, Amphibolitfazies und Granulitfazies müssen noch näher erläutert werden. Für die Granulitfazies wird das im Kapitel 11 geschehen, während für die sehr weit verbreitete Grünschiefer- und Amphibolitfazies der Thermo-Dynamometamorphose die petrographischen Merkmale nachfolgend zusammengestellt sind (s. S. 22).

Die *Cordierit-Amphibolitfazies* enthält Cordierit und kann im hochtemperierten Bereich *neben* Cordierit *auch* Almandin-Granat führen; sie enthält *niemals* Disthen, sondern dafür Andalusit.

Die *Almandin-Amphibolitfazies* enthält niemals Cordierit und meistens Disthen statt Andalusit.

Petrographische Merkmale der Grünschiefer- und der Amphibolitfazies

	Positive Merkmale	Negative Merkmale
Grünschieferfazies	Chlorit + Quarz Albit + Epidot Tremolit/Aktinolith + Calcit Pyrophyllit (ausgenommen der höchsttemperierte Bereich) Margarit Chloritoid *Nur* im hochtemperierten Bereich: Almandin-Granat und Hornblende mit Albit + Epidot	kein Cordierit kein Grossular/Andradit kein Diopsid kein Anthophyllit, Gedrit oder Cummingtonit
Amphibolitfazies	Diopsid Forsterit + Calcit Grossular/Andradit Cordierit Staurolith Plagioklas An > 20, meistens > 30; darf aber nicht mit Chlorit vergesellschaftet sein Orthoklas + Cordierit oder Sillimanit; nur im höchsttemperierten Bereich Sillimanit Disthen oder Andalusit sind weit verbreitet, können aber schon etwas vor Beginn der Amphibolitfazies auftreten	kein Tremolit/Aktinolith + Calcit kein Tremolit + Dolomit kein Chlorit + Quarz kein Chloritoid kein Pyrophyllit

4. Metamorphe Mineralreaktionen carbonatischer Gesteine

Als anschauliche, gut übersehbare Beispiele metamorpher Umbildungen wollen wir verfolgen, wie sich quarzführende carbonatische Gesteine bei steigenden Temperaturen verhalten. Kieselige Dolomite und Kalksteine sind unter den Carbonaten am weitesten verbreitet, und an solchen Gesteinen hatte BOWEN (1940) in systematischer Weise untersucht, welche Reaktionen Schritt für Schritt mit steigendem Grade der Metamorphose bei gegebenem Druck erfolgen. Da bei den Reaktionen CO_2 frei wird, andererseits aber bereits vor Beginn der Metamorphose Porenwasser in den Gesteinen war, ist es jedoch nicht angängig, außer der Temperatur nur den CO_2-Druck als Variable zu betrachten. Vielmehr setzt sich bei der Metamorphose der Druck der fluiden Phase aus den Partialdrucken von CO_2 und H_2O zusammen, so daß wir außer dem Gasdruck auch noch das Verhältnis der beiden Partialdrucke bzw. den Molenbruch der Zusammensetzung der Gasphase bei jenen Reaktionen berücksichtigen müssen. Alle Reaktionsgleichgewichte, an denen Carbonate beteiligt sind, sind daher bivariant, selbst wenn kein H_2O an den Reaktionen unmittelbar beteiligt ist; H_2O ist aber stets vorhandener Bestandteil der Gasphase und bestimmt neben CO_2 deren Zusammensetzung.

Wir wollen nun diejenigen Reaktionen kennenlernen, die mit steigendem Grade der Metamorphose erfolgen, wenn carbonatische Gesteine aus Quarz plus Dolomit plus Calcit *oder* Magnesit zusammengesetzt sind.

4.1. Niedrigtemperierte Reaktionen

Ausgangsgestein: *Kieseliger Dolomit*

(1)   3 Dolomit + 4 Quarz + 1 H_2O ⇌ 1 Talk + 3 Calcit + 3 CO_2 ,

      3 $CaMg(CO_3)_2$ + 4 SiO_2 + 1 H_2O ⇌

$$1\ Mg_3\,[(OH)_2/Si_4O_{10}] + 3\ CaCO_3 + 3\ CO_2 \ .$$

Wenn die Bedingungen für den vollständigen Reaktionsablauf nach rechts erfüllt waren, dann liegen folgende Paragenesen vor:

Talk + Calcit + Quarz

oder   Talk + Calcit + Dolomit,

je nachdem, ob Quarz oder Dolomit im stöchiometrischen Verhältnis der Reaktionsgleichung im Überschuß vorlag.

N. L. BOWEN: J. Geology 48, 225—274 (1940).

Wenn wir nun nach der Temperatur fragen, bei der diese Reaktion bei einem bestimmten Druck der Gasphase erfolgt, dann müssen wir zunächst folgendes beachten: Im Gleichgewicht liegen vier kristalline Phasen und die Gasphase, also 5 Phasen vor; außerdem sind 5 Komponenten an der Reaktion beteiligt, nämlich die 5 Bestandteile des Systems, die unabhängig voneinander von einer Phase in eine andere Phase bei der Reaktion übergehen, also CaO, MgO, SiO_2, H_2O und CO_2. Die Phasenregel [1] gibt nun in einem thermodynamischen Gleichgewicht die Anzahl der Freiheitsgrade (der unabhängig voneinander festlegbaren Zustandsgrößen, nämlich Druck, Temperatur und Zusammensetzungen) auf Grund der Anzahl der Komponenten und der Auswahl der Phasen an: $F = K - P + 2$.

Das obige Reaktionsgleichgewicht hat also 2 Freiheitsgrade, es ist *bivariant*. Die Gleichgewichtstemperatur der obigen Reaktion hat deshalb nur dann *einen* ganz bestimmten Wert, wenn der Gasdruck, P_f, *und* der Molenbruch der Gasphase festgelegt sind; mit anderen Worten, die Gleichgewichtstemperatur ist bei konstant gehaltenem Druck (bei isobaren Bedingungen) abhängig von der Zusammensetzung der Gasphase. Aus der Reaktionsgleichung ist es offensichtlich, daß die Gleichgewichtstemperatur um so höher ist, je größer der Molenbruch X_{CO_2}, d. h. je größer die Konzentration an CO_2 relativ zu H_2O in der Gasphase ist.

METZ und WINKLER (1963) haben unter isobaren Bedingungen bei 2000 Bar Gasdruck ermittelt, daß bei $X_{CO_2} = 0{,}3$ die Gleichgewichtstemperatur 425 °C beträgt; bei $X_{CO_2} = 0{,}5$ bzw. 0,7 steigt sie auf 460 °C bzw. 480 °C. Die isobare Gleichgewichtskurve der Reaktion 3 Dolomit + 4 Quarz + $H_2O \rightleftarrows$ Talk + 3 Calcit + 3 CO_2 ist in Fig. 5 dargestellt. Wenn der Gasdruck 1000 Bar statt 2000 Bar beträgt, dann sind die entsprechenden Temperaturen schätzungsweise 20 °C niedriger.

Wenn nicht alle vier festen Phasen, sondern nur jeweils drei, nämlich Talk, Calcit und Quarz *oder* Dolomit miteinander im Metamorphit vorliegen, dann muß die durch einen bestimmten Wert von P_f und von X_{CO_2} bedingte Gleichgewichtstemperatur (mindestens gerade) überschritten gewesen sein.

Da bei der Metamorphose nach obiger Reaktion mehr Mole an Gasphase erzeugt als verbraucht werden, wird sich in den Poren des Gesteins ein Gasdruck aufbauen, der größer als der Belastungsdruck ist; es ist anzunehmen, daß der Überdruck durch Kapillaren und Risse in das Nebengestein abgelassen werden kann. Wie groß das X_{CO_2} ist, welches während der Zeit des größten Umsatzes der Reaktion wirksam war, kann man kaum abschätzen. Selbst wenn man die Tiefe und damit P_f abschätzen könnte,

---

[1] Siehe das sehr empfehlenswerte Buch: A. FINDLAY: Die Phasenregel und ihre Anwendung. Weinheim 1958.

P. W. METZ und H. G. F. WINKLER: Geochim. et Cosmochim. Acta **27**, 431 bis 457 (1963).

ist die besprochene Reaktion als absoluter Temperaturindikator der Metamorphose nicht brauchbar, weil bei gegebenem P_f die Gleichgewichtstemperatur zu stark von der Zusammensetzung der Gasphase beeinflußt wird. Würde die Gleichgewichtskurve der Reaktion nicht so stark geneigt sein, sondern der Abszisse nahezu parallel verlaufen, dann wäre sie ein guter Temperaturindikator. Dies gilt für andere, später zu besprechende bivariante Gleichgewichte, nicht aber für das Gleichgewicht der Reaktion (1). Die Naturbeobachtung lehrt uns lediglich, daß die Reaktion zwischen Dolomit und Quarz $+ H_2O$ innerhalb desjenigen relativ niedrigen Temperaturbereichs erfolgt, in dem die Grünschieferfazies der regionalen Metamorphosen und die Albit-Epidot-Hornfelsfazies der Kontaktmetamorphose entstanden sind. Hier haben die Temperaturen bei und oberhalb 400 °C gelegen, wie wir aus anderen, univarianten Reaktionen wissen. Es muß also — siehe die entsprechende Kurve in Fig. 5 — das X_{CO_2} der Gasphase mindestens etwa 0,25 betragen haben, aber erheblich größere Werte von 0,5 und mehr sind wahrscheinlich.

Eine andere Reaktion, die wohl meistens an Stelle der Reaktion (1) in der Natur erfolgt, ist die verbreitete Bildung von Tremolit + Calcit aus Dolomit + Quarz + H_2O:

$$(2) \qquad 5\,CaMg(CO_3)_2 + 8\,SiO_2 + 1\,H_2O \rightleftarrows$$
$$1\,Ca_2Mg_5[(OH)_2/Si_8O_{22}] + 3\,CaCO_3 + 7\,CO_2 \;.$$

Bei dieser Reaktion, die noch nicht experimentell untersucht worden ist, wird, bezogen auf die Quarzmenge, etwas weniger Dolomit und nur die Hälfte an H_2O verbraucht als bei Reaktion (1); darum wird wohl, wenn nicht genügend H_2O vorhanden ist, Reaktion (2) den Vorzug gegenüber (1) haben. Es wird vermutet, daß die isobare Gleichgewichtskurve ab mittleren Werten von X_{CO_2} bei niedrigeren Temperaturen verläuft und weniger abhängig von X_{CO_2} ist als diejenige der vorher besprochenen Talkbildung.

Die *Paragenesen*, die durch Reaktion (2) gebildet werden, sind:

Tremolit + Calcit + Quarz
oder Tremolit + Calcit + Dolomit .

Die gleichen Paragenesen treten auch auf, wenn ein calcitführender kieseliger Dolomit vorgelegen hat; denn Calcit reagiert weder mit Quarz noch mit Tremolit bei diesen niedrigen Temperaturen der Metamorphose.

Ausgangsgesteine: *Magnesitführende kieselige Dolomite*

Wenn ein *quarzfreier* magnesitischer Dolomit vorliegt, dann bleiben Magnesit + Dolomit über einen sehr großen Temperaturbereich der Metamorphose stabil; sie reagieren noch nicht, sondern erst bei Temperaturen oberhalb etwa 700 °C. Wenn aber Quarz vorhanden ist, dann reagiert Dolomit — wie wir gesehen haben —, und es reagiert auch Magnesit mit Quarz. Die Reaktion des Magnesits mit Quarz unter Bildung von Talk ist folgende:

(3) $3\,MgCO_3 + 4\,SiO_2 + H_2O \rightleftharpoons 1\,Mg_3[(OH)_2Si_4O_{10}] + 3\,CO_2$.

Diese Reaktion ist von JOHANNES (1966) untersucht worden. Aus der für $P_f = 2000$ Bar geltenden Gleichgewichtskurve, die in Fig. 5 eingezeichnet ist, sieht man, daß die Talkbildung nach Reaktion (3) bei Temperaturen erfolgt, die erheblich unter denen der Reaktion (1) liegen. Die Abhängigkeit der isobaren Gleichgewichtstemperaturen von X_{CO_2} ist wie bei Reaktion (1) auch im Falle der Reaktion (3) ziemlich groß, so daß auch diese Reaktion nicht als empfindlicher Temperaturindikator dienen kann. — Bei $P_f = 1000$ Bar liegen die Gleichgewichtstemperaturen etwa 30 °C niedriger.

Die durch Reaktion (3) gebildete Paragenese ist

Talk + Magnesit,

wenn nur wenig Quarz im Verhältnis zu Magnesit vorliegt, so daß Quarz völlig verbraucht wird. Zusätzlich vorhandener Dolomit kann dann mangels Quarz nicht reagieren, so daß folgende Paragenese auftritt:

Talk + Magnesit + Dolomit.

Wenn aber genügend Quarz vorhanden ist, so daß nach Reaktion (3) aller Magnesit verbraucht wird und Quarz neben Talk vorliegt, dann erfolgt offenbar gleichzeitig eine Reaktion zwischen dem noch ursprünglich vorhandenen Dolomit und dem Quarz unter Beteiligung des neugebildeten Talks derart, daß Tremolit gebildet wird. Folgende Reaktion (4) erscheint möglich:

(4) $2\,CaMg(CO_3)_2 + 1\,Mg_3[(OH)_2/Si_4O_{10}] + 4\,SiO_2 \rightleftharpoons$
$$1\,Ca_2Mg_5[(OH)_2/Si_8O_{22}] + 4\,CO_2\,.$$

In dieser Reaktion wird kein H_2O verbraucht, sondern nur CO_2 gebildet. Dieses Reaktionsgleichgewicht ist univariant, denn es liegen nur vier unabhängige Komponenten [1] und 5 Phasen vor. In der Natur jedoch ist bei Anwesenheit selbst geringer Mengen von H_2O auch diese Reaktion bivariant. Nach Überschreiten der jeweiligen Gleichgewichtstemperatur liegt im Metamorphit folgende Paragenese vor:

Tremolit + Talk + Dolomit
oder   Tremolit + Talk + Quarz.

W. JOHANNES: N. Jb. Miner. Mh. 305—308 (1966).

[1] Anmerkung: Folgende Komponenten, aus denen man alle Phasen der Reaktion zusammensetzen kann, können gewählt werden:
SiO_2, CO_2, $(CaO \cdot MgO)$ und $(3\,MgO \cdot H_2O)$.
CaO, MgO und H_2O sind keine (unabhängigen) Komponenten, sondern je zwei von diesen Bestandteilen sind in einem bestimmten stöchiometrischen Verhältnis miteinander verknüpft, so daß CaO, MgO und H_2O insgesamt nur zwei Komponenten bilden.

Wenn ursprünglich nur wenig Magnesit neben Dolomit und Quarz vorgelegen hat, so daß in Reaktion (3) nur wenig Talk gebildet worden ist,
dann wird in Reaktion (4) aller Talk verbraucht, und dann bleiben neben
neugebildetem Tremolit noch Dolomit und Quarz übrig, aber bei Anwesenheit von etwas H_2O reagieren diese Reste von Dolomit und Quarz sofort
nach Reaktion (2) zu Calcit + Tremolit, so daß dann die bereits bekannten
Paragenesen

$$\text{Tremolit} + \text{Calcit} + \text{Dolomit}$$
$$\textit{oder} \quad \text{Tremolit} + \text{Calcit} + \text{Quarz} \quad \text{entstehen.}$$

Ausgangsgestein: *Kieseliger Kalk.*

Kieselige carbonatische Gesteine, welche keinen Dolomit oder keinen
Magnesit enthalten, also Gesteine, die nur aus Calcit und Quarz bestehen,
reagieren bei diesen niedrigen Temperaturen noch nicht; in der Tat, es müssen die Temperaturen sehr erheblich steigen, bevor Calcit und Quarz miteinander reagieren.

In dem hier betrachteten, noch niedrigen Temperaturbereich der Metamorphose ist also die Paragenese Calcit + Quarz stabil.

Graphische Darstellung

Die durch die bisher besprochenen Reaktionen erhaltenen Paragenesen,
die, alle zusammengenommen, Bedingungen in dem niedrigtemperierten Bereich der metmorphen Fazies kennzeichnen, lassen sich sehr einprägsam in
graphischer Weise darstellen. Hierzu ist folgendes zu überlegen:

Ohne Berücksichtigung der Komponenten CO_2 und H_2O (siehe Anmerkung) haben wir die drei Komponenten CaO, MgO und SiO_2 zu betrachten.
Ferner haben wir, wenn die Reaktionen bei der Metamorphose vollständig
nach rechts gelaufen sind, ohne Berücksichtigung der bei den Reaktionen
anwesenden Gasphase meistens 3 oder bisweilen 2 kristalline Phasen, welche
im Gleichgewicht miteinander koexistieren. Wenn nun die 3 Komponenten
an den Ecken eines Konzentrationsdreiecks eingetragen werden, dann können wir übersichtlich die durch die Reaktionen entstandenen Paragenesen
darstellen. Wir gehen von den verschiedensten Mischungen von Calcit bzw.
Magnesit mit Dolomit und Quarz aus. Im Konzentrationsdreieck ist an der
mit SiO_2 bezeichneten Ecke das Mineral Quarz dargestellt, Calcit liegt an
der CaO-Ecke, Magnesit an der MgO-Ecke und Dolomit mit dem Molverhältnis CaO : MgO = 1 : 1 auf der Mitte der CaO-MgO-Seite des Konzentrationsdreiecks. Der darstellende Punkt eines kieseligen carbonatischen Ge-

---

Anmerkung: Wir brauchen in der Darstellung CO_2 und H_2O nicht zu berücksichtigen, weil bei konstantem Gasdruck die Reihenfolge der häufigen Reaktionen
mit steigender Temperatur sich nicht ändert, trotz unterschiedlicher Zusammensetzung der Gasphase X_{CO_2}.

steins liegt entweder im linken oder im rechten Feld der Fig. 2, und zwar um so höher, je quarzreicher das Gestein ist.

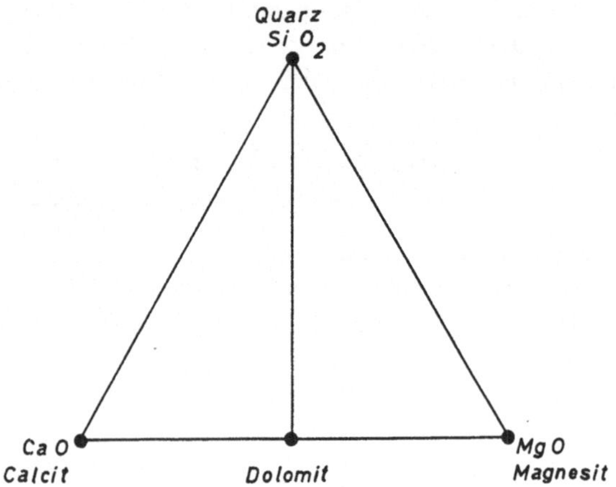

Fig. 2. Kieselige Carbonate *vor* der Metamorphose

Durch die Reaktionen (2), (3) und (4), die wahrscheinlich alle unter nahezu gleichen Bedingungen ablaufen, erhielten wir eine Anzahl metamorpher Paragenesen, die je nach der Zusammensetzung des carbonatischen Ausgangsgesteins verschieden sind. Diese Paragenesen werden jeweils dargestellt durch die 3 Eckpunkte eines Teildreiecks, welches denjenigen Bereich der Ausgangszusammensetzungen umschließt, aus dem die neuen Paragenesen entstanden sind. Der darstellende Punkt für Talk in bezug auf die Komponenten MgO und SiO$_2$ liegt bei dem Komponentenverhältnis 3 MgO : 4 SiO$_2$, d. h. bei 43 Mol-% MgO und 57 Mol-% SiO$_2$; der darstellende Punkt für Tremolit liegt bei dem Komponentenverhältnis 2 CaO : 5 MgO : 8 SiO$_2$, also bei ca. 13% CaO, 33% MgO und 53% SiO$_2$. Wir erkennen aus dem Diagramm der Fig. 3, daß die so häufigen Paragenesen Calcit + Tremolit + Quarz und Calcit + Tremolit + Dolomit aus dolomitischen Kalken mit sehr unterschiedlichen Quarzgehalten entstehen, und ferner, daß die Paragenesen Talk + Tremolit + Dolomit bzw. Quarz nur auf einen kleinen Bereich von Ausgangszusammensetzungen beschränkt sind und deshalb in der Natur nicht so häufig vorkommen.

Als Ergänzung zu dem Vorkommen der Mg-Minerale Talk und Magnesit sei hier auch *Serpentin*, Mg$_3$[(OH)$_4$/Si$_2$O$_5$], erwähnt. Serpentin kommt in den hier behandelten carbonatischen Gesteinen nicht vor, vielmehr ist Serpentin unter dem Einfluß wässeriger Lösungen oder Gase aus olivin- und enstatitreichen ultrabasischen Gesteinen gebildet worden. Serpentin ist nur beständig, wenn einerseits die Temperatur niedriger als ca. 500 °C bleibt, und wenn andererseits die Zusammensetzung der fluiden Phase, die den

Serpentin umgibt, aus sehr wenig CO_2 und sehr viel H_2O besteht. Aus der Untersuchung von JOHANNES (1966) weiß man jetzt, daß die fluide Phase weniger als 5 Mol-% CO_2 enthalten muß, damit Serpentin beständig bleibt;

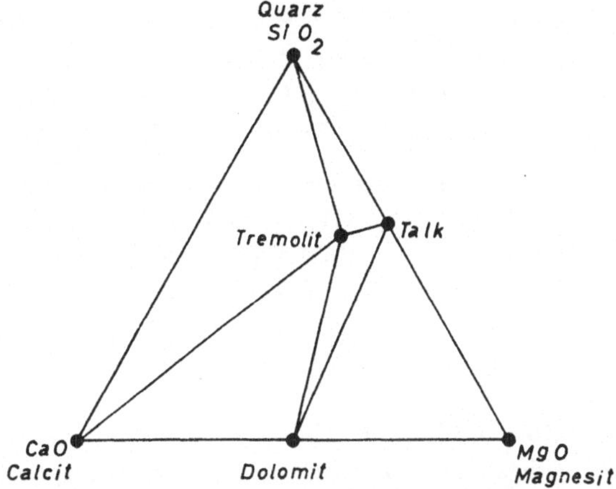

Fig. 3. Kieselige Carbonate nach Metamorphose in der Albit-Epidot-Hornfelsfazies bzw. in der regionalmetamorphen Grünschieferfazies. Im hochtemperierten Bereich dieser Fazies kann schon Forsterit nach Reaktion (7 a) auftreten, aber kein Diopsid

anderenfalls wird aus Serpentin je nach der Höhe der Temperatur Magnesit + Quarz oder Talk + Magnesit in folgenden Reaktionen gebildet:

a) 1 Serpentin $+ 3\ CO_2 \rightarrow$ 3 Magnesit $+ 2$ Quarz $+ 2\ H_2O$,
     unterhalb 350 °C, wenn $P_f = 2000$ Bar beträgt.
b) 2 Serpentin $+ 3\ CO_2 \rightarrow$ 1 Talk $+ 3$ Magnesit $+ 3\ H_2O$,
     zwischen 350 °C und ca. 500 °C, wenn $P_f = 2000$ Bar beträgt.

Diese petrogenetisch wichtigen Reaktionen sind oft in der Natur beobachtet worden. Für die hier behandelte Metamorphose ist jedoch nur die letzte Reaktion interessant, denn sie zeigt, daß das Mineralpaar Talk + Magnesit durch Serpentin in niedrig-metamorphen Umbildungen ersetzt sein kann, wenn X_{CO_2} der fluiden Phase sehr klein ist. In diesem Falle tritt statt der Paragenese Talk + Magnesit + Dolomit der Fig. 3 die Paragenese Serpentin + Talk + Dolomit oder Serpentin + Magnesit + Dolomit auf.

4.2. Reaktionen bei höheren Temperaturen

Die *Albit-Epidot-Hornfelsfazies*, zu der die vorher besprochenen Paragenesen gehören, wird mit steigender Temperatur der Kontaktmetamorphose durch die *Hornblende-Hornfelsfazies* abgelöst. Kennzeichnend für den Beginn dieser Fazies ist das *Verschwinden* der Assoziationen Tremolit + Cal-

---

W. JOHANNES: Naturwiss. 53, 80—81 (1966).

cit + Quarz, Tremolit + Dolomit und Tremolit + Calcit. *Diopsid* und orthorhombischer Amphibol (Anthophyllit oder Gedrit) tritt mit dem Beginn
der Hornblende-Hornfelsfazies auf, und in Mg-reichen Gesteinen kommt
jetzt auch *Forsterit* vor, wenn im Ausgangsgestein nur wenig Quarz vorhanden war. Die folgenden Reaktionen sind vor allem wichtig:

(5) $1\ \text{Tremolit} + 3\ \text{Calcit} + 2\ \text{Quarz} \rightleftharpoons 5\ \text{Diopsid} + 3\ CO_2 + 1\ H_2O$

(6) $3\ \text{Tremolit} + 5\ \text{Calcit} \rightleftharpoons 11\ \text{Diopsid} + 2\ \text{Forsterit} + 5\ CO_2 + 3\ H_2O$

(7) $1\ \text{Tremolit} + 11\ \text{Dolomit} \rightleftharpoons 8\ \text{Forsterit} + 13\ \text{Calcit} + 9\ CO_2 + 1\ H_2O$

Das bivariante Gleichgewicht der besonders häufig erfolgten Reaktion (5)
ist von METZ und WINKLER (1964) experimentell untersucht worden. Die
isobare Gleichgewichtskurve bei 1000 Bar Gasdruck liegt bei 520 °C und
$X_{CO_2} = 0{,}30$, bei 530 °C und $X_{CO_2} = 0{,}50$ und bei 540 °C und $X_{CO_2} = 0{,}75$.
Bei $X_{CO_2} = 0{,}75$ muß die Gleichgewichtskurve ein Maximum erreichen; denn
bei der Reaktion werden CO_2 und H_2O gebildet, deren Mengen im stöchiometrischen Verhältnis 75 Mol-% CO_2 zu 25 Mol-% H_2O stehen, also im
Verhältnis des Molenbruchs von $X_{CO_2} = 0{,}75$ (siehe GREENWOOD, 1962).
Diese isobare Gleichgewichtskurve ist in Fig. 4 und 5 graphisch dargestellt.
Die Kurve liegt — wie aus der Naturbeobachtung bereits geschlossen werden mußte — deutlich bei höheren Temperaturen als die Kurve der Reaktion (1). Aber es ist besonders interessant, daß die isobare Gleichgewichtstemperatur bei kleinen Werten von X_{CO_2} stark ansteigt, dann aber ab etwa
$X_{CO_2} = 0{,}20$ nur noch sehr wenig von der Zusammensetzung der Gasphase
abhängig ist. Bei $X_{CO_2} > 0{,}25$ und $P_f = 1000$ Bar liegen alle Gleichgewichtstemperaturen zwischen 520 und 540 °C. Da mit solchen Molenbrüchen von
CO_2 stets in der Natur zu rechnen ist, ermöglicht diese bivariante Reaktion,
fast so exakte Temperaturangaben der Metamorphose zu machen wie eine
univariante Reaktion; denn wenn $P_f = 1000$ Bar war, dann muß bei
$X_{CO_2} > 0{,}25$ unabhängig von der Zusammensetzung der Gasphase für den
vollständigen Ablauf der Reaktion (5) die Temperatur von 530 ± 10 °C gerade überschritten gewesen sein. Inzwischen hat METZ (1966) auch für $P_f =$
500 Bar die Gleichgewichtskurve der Reaktion (5) ermittelt, Fig. 4, und
festgestellt, daß bei $X_{CO_2} > 0{,}25$ die Gleichgewichtstemperatur bei $515 \pm$
10 °C liegt. Diese Angaben von 515 ± 10 °C bei $P_f = 500$ Bar und von
530 ± 10 °C bei $P_f = 1000$ Bar sind wichtige *Temperaturmarken* für den
Beginn der Hornblende-Hornfelsfazies.

Man könnte nun wohl folgendes einwenden: Bei sehr geringem X_{CO_2}
der Gasphase liegt die isobare Gleichgewichtstemperatur unterhalb 500 °C,
wenn $P_f = 1000$ Bar beträgt; sie erreicht bei $X_{CO_2} = 0$ sogar etwa 350 °C.
Wenn man sich vorstellen würde, daß bei der Metamorphose eines Gesteins

P. METZ und H. G. F. WINKLER: Naturwiss. **51**, 400 (1964).
H. J. GREENWOOD: Carnegie Inst. Washington, Year Book **61**, 82—85 (1962).
P. METZ: Ber. Bunsenges. **70**, 1043—1045 (1966).

aus Tremolit + Quarz + Calcit das entstehende CO_2-reiche Gas vollständig durch ständig nachströmendes H_2O aus dem Gesteinssystem verdrängt werden könnte, dann müßte Diopsid bereits bei so niedrigen Temperaturen wie 350 °C — 400 °C gebildet werden. Die Petrographie lehrt aber, daß das niemals der Fall war; Diopsid kommt in der Albit-Epidot-Hornfelsfazies und in der ihr temperaturmäßig entsprechenden, regional metamorphen Grünschieferfazies nie vor. Das besagt aber auch, daß unsere Vorstellung von der vollständigen Verdrängung einer Gasphase durch eine andere aus dem Gesteinssystem *während* der Zeit der metamorphen Reaktionen nicht realisiert war; wir müssen hieraus schließen, daß das Gesteinssystem während der Metamorphose so weit geschlossen war, daß die Zusammensetzung der CO_2-reichen Gasphase, die ja bei der Reaktion (5) entsteht, nicht von außen her wesentlich geändert werden konnte. Mit „completely mobile components", mit vollständig mobilen gasförmigen Komponenten, die von KORZHINSKII (1959) als wesentlich für die Metamorphose angesehen werden, dürfen wir im allgemeinen nicht rechnen; bei lokalen, metasomatischen Vorgängen, die eine gute Wegsamkeit für die Gasphase voraussetzen, ist es natürlich anders.

Außer der Diopsidbildung nach Reaktion (5) ist von METZ (mündliche Mitteilung) jetzt auch die Bildung von Forsterit + Calcit nach Reaktion (7) experimentell untersucht worden. Die isobaren Gleichgewichtstemperaturen sind bei $P_f = 500$ und 1000 Bar in Abhängigkeit von X_{CO_2} in Fig. 4 für die Reaktionen (5) und (7) dargestellt. Man sieht, daß die ausgezogene und die gestrichelte Kurve bei gleichem P_f sehr nahe beieinanderliegen. Die Kurven liegen so nahe beieinander, daß man für die petrographische Praxis von gleichen Bildungsbedingungen für Diopsid nach Reaktion (5) und für Forsterit + Calcit nach Reaktion (7) sprechen kann, zumal wenn man berücksichtigt, daß in der Regel nur Werte von $X_{CO_2} > 0,25$ oder gar $> 0,50$ betrachtet zu werden brauchen.

Wir kennen somit also zwei sehr verschiedenartige Reaktionen, deren isobare Gleichgewichtsbedingungen fast gleich sind und den Beginn der Hornblende-Hornfelsfazies charakterisieren: Das erste Auftreten von Diopsid nach Reaktion (5) und das erste Auftreten von Forsterit zusammen mit Calcit nach Reaktion (7). Es darf angenommen werden, daß auch die Bildung von Forsterit + Diopsid aus Tremolit + Calcit nach Reaktion (6) bei ziemlich den gleichen Bedingungen erfolgt wie die Reaktionen (5) und (7); dann ist auch das erste Auftreten von Forsterit + Diopsid nach Reaktion (6) für den Beginn der Hornblende-Hornfelsfazies kennzeichnend.

Es gibt nun aber petrographische Beobachtungen, nach denen bei gleichem P_f zweifelsfrei Forsterit bei etwas niedrigerer Temperatur als Diopsid

---

D. S. KORZHINSKII: Physico-chemicals basis of the analysis of the paragenesis of minerals. New York, Consultant Bureau (1959).

gebildet worden ist, also schon etwas vor Beginn der Hornblende-Hornfels-fazies. Dieser Befund kann sofort erklärt werden, wenn Forsterit *nicht* neben Diopsid oder Calcit vorliegt, also nicht nach Reaktion (6) oder (7)

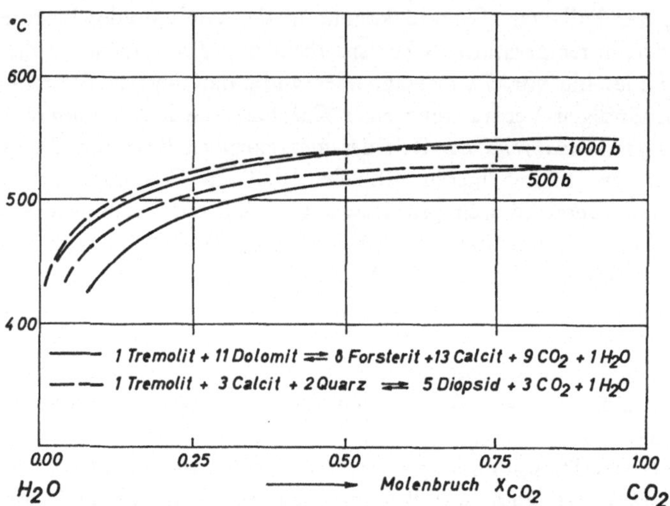

Fig. 4. Isobare Gleichgewichtskurven der Reaktionen (5) und (7). Nur sehr geringe Abhängigkeit der Gleichgewichtstemperatur von der Zusammensetzung der Gasphase, wenn $X_{CO_2} > 0{,}3$ ist

entstanden ist, sondern nach der wesentlich seltener erfolgten Reaktion (7 a):

(7 a) $1 \text{ Talk} + 5 \text{ Magnesit} \rightleftharpoons 4 \text{ Forsterit} + 5 \text{ CO}_2 + 1 \text{ H}_2\text{O}.$

Die Gleichgewichtsbedingungen dieser Reaktion (7a) liegen auf Grund der Untersuchungen von JOHANNES (mündliche Mitteilung) bei $P_f = 500$ und 1000 Bar etwa 35 bis 40 °C niedriger als diejenigen der Reaktion (7) und (5). Diese Art der Bildung von Forsterit, wodurch Forsterit mit Talk oder Magnesit, nicht dagegen mit Calcit oder Diopsid vergesellschaftet ist, findet also bereits 35 − 40 °C vor Beginn der Hornblende-Hornfelsfazies, also im hochtemperierten Bereich innerhalb der Albit-Epidot-Hornfelsfazies statt. Die Bemerkung in der Unterschrift zu Fig. 3 bezieht sich auf diesen hier geschilderten Sachverhalt.

Magnesit + Quarz und Dolomit + Quarz reagieren bereits bei den ziemlich niedrigen Temperaturen der Albit-Epidot-Hornfelsfazies, während Calcit + Quarz das nicht tun. Selbst in der Hornblende-Hornfelsfazies sind in der Regel Calcit + Quarz noch beständig, nur im höchsttemperierten Teil dieser Fazies kann bisweilen Wollastonit als Reaktionsprodukt auftreten:

(8) $\text{CaCO}_3 + \text{SiO}_2 \rightleftharpoons \text{CaSiO}_3 + \text{CO}_2.$

So wie die Reaktion hier steht, ist sie univariant; da wir aber auch mit der Anwesenheit von H_2O in den Gesteinsporen rechnen müssen, ist auch jene Wollastonitreaktion in der Natur bivariant. H_2O ist eine Komponente der Gasphase; 4 Komponenten und 4 Phasen liegen im Gleichgewicht vor,

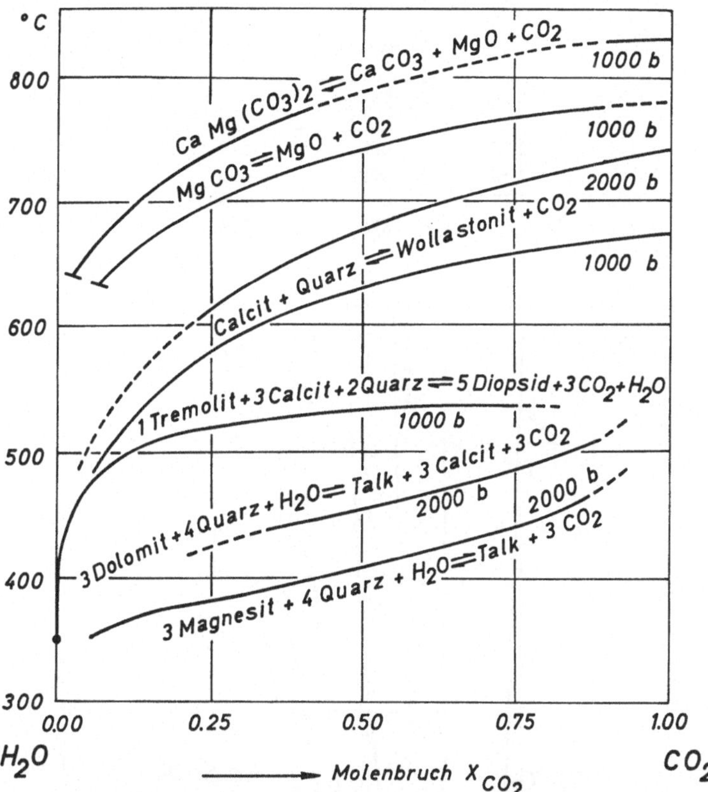

Fig. 5. Isobare Gleichgewichtskurven metamorpher Reaktionen. X_{CO_2} ist der Molenbruch von CO_2 in der Gasphase, die aus $CO_2 + H_2O$ besteht. Der bei jeder Kurve angegebene Druck ist der Gasdruck P_f

so daß 2 Freiheitsgrade in diesem Gleichgewicht vorhanden sein müssen. Bei einem gegebenen Gasdruck ist infolgedessen die Gleichgewichtstemperatur um so höher, je größer X_{CO_2} der Gasphase ist. Die Lage der isobaren Gleichgewichtskurven bei 1000 bzw. 2000 Bar Gasdruck ist von GREENWOOD (1962) experimentell ermittelt worden; siehe Fig. 5. Die Gleichgewichtsdaten sind in Tab. 1 (S. 34) zusammengestellt.

Je geringer der Gasdruck, um so niedriger liegt die Kurve der Gleichgewichtstemperaturen und um so flacher wird bei höheren Werten von X_{CO_2} ihre Neigung zur X_{CO_2}-Abszisse, d. h., je niedriger die Drucke sind, um so

---

H. J. GREENWOOD: Carnegie Inst. Washington, Year Book 61, 82—85 (1962).

weniger ist die Gleichgewichtstemperatur von der Größe des Molenbruchs abhängig, wenn X_{CO_2} etwa 0,5 oder mehr beträgt. Die Abhängigkeit der Gleichgewichtstemperatur vom Gasdruck P_f ist bei jeweils gleicher Zusammensetzung der Gasphase (X_{CO_2} jeweils const) für diese klassische, schon

Tabelle 1

X_{CO_2}	°C bei 1000 Bar	°C bei 2000 Bar
0,25	580	610
0,50	630	680
0,75	660	715
1,0	675	745

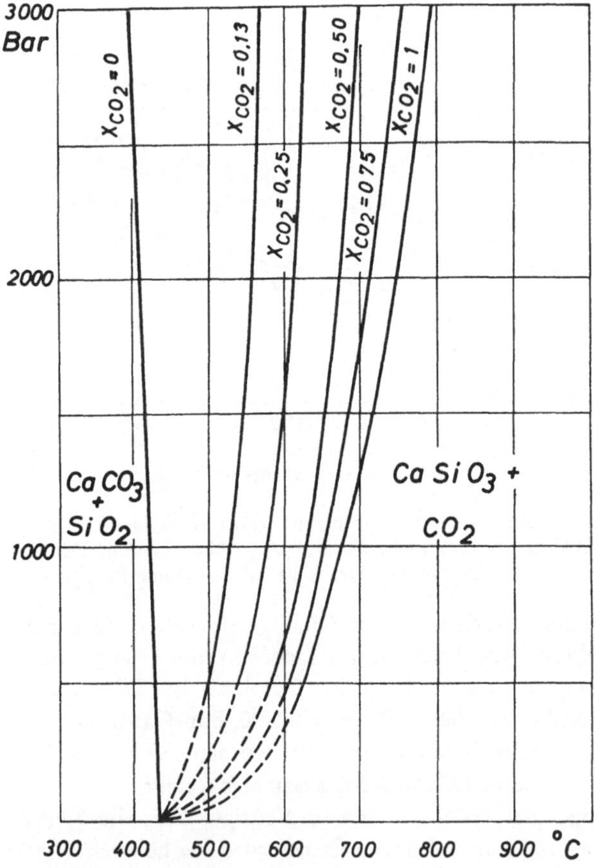

Fig. 6. Gleichgewichtstemperaturen bei jeweils konstanter Zusammensetzung der Gasphase X_{CO_2} in Abhängigkeit vom Gasdruck P_f. — Gezeichnet auf Grund der experimentellen Daten von GREENWOOD (1962) und von HARKER und TUTTLE (1956)

von V. M. GOLDSCHMIDT diskutierte Wollastonitbildung aus Calcit + Quarz in Fig. 6 dargestellt. Aus dieser Fig. 6 zusammen mit den entsprechenden beiden Kurven der Fig. 5 erhält man ein anschauliches Bild eines divarianten Gleichgewichts, und man sieht, daß die Wollastonitreaktion ziemlich ungeeignet ist, nähere Angaben über die Temperaturen während der Metamorphose zu machen, wenn man keine Vorstellung über die Zusammensetzung der Gasphase hat. Indem wir aber auf petrographische Beobachtungen zurückgreifen, erhalten wir darüber Auskünfte.

Aus der Tatsache, daß niemals Wollastonit bei der niedrigtemperierten Metamorphose im Bereich zwischen 400 und etwa 550 °C gebildet worden ist, auch nicht bei Kontaktmetamorphosen, die in sehr geringen Tiefen bei einem Druck von nur wenigen hundert Bar stattgefunden haben, muß man schließen, daß das X_{CO_2} der bei der Metamorphose anwesenden Gasphase niemals klein gewesen ist; vielmehr wird X_{CO_2} ziemlich groß gewesen sein. Man geht daher wohl nicht fehl in der Annahme, daß die Temperaturen für die Bildung von Wollastonit in der Natur vielleicht nur etwa 20 bis höchstens 50 °C niedriger gewesen sind als die vom Gasdruck abhängige Gleichgewichtstemperatur bei $X_{CO_2} = 1,0$. Demnach kann man für die Wollastonitbildung im Kontakthof seichter Intrusionen, wo ein Druck von etwa 500 Bar (2 km Tiefe) geherrscht hat, wohl mit Temperaturen um 600 °C rechnen, bei tieferen Intrusionen in 4 km Tiefe (etwa 1000 Bar) mit Temperaturen um 650 – 670 °C, und bei Intrusionen in 7 – 8 km Tiefe (etwa 2000 Bar) mit Temperaturen von über 700 °C. Bei Drucken von einigen Kilobar, wie sie bei den Regionalmetamorphosen wirksam gewesen sind, haben die tatsächlich erreichten Temperaturen von etwa 700 bis maximal 800 °C nicht ausgereicht, um Wollastonit entstehen zu lassen. Es ist daher also gar nicht verwunderlich, daß Wollastonit selbst in höchstgradigen, regional metamorphen Gesteinen fehlt; hier liegt noch Calcit neben Quarz vor. Nur ein Beispiel ist bekannt, daß in hochgradigen, regional metamorphen Gesteinen Wollastonit gebildet worden ist; MISCH (1964). Aber es sind nur sehr dünne, zentimeterdicke Kalksilikatbänder, die von kalkfreien Metamorphiten umgeben sind. In diesen dünnen Lagen konnte es geschehen, daß das mit Beginn der Wollastonitreaktion sich bildende CO_2 durch H_2O, welches in der unmittelbaren Umgebung freigeworden ist, ständig stark verdünnt wurde. Die Gasphase hatte in diesem außergewöhnlichen Fall nur ein sehr kleines X_{CO_2}. Wenn die ehemaligen kieseligen Kalkeinlagerungen dicker sind, dann ist — wie die Naturbeobachtung lehrt — diese Möglichkeit nicht mehr gegeben, und zwar, weil die Diffusionsgeschwindigkeit der Gasphase innerhalb des Gesteins zu klein ist.

R. I. HARKER und O. F. TUTTLE: Amer. J. Sci. 254, 231—256 (1956).
P. MISCH: Beitr. Min. u. Petr. 10, 315—356 (1964).

Die aufgeführten Reaktionen (5) bis (7) liefern folgende Paragenesen bei der Metamorphose kieseliger karbonatischer Gesteine:

Diopsid + Calcit + Quarz
Diopsid + Quarz + Tremolit
Diopsid + Forsterit + Calcit
Diopsid + Forsterit + Tremolit
Forsterit + Calcit + Dolomit

Man könnte zunächst meinen, daß auf Grund von Reaktion (7) außer der zuletzt genannten Paragenese auch noch die Paragenese Forsterit + Calcit + Tremolit entstehen würde; aber diese existiert nicht (siehe Fig. 7), weil Calcit + Tremolit nach Reaktion (6) zu Diopsid + Forsterit reagieren.

Allerdings dürfte bei *sehr hohen* Gasdrucken Reaktion (6) erst bei höherer Temperatur ablaufen als Reaktion (7) und Reaktion (5). In diesem Falle sollte dann die genannte Paragenese über einen schmalen Temperaturbereich beständig sein, und gleiches gilt dann auch für die Paragenese Diopsid + Tremolit + Calcit (ohne Quarz!), die sich aus Reaktion (5) ergibt; letztere Paragenese ist in den Zentralalpen festgestellt worden [V. Trommsdorff, Schweizer Miner. Petrog. Mitt. **46**, 431 — 460 (1966)].

Durch die Reaktion (7 a) werden schon 35 — 40 °C vor Beginn der Hornblende-Hornfelsfazies auch noch folgende Paragenesen gebildet:

Forsterit + Talk + Tremolit
Forsterit + Magnesit + Dolomit

Die bereits in der Albit-Epidot-Hornfelsfazies entstandene Paragenese

Tremolit + Talk + Quarz

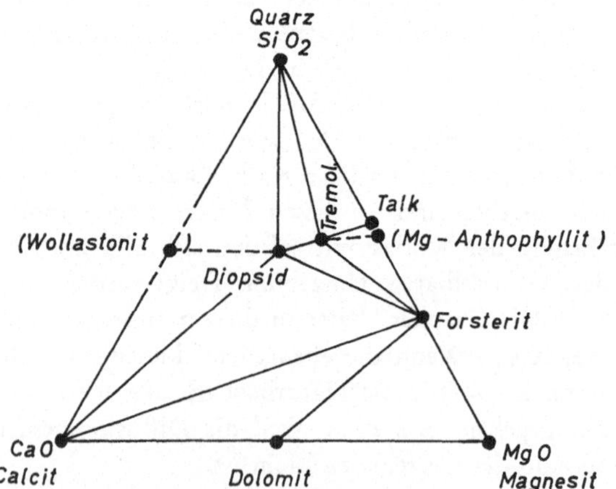

Fig. 7. Hornblende-Hornfelsfazies

bleibt als einzige Paragenese auch in der Hornblende-Hornfelsfazies erhalten.

In der Fig. 7 sind nun in der vorher erläuterten Weise alle vorstehend genannten Paragenesen der Hornblende-Hornfelsfazies dargestellt, wenn nur die Komponenten SiO_2, CaO und MgO (plus CO_2 und H_2O) vorhanden sind. Wollastonit ist eingeklammert und die Verbindungslinie Wollastonit—Diopsid ist gestrichelt gezeichnet, um dadurch zum Ausdruck zu bringen, daß nur im höhertemperierten Bereich der Hornblende-Hornfelsfazies Wollastonit auftreten kann, und zwar nur dann, wenn der Gasdruck niedrig war, wenn also die Intrusion ziemlich seicht war. Erst für die Kalifeldspat-Cordierit-Hornfelsfazies ist Wollastonit typisch.

Häufig tritt also in der Hornblende-Hornfelsfazies noch kein Wollastonit auf, und dann ist die Paragenese Diopsid + Calcit + Quarz stabil; die von Wollastonit zu Diopsid gestrichelt gezeichnete Linie in Fig. 7 ist also nicht zu beachten. Wenn dagegen Wollastonit auftreten kann, dann treten an Stelle jener Paragenese entweder Wollastonit + Diopsid + Quarz oder Wollastonit + Diopsid + Calcit. Wie gesagt, diese Paragenesen sind in der Hornblende-Hornfelsfazies selten, sondern erst für die Kalifeldspat-Cordierit-Hornfelsfazies (Pyroxen-Hornfelsfazies) typisch.

In Fig. 7 ist ein weiteres, bisher noch nicht genanntes Mg-Silikat aufgeführt, nämlich Mg-Anthophyllit, $Mg_7[(OH)_2/Si_8O_{22}]$, welcher zu den orthorhombischen Amphibolen gehört. Orthorhombischer Amphibol, wozu Anthophyllit, $(Mg, Fe)_7[(OH)_2/Si_8O_{22}]$, und der Al-haltige Gedrit gehören, *treten mit Beginn* der Hornblende-Hornfelsfazies *auf* (ebenso wie der Fe-reichere, aber monokline Cummingtonit). Aber das gilt für diese Amphibole nur dann, wenn sie auch Fe enthalten. Fe-freier Anthophyllit, den wir hier als Mg-Anthophyllit bezeichnen, bildet sich nämlich erst bei ca. 100 °C höheren Temperaturen als Fe-haltiger Anthophyllit und Gedrit. Aus diesem Grunde ist Mg-Anthophyllit in Fig. 7 in Klammern angegeben, um — wie beim Wollastonit — zu bekunden, daß dieser Fe-freie Mg-Anthophyllit, der bisher anscheinend noch nicht in der Natur gefunden worden ist, erst im hochtemperierten Bereich der Hornblende-Hornfelsfazies auftreten kann. Erst unter diesen Bedingungen erfolgt in dem Fe-freien System die folgende Reaktion (9):

(9) $\qquad$ 9 Talk + 4 Forsterit $\rightleftarrows$ 5 Mg-Anthophyllit + 4 H_2O.

Es ist das Verdienst von GREENWOOD (1963), diese Reaktion verifiziert und dadurch nachgewiesen zu haben, daß die Bildung von 5 Enstatit + 2 H_2O aus 2 Talk + 2 Forsterit, die auch BOWEN und TUTTLE (1949) untersucht hatten, keinem stabilen Gleichgewicht entspricht; Enstatit bildete sich metastabil statt des stabilen Mg-Anthophyllits. Wenn in der Gasphase kein CO_2 enthalten ist, dann ist das Gleichgewicht der Reaktion (9) univariant. Für einen Gasdruck = H_2O-Druck von 1000 Bar [$X_{CO_2} = 0,0$] hat GREENWOOD die Gleichgewichtstemperatur von 665 ± 10 °C gefunden; wenn die

---

H. J. GREENWOOD: J. Petrol. 4, 317—341 (1963).

N. L. BOWEN und O. F. TUTTLE: Geol. Soc. Amer. Bull. 60, 439 (1949).

Gasphase ein X_{CO_2} von 0,5 hätte, dann wäre die Gleichgewichtstemperatur nur wenige Zehnergrade niedriger.

Forsterit plus Talk [siehe Reaktion (7 a) und Fig. 7] koexistieren also in einem Fe-freien System über einen großen Temperaturbereich vom hochtemperierten Bereich der Albit-Epidot-Hornfelsfazies bis zum hochtemperierten Bereich der Hornblende-Hornfelsfazies, d. h. bei $P_f = 1000$ Bar von Temperaturen um etwa 500 °C bis zu ca. 650 °C. Bei letzterer Temperatur läuft Reaktion (9) ab, so daß dann auch die gestrichelte Verbindungslinie Mg-Anthophyllit—Tremolit gilt, und das bedeutet, daß an Stelle der Paragenese Forsterit+Talk die Paragenese Mg-Anthophyllit+Forsterit *oder* die Paragenese Mg-Anthophyllit+Talk tritt.

Es sei betont, daß die genannten Paragenesen plus zusätzlichem Tremolit/Aktinolith mit einem Fe-haltigen Anthophyllit existieren, und zwar — wie gesagt — über einen großen Temperaturbereich der gesamten Hornblende-Hornfelsfazies. Es ist ferner auf Grund der Versuche von BOYD (1959) gesichert, daß Tremolit bei den ziemlich hohen Temperaturen noch beständig ist, bei denen eisen*freier* Mg-Anthophyllit gebildet wird; mit anderen Worten, es ist sicher, daß die gestrichelte Gerade in Fig. 7 vom eisenfreien Mg-Anthophyllit zum Tremolit zu ziehen ist. Es ist festzustellen, daß eisenfreier Mg-Anthophyllit innerhalb der Hornblende-Hornfelsfazies nur eine geringe Bedeutung hat, während es in den wesentlich häufigeren Fe-haltigen und Mg-reichen Systemen umgekehrt ist; dort tritt dann Talk zugunsten von Anthophyllit oder Gedrit zurück.

Wenn ein geeigneter Chemismus vorliegt, dann kann also Talk über einen sehr großen Temperaturbereich beständig sein. Erst bei den Bedingungen der ebenfalls von GREENWOOD (1963) untersuchten Reaktion (10) ist die äußerste obere Temperaturgrenze der Existenz von Talk erreicht:

$$(10) \quad 7\,\text{Talk} \rightleftharpoons 3\,\text{Mg-Anthophyllit} + 4\,\text{Quarz} + 4\,H_2O.$$

Bei einem H_2O-Druck von 1000 Bar findet diese Reaktion erst bei etwa 700 °C statt. Diese Temperatur ist so hoch, daß auch schon in anderen Reaktionen Orthopyroxen gebildet werden kann, womit dann eindeutig der Temperaturbereich der Hornblende-Hornfelsfazies überschritten ist.

Die Bedingungen der Hornblende-Hornfelsfazies haben am Kontakt von intrudierten Graniten geherrscht. Aber syenitische und vor allem gabbroide Magmen sind heißer gewesen, so daß sich eine noch höhertemperierte Hornfelsfazies, die *Kalifeldspat-Cordierit-Hornfelsfazies* (früher Pyroxen-Hornfelsfazies) in Kontaktnähe ausbilden konnte. Bei diesen höheren Temperaturen erfolgen einige Reaktionen, die zu neuen Paragenesen führen. Aus Fig. 8 sind die Mineralparagenesen ablesbar, die aus carbonatischen Gesteinen entstehen.

Kennzeichnend für den Beginn der Kalifeldspat-Cordierit-Hornfelsfazies ist das Verschwinden von Muskovit+Quarz, womit die Paragenesen Kalifeldspat+Cordierit oder Kalifeldspat+Al_2SiO_5 entstehen können. Dieses Kriterium ist nur in H_2O- und Al_2O_3-haltigen Systemen beobachtbar, nicht dagegen in dem hier behandelten System $CaO - MgO - SiO_2 - CO_2 - H_2O$.

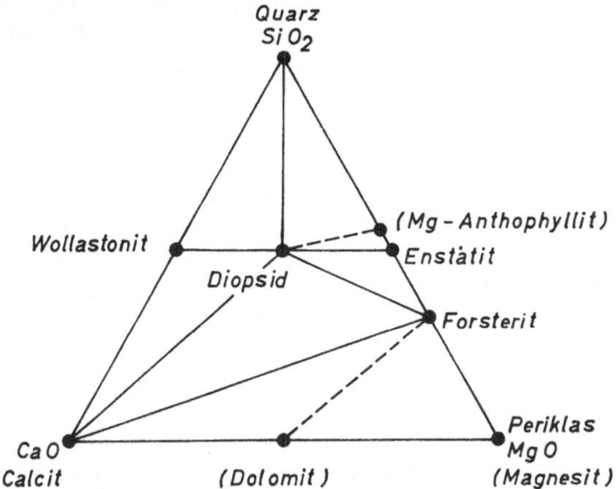

Fig. 8. $CaO - MgO - SiO_2$-Diagramm der Kalifeldspat-Cordierit-Hornfelsfazies (früher Pyroxen-Hornfelsfazies). Eingeklammerte Minerale können nur bei höheren Gasdrucken bzw. im niedrigertemperierten Bereich dieser Fazies auftreten

In diesem System tritt als einzige Neubildung gegenüber der Hornblende-Hornfelsfazies orthorhombischer Pyroxen auf, und zwar erst in der höhertemperierten Orthopyroxen-Subfazies innerhalb der Kalifeldspat-Cordierit-Hornfelsfazies. Bei den Orthopyroxenen werden mit zunehmendem Ersatz des Mg durch Fe die Glieder Enstatit, Bronzit und Hypersthen unterschieden. Meistens bildet sich Hypersthen bei der Kontaktmetamorphose Mg-reicher basischer und ultrabasischer Gesteine.

In dem völlig eisenfreien System, welches wir hier noch betrachten, entsteht im hochtemperierten Bereich der Hornblende-Hornfelsfazies auf Grund der Reaktion (9) die Paragenese Mg-Anthophyllit+Forsterit. Diese Paragenese ist nur in einem kleinen Temperaturbereich von etwa 35 °C beständig, nämlich von 665 bis ca. 700 °C bei einem H_2O-Druck von 1000 Bar; denn bei letzterer Temperatur erfolgt nach den Angaben von GREENWOOD Reaktion (11):

(11) $2\,\text{Mg-Anthophyllit} + 2\,\text{Forsterit} \rightleftarrows 9\,\text{Enstatit} + 2\,H_2O$
        $2\,Mg_7[(OH)_2/Si_8O_{22}] + 2\,Mg_2SiO_4 \rightleftarrows 9\,Mg_2Si_2O_6 + 2\,H_2O.$

Später werden Reaktionen genannt werden, bei denen aus eisenhaltigem Anthophyllit bzw. Gedrit u. a. Orthopyroxen gebildet wird: Dann wird gezeigt werden, daß diese Bildungen ebenfalls bei etwa 700 °C und einem H_2O-Druck von 1000 Bar erfolgen und daß [zum Unterschied von den Angaben von GREENWOOD über die Reaktion (11)] die Gleichgewichtstemperatur recht stark druckabhängig ist.

Aus den petrographischen Beobachtungen hat man den Eindruck, daß mit dem Auftreten von Orthopyroxen der Orthoamphibol (Anthophyllit, Gedrit) seine obere Stabilitätsgrenze erreicht hat, also verschwunden ist. Das trifft nun für den eisenfreien, synthetischen Mg-Anthophyllit nicht zu; denn seine obere Stabilitätsgrenze wird erst bei etwa 745 °C und 1000 Bar erreicht (GREENWOOD), wenn nämlich Reaktion (12) abläuft:

(12) $2\,\text{Mg-Anthophyllit} \rightleftarrows 7\,\text{Enstatit} + 2\,\text{Quarz} + 2\,H_2O.$

Weitere Reaktionen, die bei noch höheren Temperaturen, aber auch innerhalb der Kalifeldspat-Cordierit-Hornfelsfazies erfolgen, sind die Dissoziationen von Magnesit und von Dolomit. Diese beiden Minerale treten ja in der Hornblende-Hornfelsfazies in den Assoziationen Magnesit + Dolomit + Forsterit bzw. Calcit + Dolomit + Forsterit auf. In der Kalifeldspat-Cordierit-Hornfelsfazies sind Magnesit und Dolomit m. W. nicht mehr beobachtet worden, aber die experimentellen Untersuchungen weisen darauf hin, daß diese Paragenesen auch noch im niedrigertemperierten Bereich der Kalifeldspat-Cordierit-Hornfelsfazies zu erwarten sind. Denn die Dissoziation des Magnesits in Periklas und CO_2

(13) $MgCO_3 \rightleftarrows MgO + CO_2$

erfolgt bei $P_f = 1000$ Bar erst bei Temperaturen oberhalb 700 °C, wenn $X_{CO_2} \geqq 0{,}3$ ist; bei $X_{CO_2} = 0{,}50$ beträgt die Temperatur 745 °C, bei $X_{CO_2} = 0{,}75$ 775 °C. Diese Abhängigkeit der Gleichgewichtstemperatur vom Molenbruch X_{CO_2} ist für $P_f = 1000$ Bar aus den von WYLLIE (1962, Fig. 4) gemachten Angaben berechnet worden; die isobare Gleichgewichtskurve ist in Fig. 5 eingezeichnet. Bei der Kontaktmetamorphose gebildeter Periklas wird nach der Metamorphose wegen hinzugetretenem H_2O vollständig in Brucit, $Mg(OH)_2$, umgewandelt, so daß nun dieses Mineral z. B. in Brucit-führenden Marmoren vorliegt.

Bei noch höheren Temperaturen als die Dissoziation des Magnesits erfolgt die Dissoziation des Dolomits in Periklas + Calcit + CO_2:

(14) $\text{Dolomit} \rightleftarrows \text{Periklas} + \text{Calcit} + CO_2.$

Die petrographischen Beobachtungen ließen das nicht vermuten, denn bereits mit Beginn der Kalifeldspat-Cordierit-Hornfelsfazies ist bisher kein Dolomit mehr festgestellt worden. Auf Grund der experimentellen Daten muß man aber erwarten, daß unter besonderen Umständen die Paragenese Dolomit + Calcit ± Forsterit auch in dieser Hornfelsfazies gefunden wird und erst in deren höchsttemperiertem Bereich infolge Reaktion (14) durch die Paragenese Periklas (umgewandelt zu Brucit) + Calcit ± Forsterit abgelöst wird. HARKER und TUTTLE (1955) haben bei $X_{CO_2} = 1$ und $P_f = 1000$ Bar als Dissoziationstemperatur 825 °C bestimmt; W. JOHANNES

P. J. WYLLIE: Min. Mag. **33**, 9—25 (1962).

(1966, mündl. Mitt.) hat neuerdings im hiesigen Institut die Gleichgewichts-temperaturen bei demselben Gasdruck, aber bei X_{CO_2}-Werten bis 0,35 be-stimmt, so daß die in Fig. 5 eingetragene isobare Gleichgewichtskurve vor-liegt. Hieraus sieht man, daß bei mittleren Werten von X_{CO_2} und bei $P_f =$ 1000 Bar Dolomit bis zu Temperaturen um 800 °C stabil sein kann, wenn keine anderen Minerale vorhanden sind, mit denen Dolomit bei niedrige-ren, z. T. bei wesentlich niedrigeren Temperaturen reagiert. Wenn die Kon-taktmetamorphose in 3,5 — 4 km oder gar in noch größeren Tiefen statt-gefunden hat, dann kann also Dolomit — und auch Magnesit — noch in der Kalifeldspat-Cordierit-Hornfelsfazies erhalten sein. Wenn dagegen die Kontaktmetamorphose in geringen Tiefen erfolgt ist, dann wird es immer unwahrscheinlicher, daß noch Dolomit auftritt; denn bei $P_f = 500$ Bar (ca. 2 km Tiefe) liegt die maximal mögliche Dissoziationstemperatur (bei X_{CO_2} $= 1$) etwa 65 °C tiefer als bei 1000 Bar, nämlich bei 760 °C, und bei $P_f =$ 250 Bar (entsprechend etwa 1 km Tiefe) liegt sie schon bei ca. 700 °C, wenn $X_{CO_2} = 1,0$, und bei 670 °C, wenn $X_{CO_2} = 0,5$ ist.

Die Dissoziation des Dolomits kann bei wesentlich niedrigeren Tempe-raturen nur dann erfolgen, wenn das X_{CO_2} der Gasphase sehr klein ist (siehe TURNER, 1965), d. h., wenn lokal ein Vorgang wirksam ist, durch den das entstehende CO_2 ständig durch H_2O verdrängt wird. Das wiederum wird in der Regel nicht verwirklicht sein; vielmehr muß auf Grund der beim Diopsid und beim Wollastonit gemachten Erörterungen angenommen wer-den, daß auch bei den Reaktionen (13) und (14) der Molenbruch X_{CO_2} der Gasphase *nicht* klein, geschweige denn sehr klein gewesen ist. Dann bleibt nur die Folgerung übrig, daß die Intrusionen, an deren Kontakten Periklas gebildet worden ist, ziemlich hoch intrudiert sind, so daß P_f ziemlich klein war.

Aus der vorhergehenden Betrachtung ergibt sich, daß die nur in der Kalifeldspat-Cordierit-Hornfelsfazies auftretenden Paragenesen, an denen insbesondere Periklas (sekundär Brucit) und Wollastonit beteiligt sind, in der unter erheblich höheren Drucken erfolgenden Regionalmetamorphose nicht auftreten können; der Unterschied der Größen von P_f wirkt sich hier sehr klar auf die Art der metamorphen Paragenesen aus.

4.3. Reaktionen bei noch höheren Temperaturen

Unter *besonderen* Umständen werden bei der sehr hoch temperierten Kontaktmetamorphose noch weitere Ca- und Ca-Mg-Silikate gebildet. Das geschieht vor allem dann, wenn carbonatische Gesteinsblöcke abbrechen, im Magma schwimmen und daher sehr stark aufgeheizt werden, und wenn außerdem dieser Vorgang in sehr geringer Tiefe erfolgt, so daß P_f sehr klein

---

R. I. HARKER und O. F. TUTTLE: Amer. J. Sci. **253**, 209—244 (1955).
F. J. TURNER: Beitr. Miner. u. Petrogr. **11**, 393—397 (1965).

ist. Diese Bedingungen werden von der Kalifeldspat-Cordierit-Hornfelsfazies abgetrennt und der sogen. *Sanidinitfazies* zugeordnet. Die Temperaturen sind so hoch, daß bei sehr niedrigen Drucken normale Tonschiefer etc. bereits zu schmelzen beginnen und daß Quarz oft in Tridymit umgewandelt wird, wodurch dann Temperaturen oberhalb 870 °C angezeigt werden. Die Minerale Orthopyroxen, Cordierit, Diopsid und Wollastonit, die in der Kalifeldspat-Cordierit-Hornfelsfazies vorkommen, bleiben auch bei den Bedingungen der Sanidinitfazies erhalten. Aber an die Stelle von Sillimanit tritt infolge des sehr geringen Drucks Mullit, und der Granat Grossular ist ebenfalls nicht mehr beständig, sondern wird durch das Mineralpaar Wollastonit+Anorthit (bzw. An-reichem Plagioklas im Gestein) ersetzt. Ganz besonders kennzeichnend für die Sanidinitfazies, und auf diese Fazies allein beschränkt, sind aber folgende Ca- und (Ca, Mg)-Silikate, die in der Reihenfolge ihres wahrscheinlichen Erscheinens aufgeführt sind:

Monticellit	$CaMgSiO_4$
Åkermanit	$Ca_2Mg(Si_2O_7)$
Melilith	$Ca_2(Mg, Al)(Si, Al)_2O_7$
Tilleyit	$Ca_5[(CO_3)_2/Si_2O_7]$
Spurrit	$Ca_5[CO_3/(SiO_4)_2]$
Rankinit	$Ca_3(Si_2O_7)$
Merwinit	$Ca_3Mg(SiO_4)_2$
Larnit	$\beta\text{-}Ca_2SiO_4$

Monticellit kann sich in mindestens zwei Reaktionen bilden:

(15)   1 Diopsid + 1 Forsterit + 2 Calcit $\rightleftarrows$ 3 Monticellit + 2 CO_2
         1 $CaMgSi_2O_6$ + 1 Mg_2SiO_4 + 2 $CaCO_3$ $\rightleftarrows$ 3 $CaMgSiO_4$ + 2 CO_2

(16)   1 Calcit + 1 Forsterit $\rightleftarrows$ 1 Monticellit + 1 Periklas + 1 CO_2
         $CaCO_3$ + Mg_2SiO_4 $\rightleftarrows$ $CaMgSiO_4$ + MgO + CO_2

Die Gleichgewichtstemperaturen bei $X_{CO_2} = 1$, also bei verschiedenen P_{CO_2}-Drucken, sind von L. S. WALTER (1963) für beide Reaktionen bestimmt worden. Die bei $X_{CO_2} = 1$ univarianten Gleichgewichtskurven dieser Experimente fallen praktisch zusammen; sie zeigen eine sehr starke Abhängigkeit vom P_{CO_2}-Druck: Bei dem sehr geringen CO_2-Druck von 100 Bar liegt die Gleichgewichtstemperatur bei 725 °C, bei 600 Bar aber schon bei 925 °C. Hieraus ergibt sich, daß bei den in der Natur vorkommenden Temperaturen Monticellit nur bei außerordentlich niedrigen CO_2-Drucken von höchstens einigen hundert Bar gebildet werden kann. Gleiches gilt für die Bildung der anderen aufgeführten Minerale, die z. B. nach folgenden Reaktionen erfolgen kann:

(17)   1 Calcit + 1 Diopsid $\rightleftarrows$ Åkermanit + 1 CO_2.

L. S. WALTER: Am. J. Sci. **261**, 488—500 und 773—779 (1963).

Diese Reaktion hat nach WALTER bei $X_{CO_2} = 1{,}0$ die gleichen Bedingungen wie die Reaktionen (15) und (16). Noch andere Reaktionen, durch die Monticellit bzw. Åkermanit gebildet werden kann, sind ebenfalls von WALTER (1963) angegeben.

Eine der Möglichkeiten der Entstehung von Spurrit ist von TUTTLE *et al.* (1957) nachgewiesen worden, wobei sich herausgestellt hat, daß bei dem niedrigen CO_2-Druck von 250 Bar die Temperatur von 950 °C überschritten sein muß, wenn die Reaktion (18) erfolgt:

(18) $3 \text{ Calcit} + 2 \text{ Wollastonit} \rightleftharpoons 1 \text{ Spurrit} + 2\,CO_2$.

Hinsichtlich weiterer Reaktionen, bei denen u. a. auch Merwinit entsteht, sei auf die Arbeit von WALTER (1965) verwiesen, der sich dort auch mit dem speziellen Vorkommen der hier erwähnten Minerale in Crestmore (Californien) beschäftigt. Eine Analyse der mannigfachen Paragenesen der Sanidinitfazies gibt REVERDATTO.

Der Name Sanidinitfazies ist nicht glücklich. Zwar ist das Auftreten von Sanidin in Hornfelsen ein Hinweis für hohe Temperaturen und auch für schnelle Abkühlung; denn sonst wäre die statistische Verteilung von Si und Al auf die tetraedrischen Gitterplätze nicht konserviert worden. Aber andere Minerale als Sanidin sind kennzeichnender für diese bei sehr hohen Temperaturen und nur sehr geringen Drucken im subvulkanischen Bereich vor allem von basischen Intrusionen entstandene Kontaktmetamorphose. Da man außerdem noch innerhalb des Bereichs der hohen Temperaturen zwischen a) hoch und b) noch höher auf Grund der Mineralparagenesen unterscheiden kann, hatten schon FYFE *et al.* (1958) vorgeschlagen, zwischen a) Monticellit-Melilith-Subfazies und b) Larnit-Merwinit-Spurrit-Subfazies zu unterscheiden. SOBOLEV (1964, zitiert von REVERDATTO) läßt den Namen Sanidinit-Fazies überhaupt fallen und unterscheidet a) die Monticellit-Melilith-Fazies und b) die Spurrit-Merwinit-Fazies. Letztere unterteilt REVERDATTO (1964) noch in die b 1) Monticellit-Spurrit-Tilleyit-Subfazies bei relativ niedrigerer Temperatur und in die b 2) Merwinit-Calcit-Subfazies bei höherer Temperatur. Diese Unterscheidung ist überzeugend, nachdem WALTER (1965) die folgende Reaktion (19) untersucht hat:

(19) $2 \text{ Monticellit} + 1 \text{ Spurrit} \rightleftharpoons 2 \text{ Merwinit} + 1 \text{ Calcit}.$

Nicht das Auftreten von Merwinit an sich gestattet eine Temperatur- und Druckangabe, sondern nur das Auftreten der Paragenese Merwinit + Calcit, die immer dann vorliegt, wenn Reaktion (19) abgelaufen ist. Aus der Arbeit von WALTER (1965) entnimmt man, daß die Temperatur von 820 °C über-

---

O. F. TUTTLE und R. J. HARKER: Amer. J. Sci. **255**, 226—234 (1957).

L. S. WALTER: Amer. J. Sci. **263**, 64—77 (1965).

V. V. REVERDATTO: Geochemistry International, 1038—1053 (1964).

W. F. FYFE, F. TURNER und J. VERHOOGEN: Geol. Soc. Amer. Mem. 73 (1958).

schritten war und daß der CO_2-Druck 50 Bar nicht überschritten haben darf, wenn Merwinit + Calcit koexistieren. — Diese sehr seichte und hochtemperierte Kontaktmetamorphose, die (wie in Crestmore) mit intensiver Metasomatose, und das heißt auch mit Durchgasung und besonders starker Aufheizung (Dampfheizungseffekt!) gekoppelt sein kann, ist eine sehr ungewöhnliche, sehr seltene Erscheinung.

4.4. Diagnostische Paragenesen

Wir haben bisher die Metamorphose von einfach zusammengesetzten Gesteinen besprochen, von Gesteinen, die sich nur aus den Komponenten CaO, MgO, SiO_2 neben CO_2 und H_2O aufbauen. Vergleicht man die Diagramme der Fig. 3, 7 und 8, in denen die hier möglichen Paragenesen jeweils einer Hornfelsfazies dargestellt sind, dann stellt man fest, daß gewisse Paragenesen nur auf eine bestimmte Fazies beschränkt sind, andere sind es nicht. Bei den Paragenesen einer Fazies gibt es also solche, welche geeignet sind, eine Fazies zu diagnostizieren, andere Paragenesen dagegen sind „Durchläufer", sind nicht auf den Bereich einer einzigen Fazies beschränkt, wie z. B. Calcit + Quarz oder Diopsid + Calcit + Forsterit; erstere Paragenese kommt in der Albit-Epidot- und in der Hornblende-Hornfelsfazies vor, letztere Paragenese kann in der Hornblende- und in der Kalifeldspat-Cordierit-Hornfelsfazies auftreten. Charakteristisch aber sind für

Albit-Epidot-Hornfelsfazies: Tremolit + Calcit + Dolomit oder Quarz

Hornblende-Hornfelsfazies:
Beginn bei
535 ± 15 °C/1000 Bar;
520 ± 10 °C/500 Bar.
Das *erste* Auftreten von
Diopsid und von Forsterit +
Calcit kennzeichnet den
Beginn der Hornblende-
Hornfelsfazies!

Diopsid + Calcit + Quarz (jedoch nicht mehr im höchsttemperierten Teil dieser Fazies, wenn die Drucke sehr klein waren, so daß Wollastonit entstehen konnte).

*Kalifeldspat-Cordierit-
Hornfelsfazies:*

Enstatit (Hypersthen) und andererseits Brucit (Periklas) sind kritische Minerale, weil sie — abgesehen von der seltenen Sanidinitfazies — auf diese Hornfelsfazies beschränkt sind. Alle Paragenesen, welche das eine oder das andere dieser Minerale enthalten, sind daher von diagnostischem Wert. Wollastonit tritt generell hier auf, aber nicht nur in dieser Fazies.

Die bisher erkannten metamorphen Paragenesen werden noch erheblich vermehrt, wenn die chemische Zusammensetzung der der Metamorphose unterworfenen Ausgangsgesteine komplexer ist, also wenn z. B. Al_2O_3 enthaltende Mergel und andere Gesteine betrachtet werden. Wir wollen solche Paragenesen an Hand von besonderen Diagrammen besprechen, von ACF- und A'FK-Diagrammen, die zunächst im folgenden Abschnitt erklärt werden.

5. Graphische Darstellung metamorpher Mineralparagenesen

5.1. ACF-Diagramme

Eine graphische Darstellung der in einer Fazies auftretenden Mineralarten ist nur dann korrekt möglich, wenn die Zahl der Komponenten, welche die Zusammensetzungen der Minerale bestimmen, nicht größer ist, als man geometrisch darstellen kann. In einem Tetraeder kann man vier Komponenten darstellen, aber die Projektion in die Zeichenebene ist recht kompliziert [1]. Es wird auch heute noch ausgiebig die von ESKOLA vorgeschlagene Darstellung in Dreieckskoordinaten benutzt. Dann können zwar an den drei Ecken eines gleichseitigen Dreiecks nur insgesamt drei Komponenten des Gesteinssystems dargestellt werden, was als unerlaubte Vereinfachung anmutet; aber ESKOLA hat „durch zweckmäßige Auswahl und Einschränkung" eine Methode gefunden, „welche die Darstellung der meisten Gesteine von nicht zu seltener Zusammensetzung und mit einem Überschuß von Kieselsäure ermöglicht". Er schreibt weiter: „Bei Überschuß von SiO_2 (die Anwesenheit von Quarz trifft für sehr viele Metamorphite zu) können immer nur die Minerale mit dem höchstmöglichen SiO_2-Gehalt entstehen; die Menge des SiO_2 übt folglich keinen Einfluß auf die Art des Mineralbestandes mehr aus und braucht nicht in das Diagramm einzugehen. In eine Ecke des Dreiecks legen wir denjenigen Teil der Tonerde (genauer: $Al_2O_3 +$ Fe_2O_3, weil Fe^{3+} und Al^{3+} sich isomorph vertreten können), der nicht mit Na oder K verbunden ist, und bezeichnen ihn mit A; in eine andere Ecke kommt $CaO = C$ und in die dritte $(Mg, Fe, Mn)O = F$. Die akzessorischen Gemengteile läßt man in der Darstellung unberücksichtigt und subtrahiert vorher die in diesen enthaltenen Mengen von $(Al, Fe)_2O_3$, CaO und $(Mg, Fe)O$ (von der chemischen Analyse). In dieser Weise kommen die wichtigeren Silikatminerale zum Ausdruck, mit Ausnahme der K- und Na-Silikate und der niedriger silifizierten Silikate, wie Olivin."

Nach ESKOLA erfolgt die Berechnung des *molekularen* ACF-Verhältnisses folgendermaßen: Als erstes wird die Korrektur für die Akzessorien direkt an den chemischen Analysen durchgeführt, wobei die quantitativen Mengen an Akzessorien (z. B. durch Integrationsanalyse bzw. röntgenographische

---

[1] Für pelitische Sedimente ist eine gute Methode von J. B. THOMPSON vorgeschlagen worden, die im Abschnitt 5.4. erläutert wird.

BARTH—CORRENS—ESKOLA: Entstehung der Gesteine. Berlin 1939, S. 347.

Phasenanalyse) bestimmt sein müssen. Es werden 50% der Ilmenitmenge vom FeO-Gehalt, 70% bzw. 30% der Magnetitmenge vom Fe_2O_3- bzw. FeO-Gehalt und 30% der Titanitmenge vom CaO-Gehalt der Analyse subtrahiert; der Menge des Hämatits entsprechend wird Fe_2O_3 subtrahiert.

Magnetit $FeO \cdot Fe_2O_3$ $= 30$ Gew.-% FeO und 70 Gew.-% Fe_2O_3
Ilmenit $FeO \cdot TiO_2$ $= 50$ Gew.-% FeO
Titanit $CaO \cdot TiO_2 \cdot SiO_2$ $= 30$ Gew.-% CaO (ideale Zusammensetzung ergibt 35% CaO, aber die Titanite in der Natur enthalten weniger).

Danach werden die Gewichtsprozente der Analyse in *Molekularzahlen* umgerechnet (Gew.-% dividiert durch Molgewicht); SiO_2, CO_2 und H_2O bleiben unberücksichtigt; eine Umrechnung in Molekularprozente ist nicht erforderlich.

Im Albit bzw. Kaliumfeldspat ist das Molekularverhältnis von Na_2O zu Al_2O_3 bzw. $K_2O : Al_2O_3 = 1 : 1$; daher werden das gesamte $[Na_2O]$ und $[K_2O]$ addiert, und eine gleichgroße Menge vom $[Al_2O_3]$-Gehalt wird subtrahiert. Außerdem wird vom $[CaO]$ das 3,3fache der $[P_2O_5]$-Menge für den Apatit subtrahiert. $Ca_5[(OH, F, Cl)/(PO_4)_3]$; aus dieser Formel ergibt sich das Verhältnis $10\,CaO : 3\,P_2O_5 = 3,3$mal soviel CaO wie P_2O_5.

Zusammenfassend gilt für die Berechnung des ACF-Verhältnisses (nach Berücksichtigung der Akzessorien) als erste Näherung folgendes Schema:

$$[Al_2O_3] + [Fe_2O_3] - ([Na_2O] + [K_2O]) = A$$
$$[CaO] - 3,3\,[P_2O_5] \hspace{4.5cm} = C$$
$$[MgO] + [MnO] + [FeO] \hspace{3.2cm} = F$$

Für die graphische Darstellung werden $A + C + F$ auf 100% umgerechnet, so daß man das prozentuale Verhältnis der Molekularzahlen erhält.

Nach diesem Rechenschema kann — genaugenommen — nur das ACF-Verhältnis für alle Metamorphite berechnet werden, welche keinen Biotit enthalten und keinen Muskovit und Paragonit. Meistens ist das aber der Fall, und dann müssen — wenn man exakt arbeiten muß — Korrekturen angebracht werden. Wenn Biotit vorhanden ist, dann ist *vor* Berechnung der Molekularzahlen eine Korrektur an der chemischen Analyse erforderlich; denn der Biotit kann, ebenso wie z. B. der Kaliumfeldspat, in der Ebene des ACF-Diagramms nicht exakt dargestellt werden[1]. Deshalb muß, ebenso wie das im Kaliumfeldspat gebundene Al_2O_3 von der für das ACF-Verhältnis berücksichtigten Menge abgezogen wird, auch das im Biotit gebundene Al_2O_3 und darüber hinaus das $(Fe, Mg)O$ abgezogen werden. Nach der

---

[1] Es geben jedoch die meisten veröffentlichten ACF-Diagramme in der Nähe der F-Ecke Biotit an, um auf diese Weise zu dokumentieren, daß Biotit zusammen mit der exakt dargestellten Mineralvergesellschaftung auftritt. Wir werden einen anderen Weg wählen.

obigen Rechenvorschrift wird für den Kaliumfeldspat das gesamte K_2O herangezogen, und deshalb wurde die gleichgroße Menge an Al_2O_3 subtrahiert. Im idealen Biotit ist das Verhältnis von $K_2O : Al_2O_3$ dasselbe wie im Kalifeldspat, nämlich ebenfalls 1 : 1, so daß bei der Korrektur für den Biotit der A-Wert bereits korrigiert ist, er bleibt *unverändert;* es muß also nur noch der F-Wert korrigiert werden. Hierzu verfährt man folgendermaßen: Für die *quantitativ* bestimmte Menge des Biotits wird das auf Grund der Zusammensetzung gebundene MgO und FeO in Gew.-% berechnet, wobei vereinfachend angenommen wird, daß das Gewichtsverhältnis von MgO : FeO im Biotit dasselbe ist wie im Gesamtgestein. (Besser ist es jedoch, wenn man durch Analyse des Biotits die in ihm gebundenen Mengen an FeO, MgO und MnO kennt.) Diese Werte werden von den jeweiligen *Analysenwerten* abgezogen; jetzt kann die Berechnung des ACF-Verhältnisses nach obigem Schema erfolgen, wenn keine Korrektur für Muskovit und Paragonit notwendig ist (siehe nächsten Absatz). Schon P. ESKOLA (1939, S. 350) hat darauf hingewiesen, daß diese Korrektur für die Biotitmenge erforderlich ist.

Muskovit ist auch ein häufiges Mineral z. B. in Phylliten und Glimmerschiefern. Eine Korrektur für den F-Wert kann nur dann gemacht werden, wenn aus der chemischen Analyse bekannt ist, wieviel Fe^{2+} und Mg der Muskovit des Gesteins enthält; im allgemeinen nimmt man für die Berechnung stark vereinfachend an, daß keine F-Komponente mehr im Muskovit ist, so daß der F-Wert nicht korrigiert wird. Für die Berechnung des A-Wertes dagegen muß in jedem Falle die Menge des Muskovits berücksichtigt werden, denn $K_2O : Al_2O_3$ verhalten sich im Muskovit wie 1 : 3, nicht wie 1 : 1. Man muß also die Menge des Muskovits in einem Metamorphit bestimmen. Aus den Gewichtsprozenten an K_2O, die in der Muskovitmenge gebunden sind, wird die entsprechende Molekularzahl berechnet, und das Zweifache dieser Zahl wird von der Molekularzahl des $[Al_2O_3 + Fe_2O_3]$ abgezogen; es wird also nicht das Dreifache abgezogen, weil die dem vorhandenen $[K_2O]$ äquivalente Menge an $[Al_2O_3]$ bereits einmal nach dem Berechnungsschema auf Seite 47 subtrahiert worden ist. Die Korrektur für bisweilen vorhandenen Paragonit erfolgt analog. Dann erst berechnet man aus den Molekularzahlen das prozentuale Verhältnis von A : C : F.

In der Ebene des ACF-Diagramms kann also das entsprechende Komponentenverhältnis von Metamorphiten dargestellt werden; die Lage des darstellenden Punktes in dem ACF-Diagramm der in Frage kommenden metamorphen Fazies bzw. Subfazies gibt dann die Minerale an, welche der Metamorphit enthält. Andererseits kann man von irgendeinem Ausgangsgestein die (A, C, F)-Werte berechnen und feststellen, welche Paragenesen bei der Metamorphose in den verschiedenen Fazies aus demselben Ausgangsgestein entstehen. Die ACF-Diagramme der metamorphen Fazies und Subfazies sind auf Grund petrographischer Beobachtungen aufgestellt worden.

Die ACF-Diagramme enthalten diejenigen Minerale, die sich nur aus A-, C-
und F-„Komponenten" (und SiO_2, H_2O und CO_2) aufbauen. Im folgenden
ist eine Zusammenstellung der bei Anwesenheit von Quarz möglichen Minerale nebst ihrer chemischen Zusammensetzung und ihren A-, C- und F-
Werten gegeben: Nur jeweils „höchstsilifizierte" Minerale sind aufgeführt,
also nicht Forsterit und Periklas.

Tabelle 2. *Zusammenstellung der Minerale, welche im ACF-Diagramm auftreten
können*

Talk	$Mg_3[(OH)_2/Si_4O_{10}]$; $F=100$
Anthophyllit Cummingtonit	} $(Mg, Fe)_7[(OH)_2/Si_8O_{22}]$; $F=100$
Gedrit	etwa $^1/_7$ des Mg und Fe^{2+} ist durch Al und Fe^{3+} ersetzt
Hypersthen	$(Mg, Fe)_2Si_2O_6$; $F=100$
Tremolit	$Ca_2(Mg, Fe)_5[(OH)_2/Si_8O_{22}]$; $C=28{,}5$, $F=71{,}5$
Aktinolith	hat gegenüber Tremolit etwas Al für Mg und Si
Dolomit	$CaMg(CO_3)_2$; $C=50$, $F=50$
Diopsid	$CaMgSi_2O_6$; $C=50$, $F=50$
Calcit	$CaCO_3$; $C=100$
Wollastonit	$CaSiO_3$; $C=100$
Grossular	$Ca_3Al_2(SiO_4)_3$ } $C=75$, $A=25$.
Andradit	$Ca_3Fe_2^{3+}(SiO_4)_3$ } Beachte, daß $A=(Al, Fe)_2O_3$ ist!
Vesuvian	$10\,CaO\cdot2\,MgO\cdot2\,Al_2O_3\cdot9\,SiO_2\cdot2\,H_2O$; $C=72$, $A=14$, $F=14$
Epidot	$4\,CaO\cdot3\,(Al, Fe^{3+})_2O_3\cdot6\,SiO_2\cdot H_2O$; $C=57$, $A=43$
Zoisit	hat kein oder wenig Fe^{3+}
Anorthit	$CaAl_2Si_2O_8$; $C=50$, $A=50$
Pyrophyllit	$Al_2[(OH)_2/Si_4O_{10}]$; $A=100$
Sillimanit, Disthen (Kyanit), Andalusit	Al_2SiO_5; $A=100$
Staurolith	$4\,FeO\cdot9\,Al_2O_3\cdot8\,SiO_2\cdot2\,H_2O$ *; $A=69$, $F=31$
Chloritoid	$FeO\cdot Al_2O_3\cdot SiO_2\cdot H_2O$; $F=50$, $A=50$ (Fe kann bis zu etwa 60 Mol-% durch Mg ersetzt werden, aber nur ein Ersatz von 5 bis ca. 25 Mol-% ist häufig)
Cordierit	$(Mg, Fe)_2Al_3[AlSi_5O_{18}]=2\,(Mg, Fe)O\cdot2\,Al_2O_3\cdot5\,SiO_2$; $F=50$, $A=50$
Spessartin	$Mn_3Al_2(SiO_4)_3$; $F=75$, $A=25$
Almandin	$(Fe, Mg)_3Al_2(SiO_4)_3$; $F=75$, $A=25$
Chlorite, variabel, z. B.	$Mg_5(Mg, Al)[(OH)_8/(Al, Si)Si_3O_{10}]$ (Pennin) bis etwa $(Mg, Fe)_4Al_2[(OH)_8/Al_2Si_2O_{10}]$; $F=90{-}65$, $A=10{-}35$

Hornblenden enthalten zum Unterschied von z. B. Tremolit wechselnde
Mengen von Al und Mg, Fe; auch ihr Ca-Gehalt ist etwas variabel. Daher
können Hornblenden nicht als Punkt, sondern nur als Feld von Zusammen-

---

* Anmerkung: Die Zusammensetzung des Stauroliths, insbesondere hinsichtlich
des OH-Gehalts, ist noch nicht völlig geklärt. Die meisten Analysen legen die oben
angegebene Zusammensetzung nahe, wobei etwa 15 bis 33 Mol-% des FeO durch
MgO ersetzt sein können.

setzungen dargestellt werden, welches vom Punkt für Tremolit ausgeht und sich in das Feld des Diagramms erstreckt; siehe z. B. Fig. 14.

5.2. A'FK-Diagramme

Es ist sehr zweckmäßig — und wir werden hier davon allgemeinen Gebrauch machen — neben dem ACF-Diagramm das *A'FK-Diagramm* zu benutzen. In diesem Diagramm sind die Ca-führenden Minerale nicht dargestellt, dafür aber die K-führenden Minerale K-Feldspat, Muskovit, Biotit und Stilpnomelan neben den (Mg, Fe)- und (Mg, Fe)+(Al, Fe^{3+})-führenden Mineralen. Das A'FK-Verhältnis ist ebenfalls ein Molekularverhältnis. Bei der Berechnung wird die gleiche Korrektur für die Akzessorien wie für das ACF-Verhältnis durchgeführt. Wenn man nur die chemische Analyse des betreffenden Gesteins kennt, nicht aber den Modalbestand, dann muß man so tun, als ob alles CaO im Anorthit gebunden ist, und dann nimmt man den Fehler in Kauf, den man macht, wenn auch noch andere CaAl-Silikate anwesend sind. Die allgemeine Rechenvorschrift lautet:

$$A' = [Al_2O_3] + [Fe_2O_3] - ([Na_2O] + [K_2O] + [CaO])\,[1]$$
$$K = [K_2O]$$
$$F = [FeO] + [MgO] + [MnO]$$
$$\Sigma = A' + K + F = 100$$

In dieser Form werden die Berechnungsvorschriften für die A'KF-Werte z. B. von ESKOLA angegeben. Wenn jedoch statt oder neben Anorthit eines oder mehrere der Minerale Grossular/Andradit, Zoisit/Epidot, Hornblende und der seltenere Margarit, $CaAl_2[(OH)_2/Al_2Si_2O_{10}]$, vorliegen, dann sollte man, um genau zu sein, beachten, daß das Verhältnis von CaO zu Al_2O_3 in diesen Mineralen verschieden ist und in keinem Fall gleich eins wie beim Anorthit. Man muß daher in diesem Fall folgendermaßen vorgehen: Der Anteil jener Minerale am Gestein wird in Gew.-% bestimmt und die in ihnen gebundene Menge an CaO ermittelt. Hieraus wird die Molekularzahl gebildet und die Berechnung des A'-Wertes nach folgendem Schema durchgeführt. Das Verfahren zur Berechnung der K- und F-Werte wird hierdurch nicht geändert.

$$A' = [Al_2O_3 + Fe_2O_3] - [Na_2O + K_2O] - 1/3\,[CaO], \text{ wenn Grossular bzw.}$$
$$\text{Andradit vorliegen}$$
$$- 3/4\,[CaO], \text{ wenn Zoisit bzw.}$$
$$\text{Epidot vorliegen}$$
$$- 1\,[CaO], \text{ wenn Anorthit vorliegt}$$
$$- 2\,[CaO], \text{ wenn Margarit vorliegt}$$

$$K = [K_2O]\,; \quad F = [FeO] + [MgO] + [MnO]\,; \quad \Sigma = A' + K + F = 100$$

---

[1] Das in Carbonaten und Wollastonit gebundene CaO darf natürlich nicht vom $[Al_2O_3 + Fe_2O_3]$ abgezogen werden, sondern nur das in CaAl- bzw. $CaFe^{3+}$-Silikaten gebundene CaO.

Für den Biotit ist in diesem Falle keine Korrektur erforderlich, da er in diesem Diagramm enthalten ist.

Im A'FK-Diagramm liegen die darstellenden Punkte der nur A'- und F-Komponenten enthaltenden Minerale an derselben Stelle wie beim ACF-Diagramm. Minerale, welche nur C- und F- bzw. C- und A'-Komponenten enthalten, können natürlich nicht im A'FK-Diagramm dargestellt werden. Aber Muskovit, Biotit, Stilpnomelan und Kalifeldspat können hier in Beziehung zu den A-Mineralen Pyrophyllit, Andalusit etc. und zu den A-F-Mineralen, wie z. B. Chlorit, Chloritoid, Cordierit, Staurolith, Almandin, Anthophyllit und Talk, gesetzt werden. Wir werden später sehen, daß Biotit und Muskovit mit A-F-Mineralen in wechselnden Assoziationen vorkommen, während K-Feldspat nur in sehr wenigen Fällen mit A-F-Mineralen gemeinsam vorkommt.

Im A'FK-Diagramm wird — entsprechend der angegebenen Rechenregel — Kalifeldspat (Mikroklin oder Orthoklas) *direkt* an der K-Ecke dargestellt. Der darstellende Punkt für idealen Muskovit, $K_2O \cdot 3 Al_2O_3 \cdot 6 SiO_2 \cdot 2 H_2O$, liegt, da von A' bereits die Menge *eines* $[K_2O]$ abgezogen worden ist, bei dem Verhältnis $K : A' = 1 : 2$, also bei $A' = 67^0/_0$, $K = 33^0/_0$. Die tatsächlichen Zusammensetzungen der Muskovite sind sehr variabel; denn sehr häufig ist ein Teil des Al durch Mg, Fe ersetzt, Fig. 9. Man sollte die Muskovite auch als Bereich im Diagramm eintragen; es wurde jedoch davon abgesehen, um die Übersicht nicht zu stark zu stören. Außerdem ist

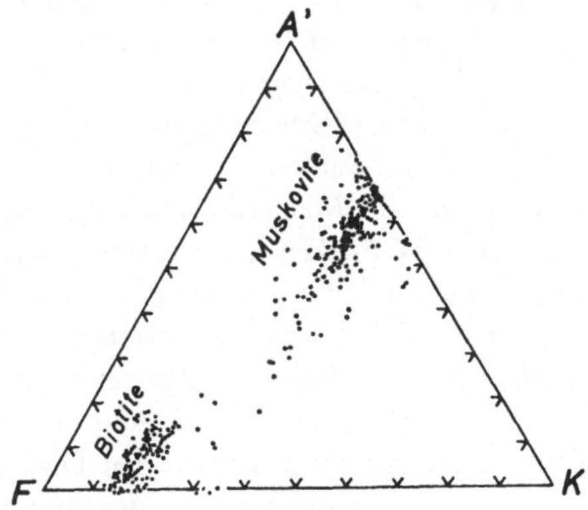

Fig. 9. Lage der darstellenden Punkte von Muskoviten und Biotiten im A'FK-Diagramm

zu bedenken, daß Muskovite Na_2O enthalten können, was hier nicht berücksichtigt wird. Biotite haben ebenfalls eine variable Zusammensetzung, deshalb können sie nicht als Punkt, sondern nur als Bereich im Diagramm dargestellt werden. Die ideale Zusammensetzung ist $K(Mg, Fe, Mn)_3[(OH)_2/Si_3AlO_{10}]$, also $K_2O \cdot 6 (Mg, Fe, Mn)O \cdot Al_2O_3 \cdot 6 SiO_2 \cdot 2 H_2O$; demnach, da bereits ein Al_2O_3 vorher bei Berechnung des A'-Wertes abgezogen worden ist, liegt die ideale Zusammensetzung auf der K-F-Seite des Diagramms bei 14% K und 86% F. Es gibt aber auch, wie Fig. 9 zeigt, etwas F-ärmere, A'-reichere Biotite, so daß Biotite durch ein kleines Feld dargestellt werden, das sich etwa parallel zur A'-F-Seite (K ≈ konstant) vom Punkt 14% K, 86% F bis etwa zum Punkt 14% K, 15% A', 71% F erstreckt.

Auch Stilpnomelan wird im A'FK-Diagramm dargestellt. Die Zusammensetzung ist etwa folgende: $K_{<1}(Fe^{2+}, Mg, Al)_{<3} [(OH)_2/Si_4O_{10}] \cdot x\,H_2O$, worin Al gering und K sehr gering ist. Viele Stilpnomelane enthalten auch Fe^{3+} in z. T. beträchtlichen Mengen, aber ZEN (1960) hat neuerdings plausibel gemacht, daß erst nach der Bildung Fe^{2+} zu Fe^{3+} im Mineral oxydiert worden ist; daher wird alles Fe von Stilpnomelanen als Fe^{2+} gerechnet. Infolgedessen werden Stilpnomelane, die bei sehr niedrigtemperierter Metamorphose an Stelle von Biotit auftreten, als kleines Feld nahe der F-Ecke im A'FK-Diagramm dargestellt; siehe Fig. 13.

Wenn Paragonit im Gestein anwesend ist, dann lassen sich die Paragenesen mit Paragonit nicht im A'FK-Diagramm darstellen. Will man sie zur Darstellung bringen, dann muß man z. B. ein analoges A'F-Na-Diagramm konstruieren.

5.3. Wie verwendet man die ACF- und A'FK-Diagramme?

Für die meisten metamorphen Fazies bzw. Subfazies sind auf Grund petrographischer Beobachtungen ACF- und A'FK-Diagramme aufgestellt worden; sie geben also die Mineralparagenesen an, die aus chemisch verschiedenartigen Gesteinen infolge Metamorphose unter den Bedingungen einer bestimmten Fazies bzw. Subfazies gebildet worden sind. Die Anwesenheit von Akzessorien wie Magnetit, Hämatit, Apatit, Ilmenit und Titanit kann nicht aus den ACF-A'FK-Diagrammen abgelesen werden. Zusätzlich zu den aus den beiden Diagrammen ablesbaren Paragenesen treten aber noch weitere Minerale auf, nämlich einerseits Quarz, weil wir ja die Voraussetzung gemacht haben, daß bei der Aufstellung unserer Diagramme stets Quarz im Überschuß vorhanden sein soll, und andererseits treten noch solche Minerale hinzu, deren Komponenten in den Diagrammen nicht vollständig dargestellt werden. Das betrifft wegen der Anwesenheit von Na_2O alle Na-führenden Minerale, und zwar vor allem Albit als Mineralart *oder* als Komponente im Plagioklas. Wenn in ganz seltenen Fällen kein Na_2O vorhanden ist, dann kann natürlich auch kein Albit gebildet werden. Bei Na_2O-Gehalten kann nun Albit als Mineralart nur dann auftreten, wenn Anorthit bzw. An-haltiger Plagioklas instabil ist bzw. aus chemischen Gründen nicht gebildet werden kann, denn sonst wird der Albit als *Komponente*

E-AN ZEN: Amer. Miner. **45**, 129—175 (1960).

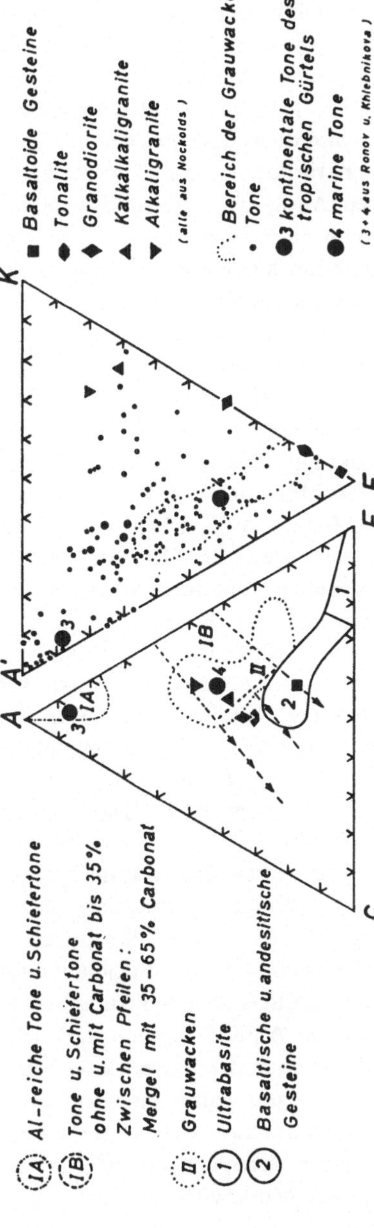

Fig. 10. Lage von magmatischen und sedimentären Gesteinen im ACF- und A'FK-Diagramm. Man beachte, wie außerordentlich stark die K-Werte der Tone im A'FK-Diagramm streuen. [S. R. Nockolds: Bull. Geol. Soc. Amer. 66, 1007—1032 (1954).] [A. B. Ronov und Z. V. Khlebnikova: Geochemistry 6, 527—552 (1957)]

im Plagioklasmischkristall gelöst. Nur in der niedrigtemperierten Metamorphose ist Anorthit oder Plagioklas nicht stabil; aus der Anorthit-Komponente des Plagioklases wird nämlich Zoisit (Epidot) gebildet, während die Albit-Komponente individuelle Kristalle von Albit bildet; hier, bei der niedrigtemperierten Metamorphose, tritt also Albit auf. Immer dann also, wenn das ACF-Diagramm keinen Anorthit oder keinen An-haltigen Plagioklas aufführt (siehe z. B. Fig. 13), tritt Albit zusätzlich auf, wenn Na_2O vorhanden ist. Albit kann allerdings auch bei der höhertemperierten Metamorphose auftreten, aber natürlich nur dann, wenn kein Ca und Al zur Verfügung steht, um einen An-haltigen Plagioklas zu bilden: Wenn also Anorthit im ACF-Diagramm aufgeführt ist und das Gestein in dem Teildreieck mit Anorthit liegt, dann kann *kein* Albit als Kristallart auftreten; das ist der Fall z. B. bei den Paragenesen der Fig. 14.

Für die wichtigsten *Ausgangsgesteine* der Metamorphose, für die magmatischen und sedimentären Gesteine, haben wir nun aus den chemischen Analysen nach der allgemeinen, nicht speziell korrigierten Rechenvorschrift die Verhältnisse der Molekularzahlen ausgerechnet und diese im ACF- und A'FK-Diagramm dargestellt; Fig. 10. Es ist gut, sich die Lagen einzuprägen, denn dann können wir mit Hilfe der für die metamorphen Fazies bzw. Subfazies aufgestellten ACF- und A'FK-Diagramme leicht diejenigen Mineralparagenesen ablesen, welche bei der Metamorphose aus verschiedenen Ausgangsgesteinen gebildet werden; hierdurch wird das Verständnis für die metamorphen Umwandlungen sehr gefördert.

Folgender Hinweis ist nun wichtig: Um zu entscheiden, welche A und F enthaltenden Minerale sich bilden können, muß man sorgfältig auf den Gehalt der K-Komponente eines Gesteins achten. Man darf also die Lage einer Gesteinsanalyse nicht nur im ACF-Diagramm, sondern man muß sie *auch* im A'FK-Diagramm betrachten. An folgenden Beispielen wird es klar, daß bisweilen eine Korrektur der im ACF-Diagramm abgelesenen Paragenesen notwendig ist:

a) Wir betrachten einen Al-reichen Ton, der im Feld IA des ACF-Diagramms der Fig. 10 liegt. Aus dem entsprechenden Diagramm der Hornblende-Hornfelsfazies, Fig. 14, lesen wir für diesen Ton die Paragenese Andalusit+etwas Cordierit+etwas Plagioklas+Quarz ab. So ist der metamorph entstandene Hornfels aber nur zusammengesetzt, wenn der darstellende Punkt des Tons im A'FK-Diagramm auf der A'-F-Seite liegt, also kein K_2O enthält. Wenn aber der darstellende Punkt z. B. die Koordinaten $K = 10$, $F = 15$ hat, dann entnimmt man aus dem A'FK-Diagramm der Hornblende-Hornfelsfazies, daß außer Andalusit und etwas Cordierit auch Muskovit bei der Metamorphose gebildet wird, und zwar ist in diesem Falle die Menge des Muskovits ungefähr gleich der Menge des Andalusits. Der entstandene Hornfels hat also die Zusammensetzung Andalusit+Muskovit+etwas Cordierit+etwas Plagioklas+Quarz.

b) Denken wir uns ferner den Fall, daß ein alter Granit oder besser ein Sediment granitischer Zusammensetzung (eine entsprechende Arkose) in den inneren Kontaktbereich einer jüngeren Granitintrusion gerät. Wenn wir als darstellenden Punkt des Ausgangsgesteins denjenigen der mittleren Zusammensetzung von Kalkalkaligraniten im ACF-Diagramm betrachten, dann lesen wir für diese Zusammensetzung aus dem ACF-Diagramm der Hornblende-Hornfelsfazies die Paragenese Cordierit + Plagioklas + etwas Anthophyllit + Quarz ab; das entspricht nicht der Naturbeobachtung! Wenn wir nun aber die Lage des darstellenden Punktes unseres Granits in das A′FK-Diagramm der Hornblende-Hornfelsfazies übertragen, dann sehen wir sofort, daß infolge des großen Verhältnisses von K zu F unseres Gesteins überhaupt kein Cordierit und Anthophyllit gebildet werden können; denn unser darstellender Punkt liegt in dem Teildreieck Kalifeldspat + Biotit + Muskovit, und zwar weit von der Muskovit-Ecke entfernt und näher der Kalifeldspat-Ecke als der Biotit-Ecke. Infolgedessen entsteht bei der Metamorphose der Arkose granitischer Zusammensetzung Kalifeldspat + etwas Biotit + sehr wenig Muskovit + Plagioklas + Quarz. Die aus der Analyse berechnete, unkorrigierte Lage des darstellenden Punktes des Granits im ACF-Diagramm der Fig. 10 verschiebt sich also infolge der Korrektur für den Biotit von der F-Ecke weg bis zum Schnitt mit der A-C-Seite. Aus diesem recht extremen Beispiel wird sehr deutlich, wie wichtig es ist, die Lage einer Gesteinszusammensetzung nicht nur im ACF-, sondern auch im A′FK-Diagramm der betreffenden Fazies zu betrachten, um die Art der metamorph entstandenen Mineralassoziation verstehen zu können.

c) Außerdem muß folgendes bei Fe-reichen Gesteinen beachtet werden: Dreiwertiges Eisen — speziell von Sedimenten — kann während einer Metamorphose teilweise oder ganz zu zweiwertigem Eisen reduziert werden und dann für die Bildung von FeO-haltigen Silikaten zur Verfügung stehen. Wenn dies eintritt, dann ändert sich die Lage des darstellenden Punktes eines sedimentären Ausgangsgesteins im ACF-Diagramm, und zwar rückt der Punkt etwas in Richtung auf F.

5.4. AFM-Diagramme

In den ACF- und A′FK-Diagrammen sind FeO und MgO (plus MnO) zu einer sogenannten F-Komponente zusammengeschlossen. Durch diese Maßnahme gelingt es, sehr viele petrographisch beobachtete Mineralparagenesen darzustellen, aber keineswegs alle! So kommt z. B. Biotit gemeinsam mit Muskovit und einer Modifikation des Al_2SiO_5 vor, oder aber Biotit kommt gemeinsam mit Granat, Staurolith, Quarz und Muskovit vor; diese und die Paragenese Biotit + Cordierit + Andalusit + Muskovit + Quarz sind aus den A′FK-Diagrammen nicht ablesbar. Das ist darauf zurückzuführen, daß MgO und FeO vereinfachend zu *einer* Komponente zusammengefaßt worden sind. Zwar vertreten sich Mg und Fe^{2+} gegenseitig in den Strukturen der Silikate, aber das Ausmaß dieses isomorphen Ersatzes ist bei verschiedenen, insbesondere bei koexistierenden FeO- und MgO-enthaltenden Silikaten unterschiedlich und außerdem auch vom Gesamtchemismus, von Temperatur und vom Druck abhängig. Genaugenommen sind also FeO und MgO zwei unabhängige Komponenten des Systems, die nicht zusammengefaßt, sondern stets getrennt betrachtet werden sollten. In den ACF- und A′FK-Diagrammen wird das nicht getan, dafür aber erfolgt die wichtige Unterscheidung von MgO und FeO in den von THOMPSON (1957) entwickelten AFM-Diagrammen; A steht für Al_2O_3, F für FeO und M für MgO.

Die AFM-Diagramme gestatten besonders gut, solche Paragenesen in Abhängigkeit vom Chemismus darzustellen, die bei der Metamorphose pelitischer Sedimente entstanden sind. In diesen Fällen enthalten die Metamorphite bis auf wenige, hier nicht besonders erwähnte Ausnahmen die Minerale Muskovit und Quarz. Da Quarz nur aus SiO_2 besteht, äußert sich eine mehr oder weniger große Menge an SiO_2 im Gesteinssystem nur in einer mehr oder weniger großen Menge an Quarz; die anderen Minerale werden nicht durch SiO_2, sondern durch das relative Mengenverhältnis der anderen Komponenten bestimmt, solange infolge des Auftretens von Quarz stets die höchstsilifizierte Mineralart entsteht. Man braucht also — wie bei den ACF- und A′FK-Diagrammen ESKOLAS — nicht SiO_2 als eine Komponente graphisch darzustellen. Auch H_2O kann graphisch vernachlässigt werden; denn die Mineralparagenesen, welche bei der Metamorphose von Peliten gebildet werden, zeigen durch die Gegenwart von Glimmern und anderen hydroxylhaltigen Mineralen an, daß eine H_2O-reiche Phase bei der Metamorphose vorhanden war. Wie bei der Konstruktion der ACF- und A′FK-Diagramme können wir also davon ausgehen, daß SiO_2 und H_2O „im Überschuß" waren; d. h., die Konzentrationen von SiO_2 und H_2O haben nicht die qualitative Art der metamorph gebildeten Mineralvergesellschaftungen beeinflußt, so daß diese beiden Komponenten bei der graphischen Darstellung der Mineralparagenesen weggelassen werden können.

Pelitische Sedimente und ihre Metamorphite lassen sich nun angenähert in einem System mit sechs Komponenten darstellen, nämlich im System $SiO_2-Al_2O_3-MgO-FeO-K_2O-H_2O$, wenn man den Gehalt an Fe_2O_3 und TiO_2, der überwiegend im Biotit steckt, das Na_2O des evtl. Alkalifeldspats, Albits und evtl. Paragonits, das CaO im Plagioklas und Almandingranat vernachlässigt bzw. durch Korrekturen berücksichtigt. Dann hängt nach dem vorher Gesagten der Mineralbestand eines quarzhaltigen Metamorphits nur von den relativen Mengen der vier Komponenten Al_2O_3, MgO, FeO und K_2O ab, nicht dagegen auch vom SiO_2 und H_2O. Daher

---

J. B. THOMPSON: Amer. Miner. **42**, 842—858 (1957).

können die aus Peliten metamorph entstandenen Paragenesen dreidimensional in dem Tetraeder $Al_2O_3 - MgO - FeO - K_2O$ dargestellt werden.

Auf der einen, durch Al_2O_3, FeO und MgO begrenzten Ebene jenes Tetraeders liegen die darstellenden Punkte der folgenden K_2O-freien Minerale: Chlorit, Chloritoid, die Al-Silikate Pyrophyllit oder eine der Al_2SiO_5-Modifikationen, Staurolith, Cordierit und Almandingranat, von dem nur die Komponenten Almandin + Pyrop betrachtet, die Komponenten Grossular, Andradit und Spessartin abgezogen werden. Die K_2O-haltigen Minerale Biotit und Stilpnomelan liegen im Raum des Tetraeders, und die darstellenden Punkte von Muskovit [wenn von idealer, (Mg, Fe)-freier Zusammensetzung] und Kalifeldspat liegen auf derjenigen Kante des Tetraeders, welche die Ecken Al_2O_3 und K_2O verbindet.

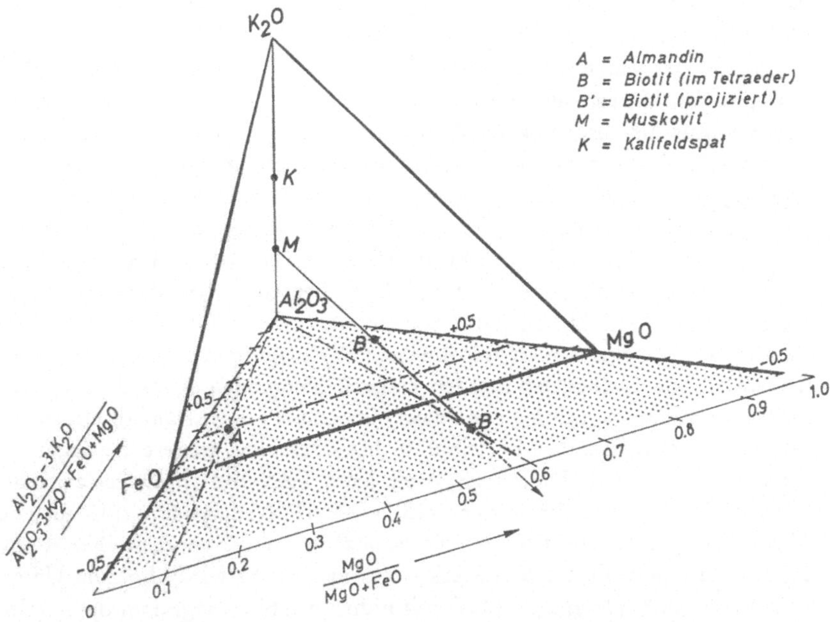

Fig. 11. $K_2O - Al_2O_3 - FeO - MgO$-Tetraeder mit Verlängerung der Ebene $Al_2O_3 - FeO - MgO$ nach vorne. Alle Punkte im Tetraeder werden auf diese Ebene projiziert, wobei Punkt M (Muskovit) das Projektionszentrum ist. — Punkt B liegt im Raum des Tetraeders und wird nach B' projiziert. Punkt A liegt bereits in der punktiert dargestellten Projektionsebene und behält daher unverändert seine Lage

Fig. 11 zeigt das $Al_2O_3 - FeO - MgO - K_2O$-Tetraeder, welches auf der punktiert dargestellten und verlängerten Ebene $Al_2O_3 - FeO - MgO$ liegt. Der Punkt M bzw. K bezeichnet Muskovit bzw. Kalifeldspat. Der Punkt A bezeichnet einen Almandingranat, in dem das molare Verhältnis von Pyrop-

zu Almandinkomponente 10 zu 90 beträgt. Der Punkt B stellt einen Biotit dar, in dem das Verhältnis MgO zu MgO + FeO gleich 0,6 ist; der darstellende Punkt des Biotits liegt im Raum des Tetraeders; gleiches gilt für den darstellenden Punkt des Stilpnomelans, der bei sehr niedrigen Temperaturen der Metamorphose statt Biotit auftritt. Es ist offensichtlich, daß der darstellende Punkt der Zusammensetzung eines aus einem Pelit entstandenen Metamorphits, welcher K_2O-freie und K_2O-haltige Minerale enthält, ebenfalls im Raum des Tetraeders $Al_2O_3 - FeO - MgO - K_2O$ liegt.

Um nun eine Darstellung in einer Ebene zu erhalten, ist es zweckmäßig, alle Punkte aus dem Raum des Tetraeders in diejenige Ebene zu projizieren, in der ohnehin die für die Metamorphose kritischen K_2O-freien Minerale Chlorit, Chloritoid, Staurolith, Cordierit etc. liegen; als Projektionsebene dient also die Ebene, in der Al_2O_3, FeO und MgO liegen. Da nun in den aus pelitischen Sedimenten entstandenen Metamorphiten außer Quarz auch fast immer Muskovit enthalten ist, hat Thompson als Projektionspunkt den darstellenden Punkt für Muskovit, also Punkt M in Fig. 11, gewählt. Fig. 11 zeigt nun am Beispiel des Punktes B, wie eine *im* Tetraeder liegende Zusammensetzung durch den Strahl M—B von B nach B' projiziert wird; B' liegt auf der punktiert dargestellten Ebene, in der auch Al_2O_3, FeO und MgO liegen, aber der Punkt B' befindet sich nicht innerhalb, sondern außerhalb, d. h. auf der Erweiterung der Tetraederfläche $Al_2O_3 - FeO - MgO$. Die Projektionsebene, in der Al_2O_3, FeO und MgO liegen, die aber nicht durch FeO und MgO begrenzt wird, bezeichnet man abgekürzt als AFM-Ebene; daher spricht man vom AFM-Diagramm.

Ein AFM-Diagramm ist mit einem AFK-Diagramm vergleichbar; denn der Anteil von K_2O relativ zu den anderen Komponenten wird ja auch im AFM-Diagramm — infolge der Projektion vom Punkt M auf die Ebene — durchaus erfaßt. Das AFM-Diagramm hat aber eine größere Aussagemöglichkeit als das AFK-Diagramm, weil jenes FeO und MgO getrennt behandelt. Zu beachten ist ferner, daß jedes AFM-Diagramm sich nur auf Mineralparagenesen bezieht, welche zusätzlich zu den dargestellten Paragenesen auch noch Quarz *und* Muskovit enthalten. Es wird also zum Unterschied vom AFK-Diagramm Muskovit nicht im AFM-Diagramm dargestellt; Muskovit ist stets vorhanden.

Die Fig. 12 zeigt die über die gedachte Verbindungslinie FeO—MgO hinaus erweiterte AFM-Ebene und die in dieser Ebene darstellbaren Minerale. Aus Fig. 11 ergibt sich, daß die Projektion des Punktes K für Kalifeldspat vom Punkt M aus die AFM-Ebene erst im Unendlichen trifft; das wird durch den Pfeil symbolisiert, der in Fig. 12 über „Kalifeldspat" steht.

Die bisher beschriebene geometrische Projektion von Punktlagen aus dem Raum des Tetraeders in die AFM-Ebene wird in der Praxis rechnerisch durchgeführt. Hierzu rechnet man zunächst die Gewichtsprozente der chemischen Analyse z. B. eines Biotits in die Molekularzahlen um, und hieraus werden die molekularen Verhältnisse A und M berechnet, die als Koordinaten dienen:

$$A = \frac{[Al_2O_3] - 3[K_2O]}{[Al_2O_3] - 3[K_2O] + [MgO] + [FeO]}$$

$$M = \frac{[MgO]}{[MgO] + [FeO]}$$

Im Muskovit, dem Projektionspunkt, ist die dem $[K_2O]$ dreifache Menge an $[Al_2O_3]$ gebunden; daher rührt der Ausdruck $[Al_2O_3] - 3[K_2O]$ in dem angegebenen Verhältnis von A.

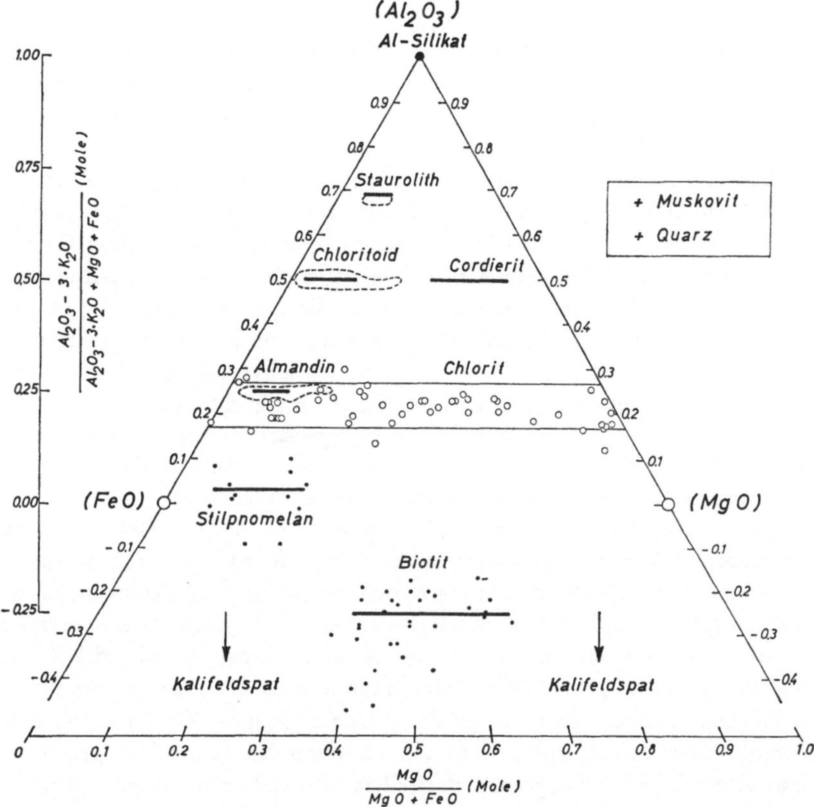

Fig. 12. Minerale in der AFM-Projektionsebene mit den darstellenden Punkten bzw. Zusammensetzungsbereichen und den durch eine kurze Gerade angedeuteten Häufigkeitsbereichen. (Zusammengestellt von G. HOSCHEK)

Berechnet man nun für einen Biotit den A-Wert, dann ist es offensichtlich, daß dieser Wert negativ sein muß, wie es auch Fig. 11 und Fig. 12 zeigen. In Fig. 12 sind u. a. eine Anzahl von metamorphen Biotiten graphisch dargestellt; die Punkte streuen über ein recht weites Feld, aber die meisten Biotite liegen bei einem A-Wert um $-0,25$, d. h., sie sind Glieder der Reihe Eastonit$-$Siderophyllit, $K(Mg, Fe)_{2,5}Al_{0,5}[(OH)_2/Si_{2,5}Al_{1,5}O_{10}]$. Biotite der Reihe Phlogopit$-$Annit, also $K(Mg, Fe)_3[(OH)_2/Si_3AlO_{10}]$, haben einen A-Wert von $-0,50$ und sind $-$ wie Fig. 12 zeigt $-$ in Metamorphiten seltener als die vorher genannten Biotite. Die Werte für die Stilpnomelane sind berechnet worden, nachdem das dreiwertige Eisen in zweiwertiges umgerechnet und zu dem analytisch bestimmten FeO addiert worden ist; denn im Stilpnomelan ist $-$ wie in manchen Chloriten $-$ nach ihrer Bildung ein Teil des Fe^{2+} zu Fe^{3+} oxidiert worden. Die Chlorite streuen über die ganze Breite des in Fig. 12 abgegrenzten Feldes, ohne daß ein besonderer Häufungsbereich erkennbar ist. Die Streubereiche der Minerale Staurolith, Chloritoid und Almandin sind durch eine gestrichelte Linie umgrenzt, und die kurze Gerade innerhalb des jeweiligen Bereichs gibt den Bereich größter Häufigkeit an. Der Zusammensetzungsbereich der Cordierite ist einer Arbeit von SCHREYER (1965) entnommen.

Bei der Darstellung der etwas pyrophaltigen Almandingranate ist derjenige Anteil an Al_2O_3 von dem für die Berechnung benutzten $[Al_2O_3]$-Wert abgezogen worden, der in den anderen, hier nicht dargestellten Granatkomponenten wie Spessartin, $Mn_3Al_2(SiO_4)_3$, und Grossular, $Ca_3Al_2(SiO_4)_3$, gebunden ist. In diesem Zusammenhang sei die Ansicht geäußert, daß CaO bzw. MnO als zusätzliche, im AFM-Diagramm nicht darstellbare Komponente des Almandingranats unter bestimmten physikalischen Bedingungen überhaupt erst das Auftreten dieses Granats ermöglicht. Wenn das der Fall ist, dann tritt solch ein grossular- oder spessartinhaltiger Almandin als zusätzliche Mineralart in Paragenesen auf, in denen auf Grund des Gesamtchemismus sonst kein Granat erwartet worden wäre.

Das AFM-Diagramm ermöglicht die wichtige Aufgabe, koexistierende metamorphe Minerale graphisch darzustellen. Je nach der Gesamtzusammensetzung des Gesteins und nach den physikalischen Bedingungen der Metamorphose sind die Zusammensetzungen z. B. von koexistierendem Biotit und Cordierit oder von Biotit und Almandin hinsichtlich des $MgO/(MgO + FeO)$ verschieden. Man kann außerdem $-$ wie bei ACF- und A'FK-Diagrammen, aber mit größerer Genauigkeit $-$ die innerhalb eines Bereichs einer metamorphen Subfazies existierenden Mineralparagenesen in jeweils einem AFM-Diagramm darstellen, was später im Kapitel 8 und 9 geschehen soll. Natürlich kann auch der darstellende Punkt eines Metamorphits im AFM-Diagramm dargestellt werden, vorausgesetzt, daß vor Berechnung der A- und M-Werte die chemische Analyse des Gesteins korrigiert worden ist; denn der Gehalt aller Minerale, die nicht in der Projektion erscheinen, muß von der Gesamtanalyse abgezogen werden. Eine der wich-

---

W. SCHREYER: N. Jhb. Miner. Abh. **103**, 35—79 (1965).

tigsten Korrekturen ist der Abzug derjenigen Menge an Al_2O_3, die im Albit
bzw. in der Albit- und der Anorthitkomponente des Plagioklases und evtl.
im Paragonit gebunden ist. Andere Korrekturen sind prinzipiell analog
denen, welche im Abschnitt 5.2. beim A′FK-Diagramm erwähnt sind.

Die AFM-Diagramme, welche bisher diskutiert worden sind und in diesem Buch gezeigt werden, beziehen sich alle auf solche metamorphen Paragenesen, an denen auch Muskovit und Quarz beteiligt sind. Aber man kann
auch *andere* AFM-Diagramme für Paragenesen konstruieren, an denen *kein
Muskovit* beteiligt ist*. In solchen Fällen werden die darstellenden Punkte
von Mineralen und Gesteinen, welche im Raum des K_2O-Al_2O_3-FeO-MgO-
Tetraeders liegen, auf die Al_2O_3-FeO-MgO-Ebene projiziert, indem der
Punkt für Kalifeldspat als Projektionspunkt gewählt wird. Infolgedessen
wird der Wert für A dann folgendermaßen berechnet:

$$A = \frac{[Al_2O_3] - [K_2O]}{[Al_2O_3] - [K_2O] + [FeO] + [MgO]}$$

AFM-Diagramme eignen sich zwar nur für die Darstellung von metamorphen Mineralparagenesen, welche aus Tonen und tonigen Sanden entstanden sind. Aber dieses sind die bei weitem häufigsten Sedimente, so daß
AFM-Diagramme häufig beim Studium metamorpher Gesteine verwendet
werden können, und zwar mit großem Nutzen; denn die Koexistenz gewisser Minerale, die aus A′FK-Diagrammen nicht ablesbar ist, wird im
AFM-Diagramm auf Grund der getrennten Darstellung der Komponenten
FeO und MgO sehr deutlich. Das wird später an geeigneter Stelle gezeigt
werden.

---

* Siehe z. B. F. Barker: Amer. Miner. 46, 1166—1176 (1961).

6. Hornfelsfazies der Kontaktmetamorphose

6.1. Mineralparagenesen der Hornfelsfazies

Auf Grund des Mineralbestandes und der chemischen Analyse von Metamorphiten der drei verschiedenen Hornfelsfazies sind ACF- und A'FK-Diagramme aufgestellt worden. Wenn nichts Besonderes vermerkt ist, dann gelten die Diagramme für Gesteine mit SiO_2-Überschuß, d.h. Quarz ist stets ein zusätzlich vorkommendes Mineral. Die Diagramme sind in Teildreiecke aufgeteilt, an deren Ecken jeweils der Name eines Minerals steht. Innerhalb der Fläche eines Teildreiecks liegt ein ganzer Bereich von chemischen Gesteinszusammensetzungen; aus allen wird die gleiche Mineralparagenese bei der Metamorphose unter den physikalischen Bedingungen einer bestimmten Fazies gebildet; lediglich das Verhältnis der Mineralmengen ist unterschiedlich. Wenn dagegen der darstellende Punkt eines Metamorphits in einem anderen Teildreieck liegt, dann entsteht eine andere Paragenese bei der Metamorphose in gleicher Fazies.

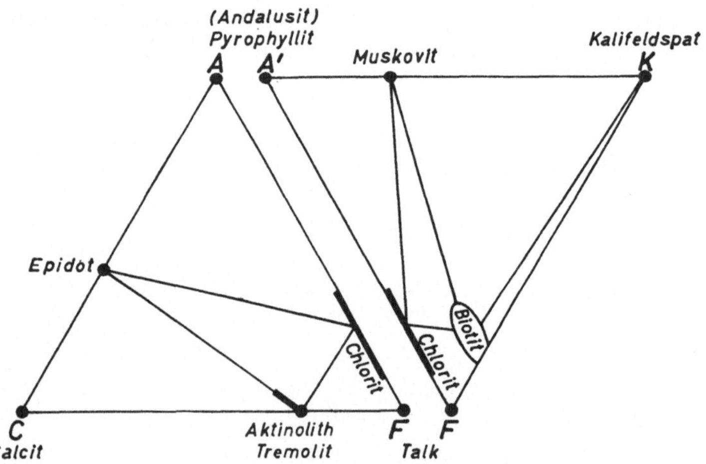

Fig. 13. Albit-Epidot-Hornfelsfazies. Andalusit kann im höhertemperierten Bereich dieser Fazies auftreten

Die ACF-A'FK-Diagramme der Albit-Epidot-Hornfelsfazies, der Hornblende-Hornfelsfazies und der Kalifeldspat-Cordierit-Hornfelsfazies sind in den Fig. 13, 14 und 15 für Metamorphite mit „SiO_2 im Überschuß" dargestellt.

Zur Darstellung der ACF-Diagramme der Albit-Epidot-Hornfelsfazies ist folgendes zu bemerken: Es gibt Chlorite recht unterschiedlicher Zusammensetzung, insbesondere hinsichtlich des Verhältnisses der „Komponenten" F zu A; der dicke Teil der Linie auf der F-A-Seite des Diagramms kennzeichnet das. Die Zusammensetzung eines Chlorits in einem Metamorphit dieser Fazies kann man nicht voraussagen; infolgedessen kann die Chlorit-Ecke des Teildreiecks Chlorit — Epidot — Tremolit irgendwo auf dieser dicker gezeichneten Linie liegen. Die Grenzen der Zusammensetzungen, welche Chlorit + Epidot + Tremolit liefern, gegenüber denjenigen, welche Chlorit + Epidot + Pyrophyllit bzw. Chlorit + Tremolit + Talk liefern, sind also von der jeweiligen Zusammensetzung des Chlorits abhängig, der sich bei der Metamorphose gebildet hat. Entsprechendes gilt wegen der etwas unterschiedlichen Zusammensetzung auch für Aktinolith. Die in unserer Darstellung vom Chlorit zum Tremolit/Aktinolith gezogene Linie kann also auch mit anderer Neigung verlaufen. Erst nach Kenntnis der chemischen Analyse des entstandenen Chlorits etc. kann die Grenze für den speziellen Fall festgelegt werden.

Es scheint in Vergessenheit geraten zu sein, daß nicht nur bei der regionalen Thermo-Dynamometamorphose, sondern auch bei der niedrigtempe-

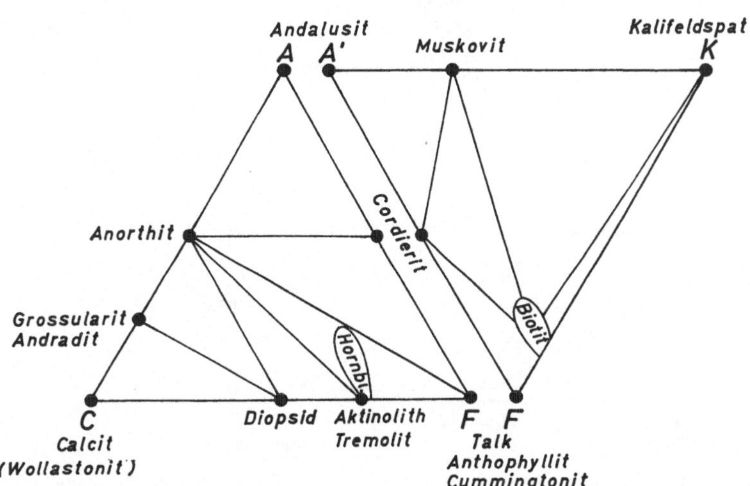

Fig. 14. Hornblende-Hornfelsfazies. Wollastonit kann im höchsttemperierten Teil dieser Fazies auftreten. — Statt Anthophyllit wird als Orthoamphibol häufig der Al-haltige Gedrit gebildet. — Neben Andalusit kann auch Biotit auftreten, was aus der hier gewählten Darstellung nicht ersichtlich ist

rierten Kontaktmetamorphose *Chloritoid* auftreten kann (HALL, 1909), dazu muß allerdings ein selten verwirklichter, besonderer Gesteinschemis-

---

A. L. HALL: Trans. Geol. Soc. South Africa 12, 32—53 und 119—138 (1909).

mus vorliegen. Wenn das der Fall ist, dann wird in Fig. 13 einerseits das Teildreieck Chlorit – Muskovit – Pyrophyllit durch die Verbindungslinie vom Muskovit zum Chloritoid (bei A = 50 und F = 50) und andererseits das Teildreieck Chlorit – Epidot – Pyrophyllit durch die Verbindungslinie vom Epidot zum Chloritoid in je zwei Teildreiecke aufgeteilt, so wie es Fig. 24 zeigt.

In der Hornblende-Hornfelsfazies kann bei besonderem Chemismus Staurolith auftreten. Dazu muß das Gestein Fe-reich und arm an Mg, Ca und Alkalien sein und hinreichend Al enthalten. Wenn dieser besondere Chemismus vorliegt, was nicht häufig ist, dann bildet sich das aus der Thermo-Dynamometamorphose gut bekannte Mineral Staurolith auch bei den sehr geringen Drucken der Kontaktmetamorphose. Das hatte schon ROSENBUSCH (1877) bei seiner klassischen Studie über die Kontaktmetamorphose von Barr-Andlau in den Vogesen beobachtet. Wenn der Metamorphit u. a. Staurolith + Muskovit enthält, dann kann infolge des speziellen Chemismus nicht auch Cordierit in demselben Gestein auftreten. In diesem Falle ist also in Fig. 14 an Stelle des Punktes für Cordierit der Punkt für Staurolith mit den Koordinaten A = 69 und F = 31 zu setzen, von wo aus dann die Verbindungslinie zu Muskovit bzw. Anorthit zu ziehen ist. Diese Ab-

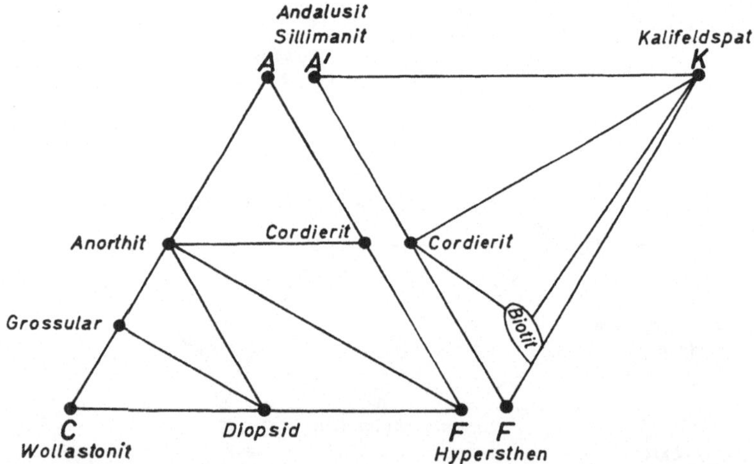

Fig. 15. Kalifeldspat-Cordierit-Hornfelsfazies, bisher Pyroxen-Hornfelsfazies genannt. Neben Al_2SiO_5 kann auch Biotit auftreten. Sillimanit tritt im höhertemperierten Bereich dieser Fazies statt Andalusit auf. (In 6.2. wird dargelegt werden, daß dieses Diagramm nicht für die ganze Fazies, sondern nur für deren höhertemperierten Bereich, für die Orthopyroxen-Subfazies der Kalifeldspat-Cordierit-Hornfelsfazies gilt. Für den Bereich geringerer Temperatur, für die Orthoamphibol-Subfazies, gilt auch das A'FK-Diagramm der Fig. 15, aber das ACF-Diagramm der Fig. 14)

H. ROSENBUSCH: Abh. geol. Spezialkarte von Elsaß-Lothringen **1**, 2, 79—274 (1877).

änderung der Fig. 14 ist aber nur selten nötig, weil Staurolith im Vergleich zu Cordierit nur selten in bestimmten Partien pelitischer Sedimente gebildet wird.

In Fig. 15 ist das Mineral Vesuvian (Idokras), $10\,CaO \cdot 2\,MgO \cdot 2\,Al_2O_3 \cdot 9\,SiO_2 \cdot 2\,H_2O$, nicht mit eingezeichnet worden. Der darstellende Punkt liegt im Teildreieck Diopsid—Grossular—Calcit des ACF-Diagramms. Früher meinte man, daß Vesuvian auf die hochtemperierte Kontaktmetamorphose beschränkt sei, aber heute weiß man durch CHATTERJEE (1962), daß Vesuvian auch unter wesentlich höheren Drucken und sogar bei niedrigtemperierter Regionalmetamorphose auftreten kann; siehe Abschnitt 8.1. Daher muß erwartet werden, daß auch im Bereich der Kontaktmetamorphose Vesuvian nicht auf die Kalifeldspat-Cordierit-Hornfelsfazies beschränkt ist.

In kieselsäure*armen* Ausgangsgesteinen, das sind vor allem Carbonatgesteine und leicht mergelige Carbonatgesteine, können — wie dargestellt in Fig. 3, 7 und 8 — bei der Kontaktmetamorphose auch noch erhaltengebliebener Dolomit und neugebildeter Forsterit und darüber hinaus, wenn nur etwas Al vorliegt, auch *Spinell* $(Mg, Fe)Al_2O_4$ vorkommen. Spinell kann sich bereits in der Albit-Epidot-Hornfelsfazies bilden und ist bis in den höchsttemperierten Bereich der Metamorphose stabil.

Von den Granaten tritt Grossular/Andradit mit Beginn der Hornblende-Hornfelsfazies auf. Der spessartinreiche Mn-Al-Granat kommt dagegen schon ab niedrigen Temperaturen der Metamorphose vor; er ist nicht facieskritisch. Almandinreicher Fe-Al-Granat, der in der regionalen Thermo-Dynamometamorphose weit verbreitet ist, wenn die Drucke ziemlich hoch bis sehr hoch waren, tritt dagegen kontaktmetamorph in der Regel nicht auf. Das sollte man auch erwarten; denn es spricht viel dafür, daß ein Druck von einigen 1000 Bar wirksam sein muß, damit Almandin metamorph entstehen kann. Wenn nun doch in seltenen Fällen Almandin kontaktmetamorph in der Hornblende-Hornfelsfazies und vor allem in der Kalifeldspat-Cordierit-Hornfelsfazies auftritt, was z. B. CHINNER (1962) und BEST *et al.* (1964) beschrieben haben, dann kann es sich entweder um eine selten erfaßte, erheblich größere Tiefenlage der Kontaktmetamorphose gehandelt haben, oder aber es kann folgende Vermutung CHINNERs zutreffen: Unter den Bedingungen der seichten Kontaktmetamorphose soll der chemische Bereich von Gesteinszusammensetzungen, aus denen metamorph Almandin entstehen kann, sehr klein sein, während er bei den höheren Drucken der Thermo-Dynamometamorphose groß ist; so könnte auch die Seltenheit des Auftretens von Almandin in Kontaktaureolen erklärbar sein.

Wir wollen nun rekonstruieren, welche Mineralparagenesen bei der Kontaktmetamorphose verschiedener magmatischer und sedimentärer Ausgangs-

---

N. D. CHATTERJEE: Beitr. Mineral. u. Petrogr. 8, 432—439 (1962).

G. A. CHINNER: J. Petrol. 3, 316—340 (1962).

M. G. BEST und L. E. WEISS: Amer. Miner. 49, 1240—1266 (1964).

gesteine entstehen. Zu diesem Zweck lesen wir die Lage der beiden darstellenden Punkte eines bestimmten Gesteins aus dem ACF- und A'FK-Diagramm der Fig. 10 ab; wir übertragen diese Punkte in die Diagramme jeweils einer der drei Hornfelsfazies, Fig. 13, 14 bzw. 15, und lesen daraus — unter Beachtung der vorher im Abschnitt 5.3. besprochenen möglichen Korrekturen — die jeweiligen metamorphen Paragenesen ab.

Tabelle 3

| | Außer Quarz werden gebildet in der | | |
	K-Feldspat-Cord.-Hornfelsfazies	Hornblende-Hornfelsfazies	Albit-Epidot-Hornfelsfazies
Aus gabbroiden Gesteinen	Hypersthen + Diopsid + Anreicher Plagioklas ± Biotit	Hornblende + Anreicher Plagioklas + Anthophyllit *oder* Diopsid ± Biotit	Aktinolith + Epidot + Albit + Chlorit ± Biotit
Aus K-reichen, relativ Al-armen Tonen	Kalifeldspat (Orthoklas) ± Biotit + Cordierit + Plagioklas; *kein* Muskovit	Biotit + Muskovit + Cordierit + Plagioklas; wenn K-reicher, dann Mikroklin und kein Cordierit	Muskovit + Biotit ± Chlorit + Epidot + Albit; wenn K-reicher, dann Mikroklin und kein Chlorit
Aus K-armen, Al-reichen Tonen	Andalusit/Sillimanit ± Cordierit ± Plagioklas ± Orthoklas ± Biotit	Andalusit ± Cordierit ± Plagioklas ± Muskovit ± Biotit	Pyrophyllit ± Chlorit ± Epidot ± Muskovit
Aus Mergeln	An-reicher Plagioklas + Diopsid + Hypersthen ± Biotit ± Kalifeldspat	An-reicher Plagioklas + Hornblende + Diopsid *oder* Anthophyllit, ± Biotit ± Muskovit	Epidot + Tremolit + Chlorit *oder* Calcit, ± Albit ± Biotit ± Muskovit
Aus leicht mergeligen Kalken	Wollastonit *oder* Plagioklas, + Diopsid + Grossular ± Biotit oder Phlogopit	Calcit (evtl. Wollastonit) *oder* Plagioklas, + Diopsid + Grossular ± Biotit oder Phlogopit	Calcit + Tremolit + Epidot/Zoisit + Albit ± Biotit oder Phlogopit, evtl. Talk

6.2. Einige Mineralreaktionen bei der Kontaktmetamorphose; P- und T-Bedingungen

Die mit steigender Temperatur der Metamorphose sich verändernden Mineralparagenesen sind auf Reaktionen innerhalb der Gesteine zurückzuführen. Einige Reaktionen, die in ehemaligen kieseligen Carbonaten stattfinden, sind bereits besprochen worden. Über weitere Reaktionen erhalten wir wichtige Hinweise aus einem Vergleich der ACF-A′FK-Diagramme aufeinanderfolgender Fazies; graphisch kann man das an einer Änderung der Verbindungslinien zwischen zwei Mineralen erkennen oder durch das Verschwinden bzw. Auftreten von Mineralen.

Einige Reaktionen seien kurz erwähnt; da die meisten nicht auf die Kontaktmetamorphose beschränkt sind, werden sie später ausführlicher unter vollständiger Angabe der experimentell erhaltenen Gleichgewichtsbedingungen besprochen.

Im Diagramm der Albit-Epidot-Hornfelsfazies ist das Mineral Pyrophyllit an der A-Ecke aufgeführt. Pyrophyllit ist ein Schichtsilikat, welches im Dünnschliff nicht von Muskovit zu unterscheiden ist und daher m. W. auch noch nie bei Metamorphiten dieser Fazies beschrieben worden ist. Man muß die glimmerigen Minerale separieren und diese Fraktion röntgenographisch untersuchen, dann erst ist Pyrophyllit auch neben Muskovit leicht identifizierbar. Obwohl also bisher in kontaktmetamorphen Gesteinen kein Pyrophyllit registriert worden ist, muß dieses Mineral auftreten; man wird es finden. Denn wenn kaolinitische Tone in den Bereich der Kontaktmetamorphose dieser Fazies gelangen, dann verschwindet Kaolinit vollständig. Das einzige Mineral aber, welches sich durch Reaktion von Kaolinit mit Quarz unter jenen Bedingungen bilden kann, ist Pyrophyllit; und Pyrophyllit ist eines derjenigen Minerale, aus denen bei steigendem Grade der Metamorphose der so häufig festgestellte Andalusit entsteht [*].

Die Reaktion zwischen Kaolinit und Quarz unter Bildung von Pyrophyllit$+H_2O$ kennzeichnet den Beginn der Albit-Epidot-Hornfelsfazies:

$$(20) \qquad 1\ \text{Kaolinit} + 2\ \text{Quarz} \rightleftarrows 1\ \text{Pyrophyllit} + 1\ H_2O,$$
$$Al_2[(OH)_4/Si_2O_5] + 2\ SiO_2 \rightleftarrows Al_2[(OH)_2/Si_4O_{10}] + H_2O.$$

Dieses univariante Reaktionsgleichgewicht liegt nach unseren sehr langdauernden Versuchen, bei denen die Temperatur unter Betriebsbedingungen neben dem Präparat in der Bombe gemessen wurde, bei $390 \pm 10\,°C$ und bei 2000 Bar H_2O-Druck; Carr (1963) gibt die etwas höhere Temperatur von $413\,°C$ an. Die Gleichgewichtstemperatur ist nur sehr wenig vom Druck abhängig, so daß auch bei 1000 Bar die Temperatur nur um etwa $5\,°C$ niedriger ist. Aus dieser Reaktion erhalten wir also den wichtigen Hinweis, daß der *Beginn der Albit-Epidot-Hornfelsfazies* um $400\,°C$ liegt.

Mit steigender Temperatur bleibt zunächst Pyrophyllit beständig, aber bereits etwas vor Beginn der Hornblende-Hornfelsfazies tritt Andalusit$+$Quarz an seine Stelle:

$$(21) \qquad Al_2[(OH)_2/Si_4O_{10}] \rightleftarrows Al_2SiO_5 + 3\ SiO_2 + H_2O.$$

---

[*] Anmerkung: Eine andere denkbare Möglichkeit für die Bildung von Al_2SiO_5 ist folgende: Chlorit$+$Muskovit $\rightarrow Al_2SiO_5+$Biotit$+$Quarz$+H_2O$.

Die obere Stabilitätsgrenze des Pyrophyllits ist wiederholt experimentell bestimmt worden. Ziemlich neu sind die Daten von CARR (1963), der 508 °C für 1000 Bar und 513 °C für 2000 Bar H_2O-Druck angibt; ALTHAUS (1966) jedoch ermittelte in längeren, reversibel und mit sehr genauer Temperaturmessung durchgeführten Versuchen 490 ± 5 °C als Gleichgewichtstemperatur bei 2000 Bar und eine Steigerung von 7 °C pro 1000 Bar Druckerhöhung. Da die Reaktion (21) bereits wenige Zehnergrade vor Beginn der Hornblende-Hornfelsfazies abläuft, muß der Beginn dieser Fazies etwas oberhalb 500 °C liegen.

Für den *Beginn der Hornblende-Hornfelsfazies* ist, wie aus einem Vergleich von Fig. 13 mit Fig. 14 leicht festgestellt werden kann, folgendes kennzeichnend: das Verschwinden von Chlorit in Gegenwart von Quarz, das erste Auftreten von Diopsid, von Grossular/Andradit, von Cordierit, von Hornblende und von Ortho-Amphibol (Anthophyllit, Gedrit) oder von monoklinem Cummingtonit und außerdem von Forsterit + Calcit.

Das erste Auftreten von Diopsid aus Tremolit + Calcit + Quarz infolge Reaktion (5) ist schon vorher behandelt worden, und obwohl das Reaktionsgleichgewicht bivariant ist, können folgende Gleichgewichtsdaten angegeben werden: 515 ± 10 °C bei $P_f = 500$ Bar und 530 ± 10 °C bei $P_f = 1000$ Bar. Die Daten der Bildung von Forsterit + Calcit nach Reaktion (7) sind fast gleich, nämlich 510 ± 20 °C bei $P_f = 500$ Bar und 535 ± 15 °C bei 1000 Bar.

Das erste Auftreten von Cordierit, von Hornblende und/oder von Ortho-Amphibol ist vor allem auf Reaktionen zurückzuführen, an denen maßgeblich Chlorit beteiligt ist. Die folgenden drei Reaktionen (22), (23) und (24) sind verifiziert worden:

$$(22) \quad \{\text{Chlorit} + \text{Muskovit} + \text{Quarz}\} \rightleftarrows \{\text{Cordierit} + \text{Biotit} + H_2O\}.$$

Wenn ein Al-reicher Chlorit vorliegt, dann entsteht bei der Reaktion auch noch Al_2SiO_5. Bei genügender Menge an Muskovit und Quarz verschwindet Chlorit vollständig, so daß Cordierit + Biotit + (restlicher) Muskovit die neue metamorphe Paragenese bilden. Man muß erwarten, daß die isobaren Gleichgewichtstemperaturen etwas von der Zusammensetzung, speziell vom Mg/Fe-Verhältnis des Chlorits abhängen. Kontrollen haben jedoch ergeben, daß sich in diesem Falle ein solcher Effekt nicht nachweisen läßt, wenn man Chlorite recht unterschiedlicher Zusammensetzung für Reaktion (22) verwendet. In reversibel durchgeführten Versuchen hat HIRSCHBERG (noch unveröffentlicht) im hiesigen Institut für Reaktion (22) als Gleichgewichtsdaten bestimmt:

$$505 \pm 5 \text{ °C bei } 500 \text{ Bar } H_2O\text{-Druck}$$
$$515 \pm 5 \text{ °C bei } 1000 \text{ Bar } H_2O\text{-Druck}$$
$$525 \pm 5 \text{ °C bei } 2000 \text{ Bar } H_2O\text{-Druck}.$$

R. M. CARR: Geochim. et Cosmochim. Acta **27**, 133—135 (1963).
E. ALTHAUS: Naturwiss. **53**, 105—106 (1966).

Bei 1000 Bar liegt die Gleichgewichtstemperatur also 15 °C niedriger als bei Reaktion (5) bzw. (7). Es ist nun interessant, mit jenen Daten die Gleichgewichtsdaten der folgenden Reaktionen (23) und (24) zu vergleichen, denn der Ablauf aller dieser Reaktionen — (5), (7), (22), (23) und (24) — ist charakteristisch für den Beginn der Hornblende-Hornfelsfazies.

Nach Reaktion (23) bildet sich neben Cordierit der Al-haltige Ortho-Amphibol Gedrit:

(23)   {Al-reicher Chlorit + Quarz} $\rightleftarrows$ {Gedrit + Cordierit + H_2O}.

Für diese ebenfalls reversibel durchgeführte Reaktion bestimmten AKELLA *et al.* (1966) folgende Gleichgewichtsdaten für einen mittleren Ersatz von Mg durch Fe im Chlorit: 530 ± 10 °C bei 500 Bar, 550 ± 10 °C bei 1000 Bar und 560 ± 10 °C bei 2000 Bar H_2O-Druck. Die gleichen Daten erhielt CHOUDHURI (noch unveröffentlicht) für die Reaktion (24), bei der aus Chlorit + Tremolit + Quarz neben Anthophyllit auch Hornblende gebildet wird:

(24)   {Chlorit + Tremolit + Quarz} $\rightleftarrows$ {Hornblende + Anthophyllit + H_2O}.

Ferner ist Reaktion (25) zu erwarten, aber noch nicht untersucht:

(25)   Chlorit + Tremolit + Epidot + Quarz $\rightarrow$ Hornblende + H_2O.

Und von großem Interesse wäre auch die Reaktion (26), durch die Grossular/Andradit entsteht:

(26)   Epidot + Calcit + Quarz $\rightarrow$ Grossular/Andradit + H_2O + CO_2.

Manche Reaktionen, die den Beginn der Hornblende-Hornfelsfazies kennzeichnen, sind zwar noch nicht untersucht, aber andererseits sind gerade für diese Faziesgrenze schon relativ viele Angaben mit großer Genauigkeit in jüngster Zeit bekanntgeworden. Vergleicht man die genannten Gleichgewichtsdaten für die Reaktionen (5), (7), (22), (23) und (24), dann ergibt sich, daß diese den Beginn der Hornblende-Hornfelsfazies charakterisierenden Reaktionen nicht alle genau bei den gleichen Bedingungen ablaufen, sondern innerhalb eines Temperaturbereichs von 510 bis 530 °C bei 500 Bar Gasdruck, von 520 bis 550 °C bei 1000 Bar und von 525 bis 560 °C bei 2000 Bar Gasdruck. Je nach der betrachteten Reaktion bestimmt man also den Beginn der Hornblende-Hornfelsfazies etwas unterschiedlich. Aber es verdient hervorgehoben zu werden, daß die Unterschiede erstaunlich gering sind, wenn man bedenkt, daß die betrachteten Reaktionen sehr verschiedenartig sind. Andererseits braucht man auch nicht so überrascht zu sein, denn nur weil die Gleichgewichte so vieler und so verschiedenartiger Reaktionen so nahe beieinander liegen, gibt es so viele mineralogisch-petrographische Kriterien gerade für den Beginn der Hornblende-Hornfelsfazies. Man kann

---

also diese Faziesgrenze durch einen recht schmalen Temperaturbereich angeben, der folgendermaßen verläuft:

500 Bar Gasdruck und 520 ± 20 °C,

1000 Bar Gasdruck und 535 ± 20 °C,

2000 Bar Gasdruck und 540 ± 20 °C.

Die vorstehenden Daten sind also Mittelwerte, die sich aus den Gleichgewichtsdaten verschiedener Reaktionen ergeben haben. In Fig. 16 sind diese graphisch dargestellt, und zwar bedeutet Kurve a Reaktion (22); b, c Reaktion (5) und (7); und d, e Reaktion (23) und (24).

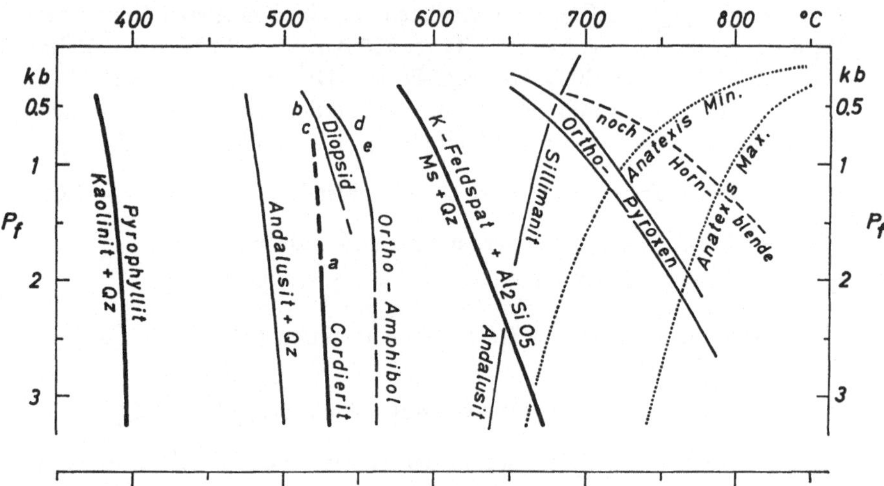

Fig. 16. Wichtige Reaktionen und Temperaturbereiche der Hornfelsfazies. Der Druck P_f ist H_2O-Druck, wenn nur hydroxylhaltige Minerale an der Reaktion beteiligt sind; wenn auch Carbonate teilnehmen, dann ist der Druck allgemein der Gasdruck, und die Zusammensetzung der Gasphase hat etwa mittleres X_{CO_2}. Zwischen den kräftiger gezeichneten Kurven „Pyrophyllit" und „Cordierit" [entsprechend Reaktion (20) und (22)] liegt das Feld der Albit-Epidot-Hornfelsfazies. Die Hornblende-Hornfelsfazies beginnt sehr häufig bei den Bedingungen der Kurve „Cordierit", bisweilen erst bei denjenigen der Kurve d, e [d. h. Reaktionen (23) und (24)] und erstreckt sich bis zu der wiederum kräftiger gezeichneten Kurve „K-Feldsp.+Al_2SiO_5" [d. h. Reaktionen (27) und (28)]. Bei dieser Kurve beginnt die Kalifeldspat-Cordierit-Hornfelsfazies (früher Pyroxen-Hornfelsfazies genannt), deren Orthoamphibol-Subfazies sich bis zu den beiden mit „Orthopyroxen" bezeichneten Kurven erstreckt. Mit dem Erscheinen von Orthopyroxen beginnt die Orthopyroxen-Subfazies der Kalifeldspat-Cordierit-Hornfelsfazies. — In den meisten Fällen der Kontaktmetamorphose sind nur niedrige Drucke von wenigen hundert bis etwa 2000 Bar zu betrachten

An die Hornblende-Hornfelsfazies schließt sich mit steigender Temperatur die *Kalifeldspat-Cordierit-Hornfelsfazies* an. Es ist für diese Fazies kennzeichnend, daß erst mit ihrem Einsetzen die Koexistenz von Kalifeldspat (meistens Orthoklas) mit Cordierit möglich ist. Das ist darauf zurückzuführen, daß Biotit + Muskovit + Quarz nicht mehr existenzfähig sind; denn Muskovit + Quarz + Biotit reagieren miteinander, bis aller Muskovit verschwunden ist. Somit tritt also in Fig. 15 die Verbindungslinie Biotit — Muskovit nicht mehr auf, und deshalb können nun erstmalig Kalifeldspat + Cordierit koexistieren. Ferner ist es offensichtlich, daß nun auch erstmalig Kalifeldspat + Al_2SiO_5 (Andalusit oder Sillimanit) zusammen auftreten können, was ein weiteres Kriterium für den Beginn der Kalifeldspat-Cordierit-Fazies ist. Die beiden Reaktionen (27) und (28) beschreiben diesen Sachverhalt:

(27)   1 Muskovit + 1 Quarz $\rightleftarrows$ 1 Kalifeldspat + 1 Andalusit + 1 H_2O.

Bei der Kontaktmetamorphose wird als Al_2SiO_5-Modifikation der Andalusit gebildet, der sich erst im höhertemperierten Bereich der Kalifeldspat-Cordierit-Hornfelsfazies in die Hochtemperaturmodifikation des Al_2SiO_5, in den Sillimanit, umwandelt. Bei höheren Drucken aber erniedrigt sich die Temperatur der Modifikationsänderung Andalusit → Sillimanit, so daß schließlich bei Drucken, die etwa 2000 Bar übersteigen, Sillimanit statt Andalusit in Reaktion (27) entsteht. Das ist aus Fig. 16 ersichtlich, wo die Phasengrenze Andalusit/Sillimanit [nach ALTHAUS (1966) und ergänzender mündl. Mitt.] die Phasengrenze der Reaktion (27) etwas oberhalb 2000 Bar schneidet. Hieraus folgt dann, daß überall dort, wo bei der Kontaktmetamorphose bei Beginn der Kalifeldspat-Cordierit-Hornfelsfazies noch Andalusit vorhanden ist bzw. durch die Reaktionen (27) und (28) neugebildet wird, der Druck niedriger als ca. 2000 Bar gewesen sein muß; wahrscheinlich wird er nur selten höher als 1000 Bar und sicherlich oft nur einige hundert Bar hoch gewesen sein.

Diese Folgerung muß für die allermeisten beobachteten Kontaktmetamorphosen gezogen werden: Sie haben unter nur geringen Drucken, z. T. sogar unter sehr geringen Drucken (siehe Sanidinitfazies) stattgefunden. Nur wenige Fälle sind bisher bearbeitet worden, wo die Kontaktmetamorphose in größeren Tiefen, um 10 km, d. h. bei Drucken um 3000 Bar stattgefunden hat.

Die Richtigkeit der vorstehend gemachten numerischen Angaben hängt davon ab, mit welcher Sicherheit die Umwandlungskurve Andalusit/Sillimanit und die Gleichgewichtskurve der Reaktionen (27) und (28) bekannt sind. Der Umwandlungskurve Andalusit/Sillimanit wird große Zuverlässigkeit beigemessen, obwohl von früheren Bearbeitern andere Daten genannt worden sind. Ähnlich ist es mit der Gleichgewichtskurve für Reaktion (27) Muskovit + Quarz $\rightleftarrows$ Kalifeldspat + Andalusit + H_2O. In der Arbeit von SEGNIT *et al.* (1961) werden wesentlich höhere Temperaturen, z. B. 665 °C

E. ALTHAUS: Naturwiss. **53**, 129 (1966).

für 1000 Bar, für die Phasengrenze angegeben als in derjenigen von Evans (1965). Ersteres ist verständlich, wenn bedacht wird, daß Segnit *et al.* nur Kalifeldspat $+ Al_2SiO_5 + H_2O$ aus Muskovit$+$Quarz synthetisiert, aber nicht die Reaktion in umgekehrter Richtung verifiziert haben; sie haben also eine sog. Synthesegrenze in ihren nur kurzfristigen Versuchen erhalten, die mit Sicherheit bei höherer Temperatur liegt als die Gleichgewichtskurve. Evans arbeitete mit einer anderen Methode (reaction-rate method) und meinte, daß als Gleichgewichtswerte der Reaktion (27) die sehr niedrige Temperatur von 525 ± 20 °C bei 1000 Bar H_2O-Druck richtig sei. Dieser Temperaturwert ist mit Sicherheit um mehrere Zehnergrade zu niedrig; denn bei dieser Temperatur, genauer bei 535 ± 20 °C, beginnt ja erst die Hornblende-Hornfelsfazies! Die Kalifeldspat-Cordierit-Hornfelsfazies muß also bei merklich höherer Temperatur beginnen, also muß auch die Gleichgewichtstemperatur für Reaktion (27) bei 1000 Bar H_2O-Druck höher als 525 °C und andererseits — wie vorher gesagt — auch niedriger als 665 °C sein.

In Anbetracht jener unbefriedigenden Lage wurden Versuche sehr langer Dauer und auch reversiblen Versuchsverlaufs im hiesigen Institut durchgeführt. Es ergaben sich folgende Gleichgewichtsdaten:

$$500 \text{ Bar } H_2O\text{-Druck und } 580 \pm 10 \text{ °C,}$$
$$1000 \text{ Bar } H_2O\text{-Druck und } 600 \pm 10 \text{ °C,}$$
$$2000 \text{ Bar } H_2O\text{-Druck und } 640 \pm 10 \text{ °C.}$$

Diese Angaben sind in Fig. 16 eingetragen, sie werden wohl um weitere ± 10 °C noch verändert werden, wenn anders zusammengesetzte Muskovite untersucht werden und wenn andererseits Plagioklas als weiterer Reaktionspartner vorhanden ist, wodurch albithaltiger Alkalifeldspat statt Kalifeldspat gebildet wird.

Bemerkenswert ist nun, daß die Reaktion (28) praktisch bei den gleichen Bedingungen erfolgt wie die Reaktion (27) (Haack, unveröffentlicht):

(28) $6 \text{ Muskovit} + 1 \text{ Biotit} + 15 \text{ Quarz} \rightleftarrows 3 \text{ Cordierit} +$
$$+ 8 \text{ Kalifeldspat} + 8 \, H_2O.$$

Bei Überschuß von Muskovit und Quarz entsteht nach Reaktion (27) zusätzlich auch Andalusit (bzw. Sillimanit bei höheren Drucken). Oft jedoch bleibt Biotit übrig, der zusammen mit Cordierit, Kalifeldspat, Quarz und Plagioklas eine häufige Paragenese bildet.

Für den *Beginn der Kalifeldspat-Cordierit-Hornfelsfazies* ist es also kennzeichnend, daß Muskovit in Gegenwart von Quarz nicht mehr beständig ist. Daher können in dieser Fazies Kalifeldspat$+$Cordierit und auch Kalifeldspat$+Al_2SiO_5$ koexistieren. Weiterhin gilt bisher als charakteristisch

---

R. E. Segnit und G. C. Kennedy: Amer. J. Sci. **259**, 280—287 (1961).
B. W. Evans: Amer. J. Sci. **263**, 647—667 (1965).

für diese Fazies die Abwesenheit von Hornblende und von Anthophyllit, Gedrit oder Cummingtonit, also die Abwesenheit von Amphibol, und das Auftreten von Orthopyroxen, also von Enstatit oder Hypersthen. Alle diese hier aufgeführten Merkmale lassen sich leicht ablesen, wenn man Fig. 15 betrachtet und diese mit Fig. 14 vergleicht.

Aus dem Vorstehenden müßte man also erwarten, daß einerseits die Bildung von Orthopyroxen und andererseits das Verschwinden von Orthoamphibol und Hornblende bei den *gleichen* Bedingungen erfolgt wie die Reaktionen (27) und (28). Neueste Experimente lehren aber, daß das nicht der Fall ist, sondern daß Orthopyroxen erstmalig bei Temperaturen auftritt, die — je nach Höhe des Druckes — mindestens 85 bis 100 °C höher liegen als der Ablauf der Reaktionen (27) und (28)! Somit gibt es also einen recht großen Temperaturbereich innerhalb der Kalifeldspat-Cordierit-Hornfelsfazies, in dem noch kein Orthopyroxen auftritt und in dem noch Orthoamphibol und Hornblende erhalten sind; es gibt also einen Temperaturbereich, in dem noch nicht alle die Paragenesen möglich sind, die Fig. 15 darstellt. Deshalb wird vorgeschlagen, *die Kalifeldspat-Cordierit-Hornfelsfazies in zwei Subfazies zu gliedern,* und zwar in die niedrigertemperierte *Orthoamphibol-Subfazies* und in die höhertemperierte *Orthopyroxen-Subfazies.*

Die Orthoamphibol-Subfazies der Kalifeldspat-Cordierit-Hornfelsfazies unterscheidet sich von der Hornblende-Hornfelsfazies dadurch, daß Muskovit in Gegenwart von Quarz nicht mehr beständig ist, so daß kennzeichnende Merkmale der Kalifeldspat-Cordierit-Hornfelsfazies auch in der Orthoamphibol-Subfazies erfüllt sind, nämlich die Koexistenz von Kalifeldspat + Cordierit und Kalifeldspat + Al_2SiO_5. Außerdem wird allgemein Wollastonit statt Calcit + Quarz auftreten.

Die zu erwartenden Paragenesen der Orthoamphibol-Subfazies sind in Fig. 17 zusammengestellt. Man sieht daraus, daß in dieser Subfazies die Vergesellschaftung von Hornblende-Plagioklas-Hornfelsen mit Cordierit-Biotit-Orthoklas-Hornfelsen und mit Wollastonit-enthaltenden Kalksilikat-Felsen möglich ist, die nach FYFE *et al.* (1966, S. 357) gewöhnlich in einigen kontaktmetamorphen Dachregionen des Sierra-Nevada-Batholiths auftritt. Das ist keineswegs eine Ausnahme, denn auch von anderen Lokalitäten ist dieselbe Beobachtung gemacht worden; siehe z. B. COMPTON (1960).

Nach Durchschreiten des Temperaturbereichs der Orthoamphibol-Subfazies dieser Kalifeldspat-Cordierit-Hornfelsfazies wird Orthoamphibol in Gegenwart von Quarz oder anderer Minerale unbeständig, und Orthopyroxen tritt auf. Damit ist die Orthopyroxen-Subfazies der Kalifeldspat-Cordierit-Hornfelsfazies erreicht. Erst die Paragenesen dieser Orthopyroxen-

---

W. S. FYFE und F. J. TURNER: Contr. Miner. and Petrol. **12**, 354—364 (1966).
R. R. COMPTON: Geol. Soc. Amer. Bull. **71**, 1383—1416 (1960).

Subfazies sind es, die sich mit denjenigen decken, welche bisher für die *ganze*, nicht in Subfazies aufgegliederte Pyroxen-Hornfelsfazies = Kalifeldspat-Cordierit-Hornfelsfazies aufgeführt wurden und in Fig. 15 dargestellt

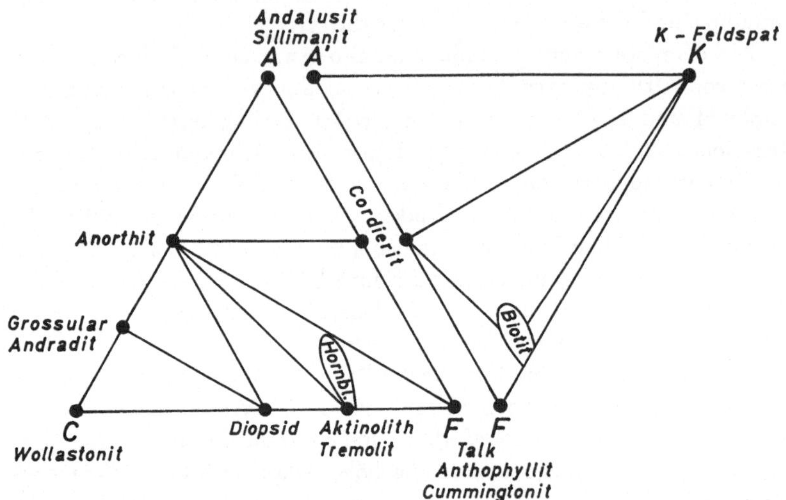

Fig. 17. Orthoamphibol-Subfazies der Kalifeldspat-Cordierit-Hornfelsfazies

sind. Zum übersichtlichen Vergleich mit Fig. 17 ist das ACF- und A'FK-Diagramm der Orthopyroxen-Subfazies hier als Fig. 18 gezeigt, welches

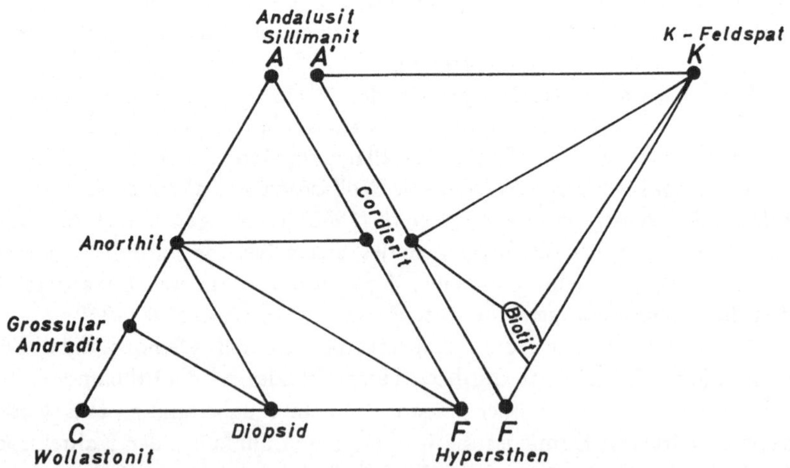

Fig. 18. Orthopyroxen-Subfazies der Kalifeldspat-Cordierit-Hornfelsfazies. — Im unteren Bereich dieser Subfazies ist noch Hornblende zu erwarten, wenn der H_2O-Druck mehr als ca. 300 Bar betragen hat. Der noch hornblendeführende Temperaturbereich erweitert sich stark mit Zunahme des H_2O-Drucks

sich von Fig. 15 nicht unterscheidet. Die hier dargestellten Paragenesen sind es, die erstmalig V. M. GOLDSCHMIDT (1911) in seiner klassischen Arbeit über die Kontaktmetamorphose im Kristianiagebiet (Oslogebiet) gefunden hatte, wobei zu beachten ist, daß aus der hier gewählten Darstellung nicht die ebenfalls vorkommende Koexistenz von Biotit mit Al_2SiO_5 ablesbar ist. Ferner sei darauf hingewiesen, daß GOLDSCHMIDT in seinen kontaktnahen Metamorphiten Andalusit, aber keinen Sillimanit festgestellt hat. Dieser Befund ist wichtig, denn wie Fig. 16 lehrt, besagt er, daß die Orthopyroxen-führende Subfazies nur dann Andalusit in geeignet zusammengesetzten Gesteinen führen kann, wenn bei der Metamorphose der H_2O-Druck klein, d. h. keineswegs größer als wenige hundert Bar war.

Zur Orthopyroxen-Subfazies ist zu bemerken, daß auf Grund von Experimenten über die Reaktion (30) bei H_2O-Drucken von mehr als 300 Bar im unteren Bereich dieser an sich hochtemperierten Subfazies auch noch Hornblende (dagegen kein Anthophyllit oder Gedrit) neben Orthopyroxen auftreten kann *, und daß es einer gewissen weiteren Temperaturerhöhung bei gleichbleibendem Druck bedarf, damit Hornblende vollständig verschwindet; erst dann ist Fig. 18 ohne Einschränkung gültig.

Der Beginn der Orthopyroxen-Subfazies wird durch die erste Bildung von Orthopyroxen gekennzeichnet, und folglich liefern uns Mineralreaktionen, bei denen Orthopyroxen entsteht, Temperatur- und Druckdaten für den Beginn dieser Subfazies. Bisher sind in diesem Zusammenhang folgende Reaktionen (29) von AKELLA *et al.* (1966) und (30) von CHOUDHURI *et al.* (1967) untersucht worden.

(29) $\{Gedrit + Quarz\} \rightleftharpoons \{Hypersthen + Cordierit + H_2O\}$.

Gleichgewichtsdaten bei mittlerem Ersatz des Mg durch Fe im Gedrit:

500 Bar H_2O-Druck und 665 ± 10 °C,
1000 Bar H_2O-Druck und 705 ± 15 °C,
2000 Bar H_2O-Druck und 755 ± 15 °C.

(30) $\{Anthophyllit + Hornblende\ (1)\} \rightleftharpoons \{Orthopyroxen + Anorthit +$
$+ Hornblende\ (2) + H_2O\}$.

Gleichgewichtsdaten dieser Reaktion bei einem molaren Ersatz des MgO durch FeO von 15% im System:

250 Bar H_2O-Druck und 650 ± 10 °C,
500 Bar H_2O-Druck und 690 ± 10 °C,
1000 Bar H_2O-Druck und 715 ± 10 °C,
2000 Bar H_2O-Druck und 770 ± 10 °C.

V. M. GOLDSCHMIDT: Videns. Schrift. I. Mat.-Naturv. Kl. 1911, No. 1, 1—483.

* Diese Beobachtung ist bei der hochgradigen, in größerer Tiefe erfolgten Kontaktmetamorphose gemacht worden; siehe Abschnitt 9.2.

A. CHOUDHURI und H. G. F. WINKLER: Contr. Miner. Petrol. im Druck (1967).

Diese Daten sind nur wenig höher als diejenigen der Reaktion (29). Darüber hinaus ist Enstatitbildung aus Mg-Anthophyllit + Forsterit nach Reaktion (11) bei 1000 Bar und ca. 700 °C damit vergleichbar. Die Maximal-

Tabelle 4. *Faziesmerkmale der Hornfelsfazies*
(*Kursiv* gedruckte Minerale sind kritisch für nur eine Fazies)

Albit-Epidot-Hornfelsfazies Beginn: etwas unterhalb 400 °C	Hornblende-Hornfelsfazies Beginn: 520 ± 10 °C bei 500 Bar 535 ± 15 °C bei 1000 Bar 540 ± 20 °C bei 2000 Bar	Kalifeldspat-Cordierit-Hornfelsfazies * Beginn: 580 ± 20 °C bei 500 Bar 600 ± 20 °C bei 1000 Bar 630 ± 20 °C bei 2000 Bar
Albit + Zoisit/Epidot	An-haltiger Plagioklas; kein Epidot!	An-haltiger Plagioklas
Epidot + Calcit	Grossular/Andradit	Grossular/Andradit
Tremolit + Calcit	*Diopsid + Quarz + Calcit*	Diopsid
Chlorit + Quarz	Hornblende; kein Chlorit + Quarz	*Enstatit/Hypersthen* nur in der Orthopyroxen-Subfazies dieser Hornfelsfazies
	Anthophyllit, Gedrit Cordierit	Orthoamphibol nur in Subfazies dieses Namens Cordierit
Pyrophyllit	Andalusit	Andalusit/*Sillimanit*
Calcit + Quarz	Calcit + Quarz	Wollastonit
Muskovit + Pyrophyllit	*Muskovit + Andalusit* *Muskovit + Cordierit*	*Orthoklas + Andalusit/* *Sillimanit* *Orthoklas + Cordierit;* *kein* Muskovit mehr!
Nur bei Metamorphiten ohne Quarz: Forsterit		Forsterit *Periklas*

* Die Kalifeldspat-Cordierit-Hornfelsfazies wird unterteilt in die Orthoamphibol- und in die Orthopyroxen-Subfazies; der Beginn der Orthopyroxen-Subfazies liegt ca. 100 °C höher als der Beginn der Orthoamphibol-Subfazies.

temperatur für die Bildung von Orthopyroxen wird wohl Reaktion (12) angeben, wo Mg-Anthophyllit Enstatit + Quarz + H_2O liefert, und zwar bei 745 °C und 1000 Bar H_2O-Druck. Demnach sind die Daten der Reaktionen (29) und (30), die (Mg, Fe)-Anthophyllit bzw. Gedrit verwendeten, mit 705 bzw. 715 °C bei 1000 Bar sehr plausibel.

Die stark druckabhängigen Gleichgewichtsdaten der Reaktionen (29) und (30) geben uns gut brauchbare Marken für den Beginn der Orthopyroxen-Subfazies innerhalb der Kalifeldspat-Cordierit-Hornfelsfazies; sie liegen im Vergleich zu den Marken für den Beginn dieser Hornfelsfazies, d. h. auch für den Beginn der Orthoamphibol-Subfazies, etwa 100 °C höher. Diese Tatsache beweist die Zweckmäßigkeit, die Kalifeldspat-Cordierit-Hornfelsfazies in die vorgeschlagenen zwei Subfazies zu unterteilen. Die Orthoamphibol-Subfazies erstreckt sich über einen Temperaturbereich, der hinsichtlich seiner Größe vergleichbar, ja eher noch größer ist als der Temperaturbereich der Hornblende-Hornfelsfazies; siehe Fig. 16.

Aus Fig. 16 sieht man deutlich, daß die Gleichgewichtstemperaturen der Reaktionen (27) und (28), bei denen Kalifeldspat aus dem Abbau von Muskovit entsteht, schon recht stark vom Druck abhängig sind; diese Druckabhängigkeit ist aber bei den Reaktionen (29) und (30), bei denen Orthopyroxen entsteht, noch stärker. Das hat zur Folge, daß bei H_2O-Drucken von ca. 3000 Bar schon Temperaturen von 800 °C erreicht werden müssen, damit Orthopyroxen entstehen kann. Da bei der regionalen Thermo-Dynamometamorphose, speziell wenn Almandin-Granat oder gar Disthen entstanden ist, die Drucke erheblich höher waren, die maximalen Temperaturen aber wohl nie 800 °C überschritten haben, ist es völlig verständlich, daß Orthopyroxen nicht gebildet worden ist. Orthopyroxen ist auf die Orthopyroxen-Subfazies der Kalifeldspat-Cordierit-Hornfelsfazies und auf die noch höher temperierte Sanidinitfazies beschränkt, die unter geringen H_2O-Drucken — oft unter sehr geringen Drucken — ausgebildet wurden. Darüber hinaus ist Orthopyroxen regional und in sehr großen Tiefen, aber trotzdem auch bei geringem H_2O-Druck nur noch in Metamorphiten der Granulitfazies (Kapitel 11) entstanden, wo P_{H_2O} also sehr viel kleiner als P_s war.

Als abschließende Übersicht über die Kontaktmetamorphose sind die wichtigsten Faziesmerkmale in Tab. 4 zusammengestellt.

6.3. Ausdehnung und fazieller Charakter der Kontaktaureolen

Die Kontaktmetamorphose fand durch die Temperaturerhöhung statt, welche durch lokal begrenzte Magmaintrusionen in seichtere Krustenteile in dem umgebenden kälteren Nebengestein erzeugt wurde. Die meisten Plutone sind Granitplutone, ihre häufigsten Intrusionstiefen (ihre Entfernung von der Erdoberfläche) wurden von SCHNEIDERHÖHN (1961) auf 3–8 km geschätzt, was Belastungsdrucken von 800–2100 Bar entspricht. Es gibt auch Plutone, die in größeren Tiefen, aber auch in geringen Tiefen, um 1 km, erstarrt sind, so daß im letzteren Fall nur Belastungsdrucke um 250 Bar geherrscht haben. Die Belastungsdrucke bei der Kontaktmetamorphose lagen also zwischen *etwa 200 und 2000 Bar*, und vorher hatten wir auf andere Weise geschlossen, daß die Drucke meistens kleiner als etwa 2000 Bar waren;

H. SCHNEIDERHÖHN: Die Erzlagerstätten der Erde. Bd. II: Die Pegmatite, S. 630. Stuttgart 1961.

bei den Regionalmetamorphosen dagegen waren sie zum Teil beträchtlich höher.

Wenn ein Magma in kältere Gesteinsbereiche intrudiert, dann wird natürlich das Nebengestein aufgeheizt. Wenn die Wärmekapazität des intrudierten Magmas groß ist, wenn also ein nicht zu kleines Magmavolumen intrudiert, dann kann im Nebengestein eine Temperaturerhöhung eintreten, die lange genug anhält, um metamorphe Mineralreaktionen auszulösen und bis zur Vollendung laufen zu lassen. Das Nebengestein von schmalen Gängen und Lagergängen wird also noch nicht metamorphisiert (nur gefrittet), während um Tiefengesteinsplutone ein Kontakthof, eine Aureole metamorpher Gesteine gebildet wird. Man kann nun entsprechend den verschiedenen Hornfelsfazies mehrere Zonen abnehmender Wärmeintensität in der Kontaktaureole unterscheiden. Die den Plutonkontakt unmittelbar umschließende Zone hat natürlich die größte Temperaturerhöhung erfahren; nach außen zu folgen ein oder zwei metamorphe Zonen, welche weniger stark aufgeheizt worden sind. Das räumliche Ausmaß der Aufheizung und damit die Ausdehnung der verschiedenen Zonen der Kontaktaureole hängt natürlich von der Wärmekapazität, von der Größe des Plutons ab; die Temperaturerhöhung des Nebengesteins hängt von der Temperatur des intrudierten Magmas ab. Die Temperaturen der Magmen [1] granitischer Intrusiva werden meistens zwischen 700—800 °C gelegen haben, syenitische Magmen werden um 900 °C gehabt haben, während gabbroide Magmen mit etwa 1200 °C erheblich heißer waren.

JAEGER (1957) hat unter vernünftigen, der Natur nahekommenden Annahmen die Temperatur in der Nachbarschaft eines Intrusivkörpers berechnet für den Fall, daß der Körper die Form einer unendlich ausgedehnten Platte von der Dicke D hat, also die Form von Gängen oder Lagergängen. *Lang*gestreckte Plutonkörper können in erster Näherung mit der Form von vertikalen Gängen verglichen werden. Wenn wir für die Aufheizung des Nebengesteins durch das intrudierte Magma nur Wärmeleitung verantwortlich machen und zusätzliche Aufheizung infolge eines „Dampfheizungseffekts" durch freiwerdende, ins Nebengestein dringende, leichtflüchtige Bestandteile vernachlässigen, aber die bei der Kristallisation des Magmas freiwerdende Kristallisationswärme berücksichtigen, dann entnehmen wir der Arbeit von JAEGER folgendes: Ein tiefliegender z. B. gabbroider Lagergang, der mit seiner Liquidustemperatur von 1200 °C intrudiert und dessen Solidustemperatur etwa 1050 °C beträgt, bewirkt am Kontakt eine Temperaturerhöhung auf 727 °C + T_N, wobei T_N die Temperatur des Nebengesteins vor der Intrusion ist. Das vom Kontakt entfernte Nebengestein wird natürlich weniger stark aufgeheizt. Wenn wir eine Dicke des Lagerganges von D = 1000 m annehmen, dann stellt sich in $^1/_{10}$ D = 100 m Ent-

---

[1] H. G. F. WINKLER: Beitr. Min. u. Petrogr. **8**, 222—231 (1962).
J. C. JAEGER: Amer. J. Sci. **255**, 306—318 (1957).

fernung vom Kontakt nach einer gewissen Zeit von einigen tausend Jahren eine fast maximale Temperatur von etwa 625 °C + T_N ein, die bei der großen Dicke des Magmakörpers von 1000 m über 10 000 Jahre anhält und dann auch nur langsam abklingt. In einer Entfernung von $^2/_{10}$ D = 200 m wird (nach natürlich noch längerer Zeit) eine fast maximale Temperatur von etwa 550 °C + T_N über die gleiche Zeitspanne erzeugt. In $^1/_2$ D = 500 m Entfernung vom Kontakt beträgt die maximal erreichte Temperatur nur etwa 410 °C + T_N, wenn die Intrusionstemperatur 1200 °C beträgt.

Allgemein kann man feststellen, daß direkt am Kontakt die Temperatur etwas mehr als 60% der Intrusionstemperatur + T_N beträgt, und daß in einer Entfernung, die $^1/_{10}$ der Dicke des Magmakörpers entspricht, die Temperatur des Nebengesteins etwa 50% der Intrusionstemperatur + T_N erreicht. In größeren Entfernungen bleibt die Temperatur niedriger, derart, daß in einer Entfernung, welche $^1/_2$ der Dicke des Magmakörpers entspricht, die Temperatur des Nebengesteins nur um etwa $^1/_3$ der Magmatemperatur erhöht wird. Bei verschieden heißen Magmen, die in etwa 5–6 km Tiefe intrudiert werden, wo vor der Intrusion eine Temperatur, T_N, von etwa 150 °C herrschte, ergeben sich folgende, fast maximalen Temperaturen des Nebengesteins, die über längere Zeiten wirksam bleiben:

Tabelle 5

Magmatemperatur	Temperatur am Kontakt	Temperatur bei Entfernung vom Kontakt		
		$^1/_{10}$ D	$^2/_{10}$ D	$^1/_2$ D
Gabbroide Magmen $\approx$ 1200 °C	$+\left.{725 \atop 150}\right\}$ 875 °C	$+\left.{625 \atop 150}\right\}$ 775 °C	$+\left.{550 \atop 150}\right\}$ 700 °C	$+\left.{410 \atop 150}\right\}$ 560 °C
Syenitische Magmen $\approx$ 900 °C	$+\left.{560 \atop 150}\right\}$ 710 °C	$+\left.{470 \atop 150}\right\}$ 620 °C	$+\left.{410 \atop 150}\right\}$ 560 °C	$+\left.{300 \atop 150}\right\}$ 450 °C
Granitische Magmen $\approx$ 800 °C	$+\left.{510 \atop 150}\right\}$ 660 °C	$+\left.{420 \atop 150}\right\}$ 570 °C	$+\left.{365 \atop 150}\right\}$ 515 °C	$+\left.{270 \atop 150}\right\}$ 420 °C
$\approx$ 700 °C	$+\left.{460 \atop 150}\right\}$ 610 °C	$+\left.{370 \atop 150}\right\}$ 520 °C	$+\left.{320 \atop 150}\right\}$ 470 °C	$+\left.{235 \atop 150}\right\}$ 385 °C

Intrudiert das Magma höher, so daß es z. B. in 2 km Tiefe steckenbleibt, dann sind die angegebenen Temperaturen um etwa 90 °C niedriger, weil nämlich in 2 km Tiefe die Temperatur des Nebengesteins vor der Intrusion, T_N, nicht 150 °C, sondern nur etwa 60 °C betragen hat.

In der Fig. 19 ist die (fast) maximale Aufheizung des Nebengesteins eines Plutons (Entfernung vom Kontakt in Bruchteilen von D angegeben) für zwei verschiedene Tiefenlagen und für verschiedene Magmatemperaturen graphisch dargestellt.

In einer Tiefe von 5—6 km herrscht ein Druck von etwa 1500 Bar. Bei diesem Druck liegt — wenn wir zwischen den vorher für 1000 und 2000 Bar gegebenen Werten interpolieren — der Beginn der Hornblende-Hornfels-

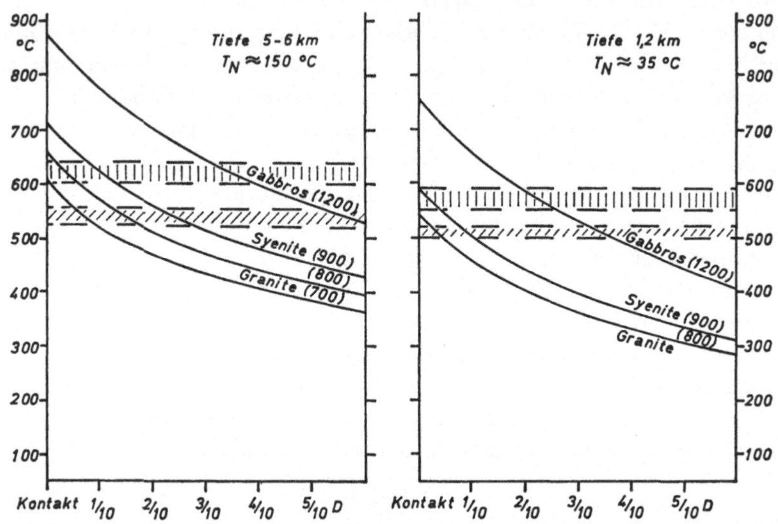

Fig. 19. Aufheizung des Nebengesteins durch verschiedenartige Plutone. Zwei verschiedene Tiefenlagen werden betrachtet. Abstand vom Kontakt in Bruchteilen von D; D = Dicke des „plattenförmigen" Plutons. Schräg schraffiertes Band = Beginn der Hornblende-Hornfelsfazies; vertikal schraffiertes Band = Beginn der Kalifeldspat-Cordierit-Hornfelsfazies

fazies um 540 ± 15 °C, der der Kalifeldspat-Cordierit-Hornfelsfazies um 620 ± 20 °C. Für die geringere Tiefenlage von 1,2 km, wo etwa ein Druck von 300 Bar herrscht, sind die entsprechenden Temperaturgrenzen bei 510 ± 10 °C bzw. bei 570 ± 20 °C gelegt worden.

Aus der Fig. 19, in die die Temperaturbereiche für den Beginn der beiden Fazies eingetragen sind, ist verständlich:

1. daß die Zonen der jeweiligen Hornfelsfazies um so breiter ausgebildet sind, a) je heißer das Magma, b) je größer die Dicke bzw. der Durchmesser des Plutons und c) je größer die Tiefenlage des Plutons ist. Speziell sieht man, daß die Zone der Kalifeldspat-Cordierit-Hornfelsfazies, also der früheren Pyroxen-Hornfelsfazies, um Granitplutone wesentlich schmaler ist als um Syenitplutone und noch viel schmaler als um Gabbroplutone ähnlicher Größe;

2. daß die Kalifeldspat-Cordierit-Hornfelsfazies stets um gabbroide Gesteine ausgebildet ist, und zwar als Orthoamphibol- und auch als Orthopyroxen-Subfazies;

3. daß um Granitplutone die Kalifeldspat-Cordierit-Hornfelsfazies nicht entwickelt zu sein braucht, sondern daß die Hornblende-Hornfelsfazies die hier höchstgradige Ausbildungsart der Metamorphose repräsentiert.

Letzteres trifft z. B. dann zu, wenn Magma von 700 °C in 5—6 km Tiefe steckenbleibt, oder wenn Magma von 800° C bis 1,2 km unter der Erdoberfläche aufsteigt, wo die Temperatur des Nebengesteins nur etwa 35 °C beträgt; dann wird nämlich das Nebengestein am Kontakt nur auf 545 °C aufgeheizt; diese Temperatur reicht auch bei Berücksichtigung des in 1,2 km Tiefe herrschenden geringen Drucks von 300 Bar noch nicht aus, um selbst in einer schmalen Zone am Kontakt die Kalifeldspat-Cordierit-Hornfelsfazies entstehen zu lassen. Wenn dagegen das granitische Magma eine extrem hohe Temperatur von etwa 900 °C gehabt hätte, dann sind mit ca. 600 °C die Bedingungen der Kalifeldspat-Cordierit-Hornfelsfazies in jener seichten Tiefe erfüllt gewesen, aber nur unmittelbar am Kontakt.

Die *Zeitdauer*, über die das Nebengestein eine nahezu maximale Temperatur behält, ist proportional dem Quadrat der Dicke der Intrusion. Die Größenordnung der Zeitdauer, über die die jeweils nahezu maximale Temperaturerhöhung des Nebengesteins erhalten bleibt, ist $0,01 \cdot D^2$ in Jahren, also bei Dicken von 1 m = 0,01 Jahre = 3 Tage, bei 10 m = 1 Jahr, 100 m = 100 Jahre, 1000 m = 10 000 Jahre. Bei Plutonkörpern, die mehrere 100 bis mehrere 1000 m dick sind, wird also die jeweils im Nebengestein erzeugte, nahezu maximale Temperatur über so außerordentlich lange Zeit gehalten, daß mögliche Mineralreaktionen ablaufen müssen, und zwar bis zur vollständigen Gleichgewichtseinstellung; Zeit steht genügend zur Verfügung!

7. Regionale Thermo-Dynamometamorphosen

7.1. Erscheinungsweisen

Die Regionalmetamorphosen sind nicht wie die Kontaktmetamorphosen von lokalem Ausmaß, sondern — wie der Name sagt — von regionalem Ausmaß, und sie sind in größeren Erdtiefen erfolgt. Die regionalen Thermo-Dynamometamorphosen sind an Gebiete großräumiger Gebirgsbildung gebunden, so daß Metamorphose und Gebirgsbildung als „Folge ein und desselben Geschehens" angesehen werden müssen [1]. Dieses Gebirgsbildung und Metamorphose auslösende „Geschehen" kann nur die Zufuhr zusätzlicher Wärmemengen in bestimmte Gebiete der Erde gewesen sein, und die Ursache dafür muß in Vorgängen in großen Tiefen, nämlich im Mantel der Erde, vermutet werden. E. WENK (1962) hat auf Grund seiner detaillierten Untersuchungen an Plagioklasen als Indexmineralen in den metamorphen Zentralalpen von „Wärmebeulen" und „Wärmedomen" gesprochen, die im Orogentrog zur Zeit der Metamorphose lagen; „wir dürfen die Wärmebeulen nicht als unabhängige Phänomene betrachten, sie gehören zur Gebirgsbildung." Es sind also „im Untergrund befindliche Wärmezentren, deren Aufstieg den Gesteinsmassen ihr besonderes Gepräge verleiht", d. h. die Metamorphose bedingt.

Prinzipiell ist es bei diesen regionalen Metamorphosen, welche bis zu recht hohen Temperaturen reichen, kaum anders als bei der Kontaktmetamorphose. Beide benötigen Zufuhr thermischer Energie. Bei der Kontaktmetamorphose aber ist die ehemalige Wärmequelle relativ klein und jetzt sichtbar, sie ist ein Pluton; bei den regionalen Metamorphosen ist die Wärmequelle wesentlich größer, tiefer gelegen und nicht sichtbar.

Bei der Kontaktmetamorphose war infolge oft geringer Tiefenlage des Plutons der Druck relativ klein, er wird meistens zwischen 200 und 2000 Bar betragen haben. Bei den regionalen Metamorphosen war der Druck größer, oft wesentlich größer. Während bei der Kontaktmetamorphose allseitiger Druck geherrscht hat, war bei der Regionalmetamorphose auch gerichteter Druck wirksam. Daher zeigen — zum Unterschied von den richtungslosen, gut umkristallisierten Hornfelsen der Kontaktmetamorphose — die Gesteine der Regionalmetamorphose dann eine ausgeprägte Schieferung,

---

[1] Zu diesem Schluß sind viele Forscher gekommen, unter anderen P. BEARTH: Schweiz. Min. Petr. Mitt. **42**, 127—137 (1962), auf Grund eines mineralogischen Detailstudiums in den Schweizer Alpen.

E. WENK: Schweiz. Min. Petr. Mitt. **42**, 139—152 (1962).

wenn das Gestein blättchenförmige oder/und langprismatische Minerale wie Glimmer, Chlorit bzw. Amphibole enthält; denn beim Kristallisieren solcher Minerale unter gerichtetem Druck erfolgt eine Anordnung, bei der die Blättchenebenen parallel und die Längsachsen der Prismen in einer Ebene liegen. Viele regionalmetamorphe Gesteine haben also eine Schiefertextur; deshalb spricht man auch von kristallinen Schiefern (engl.: schists).

Wie bei der Kontaktmetamorphose, so hat man auch bei der regionalen Metamorphose festgestellt, daß ein *gleiches* Ausgangsmaterial mineralogisch sehr unterschiedlich zusammengesetzte Metamorphite liefern kann, weil die Temperaturen und die Drucke während der Metamorphose sehr verschieden waren. GRUBENMANN (1904, 1910) unterschied drei Zonen, die *Epizone*, *Mesozone* und *Katazone*, die durch zunehmend steigende Temperaturen und

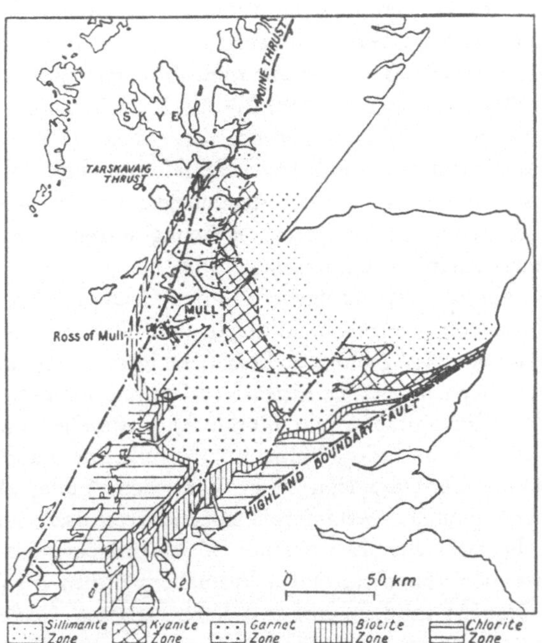

Fig. 20. Metamorphe Zonen der Grampian Highlands in Schottland; die schmale Staurolithzone ist nicht eingezeichnet. (W. Q. KENNEDY, 1948)

Drucke gekennzeichnet sind. Schon vorher hatte G. BARROW (1893 und 1912) erkannt, daß in ehemals *tonigen Sedimenten* (Schiefertone und Tonschiefer) je nach dem Grade der Regionalmetamorphose ganz bestimmte

U. GRUBENMANN: Die kristallinen Schiefer. Berlin 1904, 2. Aufl. 1910.
U. GRUBENMANN und P. NIGGLI: Die Gesteinsmetamorphose I. Berlin 1924.
G. BARROW: Quart. J. Geol. Soc. **49**, 340 (1893); Proc. Geol. Assoc. **23**, 274 bis 290 (1912).

Minerale in den Metamorphiten gebildet werden, die *Index-Minerale* genannt werden. BAILEY, READ und vor allem TILLEY u. HARKER haben das System weiter ausgebaut. Man stellte folgende Reihe von Index-Mineralen heraus, die mit zunehmenden Temperatur- und Druckbedingungen erstmals auftreten:

Chlorit → Biotit → Granat → Staurolith → Disthen → Sillimanit.

Die einzelnen durch diese Index-Minerale charakterisierten *metamorphen Zonen* kommen in ihrer regionalen Verbreitung und Anordnung ganz besonders schön in den Schottischen Hochlanden vor. Die sehr instruktive Darstellung der dortigen metamorphen Zonen von W. Q. KENNEDY (1948) ist erhalten worden, indem die post-metamorphe horizontale Blockverschiebung entlang des Great Glen auf dem Kartenbild rückgängig gemacht worden ist; dann erkennt man den gleichförmigen Verlauf der metamorphen Zonen. Die Zonengrenzen können als Schnittlinien von Isothermen mit der jetzigen Geländeoberfläche gedeutet werden. In der Disthen- und Sillimanitzone sind regionale magmatische Injektionen und Migmatitbildung weit verbreitet. Hierauf führte KENNEDY (1949) die die Metamorphose der Highlands bewirkende Temperaturerhöhung zurück. Uns scheint es jedoch wahrscheinlicher, daß die Injektionen und Migmatitbildungen nicht die Ursache der Metamorphose, sondern — wie die Metamorphose selbst — eine Folge der geophysikalisch bedingten Temperaturerhöhung waren, durch die partielle Schmelzbildung (Anatexis) ermöglicht wurde.

Eine ganz ähnliche Zonenfolge wie in den Grampian Highlands, jedoch *ohne* die Disthenzone, wurde in Michigan und Wisconsin festgestellt. Das dortige Vorkommen ist geologisch besonders interessant, denn in älteren Metamorphiten der Chloritzone liegen vier Zentren hochgradiger Metamorphose, die der Sillimanitzone (mit Muskovit) entsprechen und um die sich (als Indikatoren abnehmender Temperatur) jeweils eine Staurolithzone, eine Granat- und eine Biotitzone legt. Vier „Wärmedome" oder „Wärmebeulen" haben die vier regionalen Metamorphosebereiche verursacht, von denen die am nächsten benachbarten Zentren nur 45 km voneinander entfernt sind und mit ihren Biotitzonen sich auf 4 km nähern. Einen Ausschnitt aus der Karte zeigt Fig. 21; in dem größeren konzentrischen Gebiet beträgt der Durchmesser — zwischen den Rändern der Biotitzone über das Zentrum gemessen — 55 bis 75 km. Man kann sich mit JAMES hier wohl nur vorstellen, daß der jeweils sehr steile Temperaturgradient, unter dem die vier Metamorphosedome sich entwickelt haben, durch — nicht sichtbare — Magmaintrusionen zustande gekommen ist.

C. E. TILLEY: Quart. J. Geol. Soc. 81, 100—110 (1925).
A. HARKER: Metamorphism. London 1932 und 1939.
W. Q. KENNEDY: Geolog. Mag. 85, 299—334 (1948).
W. Q. KENNEDY: Geolog. Mag. 86, 43—56 (1949).
H. L. JAMES: Bull. Geol. Soc. Amer. 66, 1455—1488 (1955).
H. J. ZWART: Geol. Rundschau 52, 38—65 (1962).

Eine völlig anders geartete Zonenfolge ist von ZWART (1962) bei *Bosost* in den Zentral-Pyrenäen festgestellt worden, nämlich: Biotitzone, Staurolith-Andalusit-Cordieritzone, Andalusit-Cordieritzone und Sillimanit-Cor-

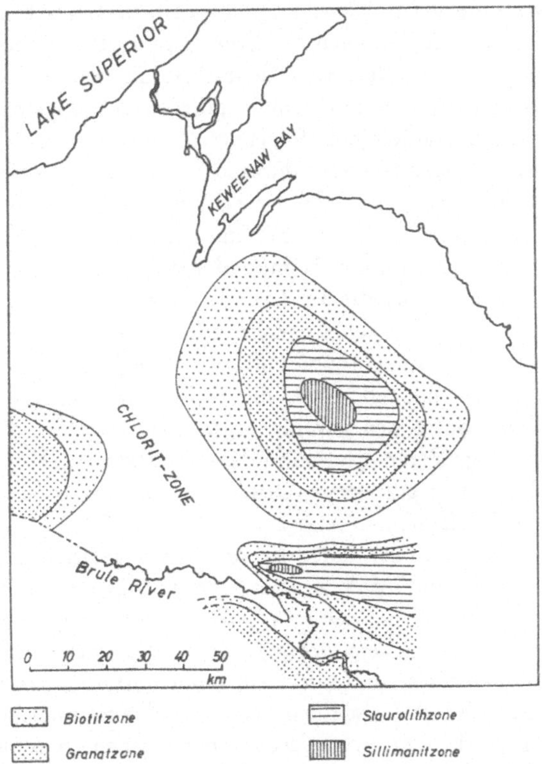

Fig. 21. Metamorphe „Wärmedome" in Northern Michigan (nach H. L. JAMES, 1955)

dieritzone. Letztere enthält neben Cordierit und Sillimanit auch noch Muskovit. Die größte Längserstreckung beträgt hier nur 14 km. Hier ist ebenfalls eine sehr lokalisierte „Wärmebeule" ausgebildet worden. Diese bei Bosost festgestellte Zonenfolge ist, zum Unterschied von den vorher genannten, unter niedrigeren Drucken entstanden und zeigt durch das Auftreten von Cordierit + Andalusit eine Ähnlichkeit zur Hornblende-Hornfelsfazies der unter noch niedrigeren Drucken entstandenen Kontaktmetamorphose; auch Staurolith ist, wenn auch selten, schon als kontaktmetamorph festgestellt worden. Aber das Auftreten von Sillimanit + Muskovit + Cordierit weist auf Unterschiede zur Kontaktmetamorphose hin.

Weitere Beispiele werden später angeführt werden, aber schon jetzt kann festgestellt werden, daß wir bei der regionalen Metamorphose verschiedene Ausbildungsarten unterscheiden müssen, verschiedene Faziesserien.

7.2. Metamorphe Faziesserien

Bis vor kurzem war man noch der Meinung, daß die „normale" Regionalmetamorphose durch die in den Grampian Highlands in Schottland ganz besonders gut untersuchte Zonenfolge repräsentiert wird. Abweichungen hiervon, die in anderen Gebieten der Erde festgestellt worden sind, wurden als Abweichungen vom „Normalen" betrachtet. Es ist daher ein besonderes Verdienst von MIYASHIRO (1961), eindringlich darauf hingewiesen zu haben, daß die Ausbildung aufeinanderfolgender Zonen bzw. Subfazies in verschiedenen metamorphen Gebieten durchaus verschieden sein kann. Er führte den Begriff der metamorphen *Faziesserie* ein und stellte fest, daß jedes regionalmetamorphe Terrain durch eine bestimmte Faziesserie gekennzeichnet ist. MIYASHIRO meint, sicherlich mit Recht, daß es von dem jeweiligen „operating rock pressure" abhängt, welche der Faziesserien regional ausgebildet worden ist: „a metamorphic facies series can be represented by a curve or a group of curves in a temperature-pressure diagram"; vgl. Fig. 1. Es ist also die jeweilige Faziesserie bedingt durch die regional herrschende Temperatur-Druck-Verteilung, durch den jeweiligen geothermischen Gradienten °C/km. Denn bei einem größeren geothermischen Gradienten ist eine bestimmte Temperatur bei einem geringeren Druck wirksam als bei einem kleineren geothermischen Gradienten.

MIYASHIRO hat nun der unter einem kleinen geothermischen Gradienten, d. h. unter hohen Drucken, entstandenen Faziesserie der Grampian Highlands in Schottland u. a. eine in Japan ausgebildete Faziesserie gegenübergestellt, die unter einem größeren geothermischen Gradienten, d. h. unter wesentlich geringerem Druck, entstanden ist. Er hat ferner darauf aufmerksam gemacht, daß zwischen beiden noch eine intermediäre Faziesserie zu unterscheiden ist; wir werden später sehen, daß *mehrere* intermediäre Faziesserien unterschieden werden können.

7.2.1. Faziesserie vom Barrow-Typ

Der eine Standardtyp der metamorphen Faziesserien, der von MIYASHIRO als „Disthen-Sillimanit-Typ" bezeichnet wird, ist in Schottland in den Grampian Highlands (abgesehen vom NE-Teil) mustergültig ausgebildet. Diese Serie ist vor allem durch Arbeiten von BARROW (1893, 1912), TILLEY (1925), HARKER (1932) und neueren Autoren gründlich untersucht worden. Man spricht daher auch vom „barrowian"-Typ der Metamorphose. Auch wir wollen diese Faziesserie als Barrow-Typ bezeichnen. Sie ist nicht nur in Schottland ausgebildet, sondern auch der wesentliche Teil der kaledonischen Metamorphose Norwegens und der Metamorphose der Appalachen in Nord-

---

A. MIYASHIRO: J. Petrology 2, 277—311 (1961).
A. HARKER: Metamorphism. London 1932 und 1939.

amerika gehören hierher. Die junge alpidische Metamorphose hat gewisse
Ähnlichkeiten mit dem Grampian-Highlands-Typ; sie dürfte aber unter
noch etwas höheren Drucken entstanden sein. [Darauf weist das häufige
Auftreten von Alkaliamphibolen zusammen mit Stilpnomelan, Chloritoid,
Chlorit, Epidot, Glaukophan und gelegentlich sogar Lawsonit hin; NIGGLI
(1960, 1965).]

Wir verwenden die von TURNER und VERHOOGEN (1960) vorgeschlagenen Bezeichnungen der Fazies und Subfazies. Der niedrigtemperierte Teil
der regionalen Metamorphose wird als *Grünschieferfazies* (1) bezeichnet,
und zwar wegen des verbreiteten Auftretens grünlicher Minerale wie Chlorit und Epidot. 1.1, 1.2 und 1.3 sind Subfazies innerhalb der Grünschieferfazies, die mit steigender Temperatur ausgebildet werden. (Die Subfazies
1.3 kann auch, wenn man an dem Vorschlag VOGTs und ESKOLAs festhält,
als Albit-Epidot-Amphibolitfazies bezeichnet werden; TURNER und VER-
HOOGEN geben gute Gründe dafür an, weshalb sie sie als Subfazies in den
höchsttemperierten Teil der Grünschieferfazies stellen.) Der höhertemperierte Teil der regionalen Metamorphose wird als *Amphibolitfazies* (2) bezeichnet, und zwar, weil gabbroide-basaltische Gesteine zu *Amphiboliten*
umgewandelt worden sind; diese führen viel *Hornblende* und Plagioklas.
Nicht das Auftreten von irgendeinem Amphibol, sondern von Hornblende
ist bezeichnend. Für die Faziesserie vom Barrow-Typ ist der von TURNER
eingeführte Name, nämlich Almandin-Amphibolitfazies, sehr treffend, weil
Almandin + Hornblende + Plagioklas sehr verbreitet sind. Die Subfazies
dieser Fazies sind hier durch laufende Nummern von 2.1 bis 2.3 gekennzeichnet, um die Folge der Subfazies mit steigender Temperatur aufzuzeigen;
außerdem ist vor jede Nummer ein B für Barrow-Typ eingesetzt. Die Faziesserie des Barrow-Typs wird insgesamt durch folgende Serie von Subfazies
repräsentiert:

Grün-
schiefer-
fazies
  B 1.1 Quarz-Albit-Muskovit-*Chlorit*-Subfazies
  B 1.2 Quarz-Albit-Epidot-*Biotit*-Subfazies
  B 1.3 Quarz-Albit-Epidot-*Almandin*-Subfazies

Almandin-
Amphibolit-
fazies
  B 2.1 *Staurolith*-Almandin-Subfazies
  B 2.2 *Disthen*-Almandin-Muskovit-
        Subfazies
  B 2.3 *Sillimanit*-Almandin-Orthoklas-
        Subfazies
} kein Andalusit

Wir werden später die einzelnen Subfazies an Hand ihrer ACF- und
A'FK-Diagramme näher besprechen; zur Kennzeichnung der Faziesserie

---

E. NIGGLI: Intern. Geol. Congr. Norden, Part 13, 132—138 (1960); Eclogae
Geol. Helvetiae **58**, 335—368 (1965).

vom Barrow-Typ reichen aber schon die Namen der Subfazies aus, denn diese Namen sind aus jeweils charakteristischen Mineralen zusammengesetzt. Man erkennt auch leicht aus der Folge der Namen der Subfazies — jeweils hervorgehobenes Mineral — die für diese Faziesserie charakteristische Folge der metamorphen Zonen: Chlorit → Biotit → Granat (Almandin) → Staurolith → Disthen → Sillimanit. Insbesondere ist das Auftreten von Almandin-Granat, Staurolith und Disthen, und zwar das Auftreten *aller drei* Mineralarten innerhalb der Fazies*serie*, kennzeichnend. Die Faziesserie ist unter recht kleinen geothermischen Gradienten ausgebildet worden, d. h., die Temperaturen der Metamorphose waren in großen Tiefen, also bei hohen Drukken, wirksam. Hierauf weist das Auftreten von Disthen und die Abwesenheit von Andalusit hin. Weitere Kriterien werden wir später nennen.

7.2.2. *Faziesserie vom Abukuma-Typ*

Der andere Standardtyp der metamorphen Faziesserien ist von MIYASHIRO als „Andalusit-Sillimanit-Typ" bezeichnet worden und von ihm und seinen Kollegen im zentralen Abukuma-Plateau, Japan, petrographisch untersucht worden; wir wollen ihn Abukuma-Typ nennen. Auch der metamorphe Gürtel von Ryoke in Japan und einige Gebiete frühpaläozoischer Metamorphose in New South Wales, Australien, gehören dieser Faziesserie an. Die Faziesserie des Abukuma-Plateau-Typs umfaßt ebenfalls die Grünschieferfazies und die Amphibolitfazies; letztere kann aber nicht, wie bei der Barrow-Faziesserie, als Almandin-Amphibolitfazies bezeichnet werden. Almandin tritt nämlich nicht in basischen, sondern nur in pelitischen Ausgangsgesteinen auf, und dann auch nur in der höhergradigen Amphibolitfazies, während Cordierit mit Beginn der Amphibolitfazies vorkommt. Zum Unterschied von der Almandin-Amphibolitfazies des Barrow-Typs, wo niemals Cordierit auftritt, wollen wir die Amphibolitfazies des Abukuma-Typs als *Cordierit-Amphibolitfazies* bezeichnen. Für die Subfazies, welche auf

Grün- schiefer- fazies	A 1.1 Quarz-Albit-Muskovit-*Biotit*-Chlorit-Subfazies A 1.2 Quarz-*Andalusit*-Plagioklas-Chlorit-Subfazies	
Cordierit- Amphibolit- fazies	A 2.1 Andalusit-*Cordierit*-Muskovit- Subfazies A 2.2 *Sillimanit*-Cordierit-Muskovit- Almandin-Subfazies A 2.3 Sillimanit-Cordierit-Orthoklas- Almandin-Subfazies	kein Disthen

Grund der japanischen Arbeiten unterschieden werden können, haben wir hier Namen vorgeschlagen und die dazugehörigen ACF-A'FK-Diagramme aufgestellt (siehe S. 144 ff.). Die Abukuma-Faziesserie wird dann durch die angegebene Folge der Subfazies gekennzeichnet, wobei wir noch ein A vor jede Bezeichnung setzen, um dadurch anzudeuten, daß es sich hier um die Abukuma-Fazieserie handelt.

Schon aus den Bezeichnungen der Subfazies wird der große Unterschied gegenüber der Fazieserie des Barrow-Typs deutlich; man beachte das Auftreten von Andalusit und von Cordierit. Kennzeichnend für den Abukuma-Typ ist es, daß Disthen nicht auftritt; statt Disthen ist Andalusit stabil. Das spricht eindeutig dafür, daß der Druck geringer war als bei der Barrow-Fazieserie. Auch das charakteristische Auftreten von Cordierit ist ein weiteres Merkmal für geringere Drucke. Almandin kommt zwar vor, aber nur in einigen *hochgradigen* pelitischen Metamorphiten, und eigenartigerweise dann auch nicht in metamorphisierten gabbroiden Gesteinen. In mittelgradigen Metamorphiten kommt kein Almandin vor, was ebenfalls für niedrigeren Druck spricht. Hier und in der Grünschieferfazies kann nur ein *manganreicher* Pyralspit auftreten, was nicht kritisch für den Druck ist. (Pyralspit ist eine Gruppe von Granaten, deren Mischkristallglieder Pyrop, Almandin und Spessartin sind.)

In der Grünschieferfazies des Barrow-Typs kommt Chloritoid vor, während beim Abukuma-Typ bisher kein Chloritoid festgestellt worden ist. Daraus darf man aber nicht — wie in der 1. Auflage dieses Buches — den Schluß ziehen, daß Chloritoid, so wie Disthen, ein Indikator für hohe Drucke ist. Vielmehr gibt es ältere Literatur (siehe Zusammenstellung von Hoschek) und auch neue, noch unveröffentlichte Beobachtungen (Mitt. von H. J. Zwart), die von Chloritoid berichten, der — bisweilen vergesellschaftet mit Andalusit — unter geringen Drucken, ja sogar bei der Kontaktmetamorphose entstanden ist. Für die Bildung von Chloritoid bedarf es nicht hoher Drucke, wohl aber einer besonderen, selten verwirklichten chemischen Zusammensetzung des Gesteins; siehe Abschnitt 8.1. Die veröffentlichten Analysen von Grünschiefer-Metamorphiten des Abukuma-Plateaus sind alle derart, daß die Bildung von Chloritoid chemisch nicht möglich war. Es ist also nur ein Zufall, daß in der Grünschieferfazies des Abukuma-Typs bisher noch kein Chloritoid festgestellt worden ist; bei geeigneter Gesteinszusammensetzung wird er gefunden werden.

Zu bemerken ist ferner, daß bei der Abukuma-Fazieserie im niedrigstgradigen Teil der Grünschieferfazies keine der Quarz-Albit-Muskovit-Chlorit-Subfazies (B 1.1) analoge Subfazies ausgeschieden werden kann; d. h., es tritt kein Stilpnomelan auf, der offensichtlich höhere Drucke benötigt, sondern an Stelle von Stilpnomelan tritt unter den niedrigeren Drucken schon Biotit (zusammen mit Muskovit) bei *Beginn* der Grünschieferfazies auf. So ist es auch bei der unter noch niedrigeren Drucken erfolgten Kontaktmetamorphose. Überhaupt zeigt die Fazieserie des Abu-

---

G. Hoschek: Contr. Miner. Petrol. **14**, 123—162 (1967).

kuma-Typs starke Ähnlichkeiten zur Faziesserie der Kontaktmetamorphose, nämlich das Auftreten von Cordierit und Andalusit, und ferner: Die Albit-Muskovit-Biotit-Subfazies (A 1.1) ist identisch mit der Albit-Epidot-Hornfelsfazies, und die Subfazies (A 2.1) ist identisch mit der Hornblende-Hornfelsfazies. Der höchsttemperierte Teil der Cordierit-Amphibolitfazies (Subfazies A 2.3) zeigt Ähnlichkeiten zur Orthoamphibol-Subfazies der Kalifeldspat-Cordierit-Hornfelsfazies; denn in A 2.3 tritt Kalifeldspat zusammen mit Cordierit oder Al_2SiO_5 auf, also die Paragenese Muskovit + Quarz ist verschwunden, und außerdem kommt in anderen Gesteinen noch Hornblende und Orthoamphibol (aber kein Orthopyroxen) vor. A 2.3 unterscheidet sich jedoch von der Orthoamphibol-Subfazies der Kalifeldspat-Cordierit-Hornfelsfazies dadurch, daß in A 2.3 Almandin neben Cordierit auftreten kann.

Analog den metamorphen Zonen Schottlands kann man für den Abukuma-Typ folgende, völlig andersartige *Zonenfolge* aufstellen: Biotit → Andalusit → Cordierit → Sillimanit. Hinsichtlich des Temperaturbereichs werden sich die Subfazies der beiden Faziesserien etwa folgendermaßen entsprechen:

Tabelle 6

Barrow-Typ wesentlich höherer Druck	B 1.1	B 1.2	B 1.3	B 2.1	B 2.2	B 2.3
Abukuma-Typ wesentlich niedrigerer Druck	A 1.1		A 1.2	A 2.1	A 2.2	A 2.3

Die Unterschiede zwischen den beiden Faziesserien, d. h. speziell der Mineralparagenesen der jeweils hinsichtlich der Temperatur korrespondierenden Subfazies, können nur durch stark unterschiedlichen Druck bewirkt worden sein. Wenn wir etwa 530 °C als Temperaturgrenze zwischen der Grünschieferfazies einerseits und der Almandin-Amphibolit- bzw. der Cordierit-Amphibolitfazies andererseits annehmen, dann ist im Falle der Metamorphose vom Abukuma-Typ diese Temperatur in wesentlich geringerer Erdtiefe erreicht worden als bei der Metamorphose vom Barrow-Typ.

Es ist in diesem Zusammenhang nun bezeichnend, daß die beiden Metamorphosetypen „appear to be always accompanied by the emplacement of a large amount of granitic rocks; synkinematic granites are usually abundant in the high-grade parts of the metamorphic terrain" (MIYASHIRO, 1961). Darüber hinaus kennt man ausgedehnte Bildungen von Migmatiten. Das weist darauf hin, daß im hochtemperierten Teil der metamorphen Gebiete die Temperaturen so hoch waren, daß quarz- und feldspatführende

Gneise partiell aufgeschmolzen werden konnten (siehe Anatexis). In den Terrains *unter* den hochgradigen Metamorphiten, d. h. in größeren Tiefen, ist es dann infolge noch höherer Temperaturen zu noch ausgedehnteren Aufschmelzungen gekommen und damit zur Palingenese von größeren granitischen Magmamengen, die zum Teil während und nach der Orogenese in höhere Niveaus intrudiert sind.

8. Faziesserie vom Barrow-Typ

8.1. Grünschieferfazies

Die niedrigtemperierte Fazies des Barrow-Typs ist — wie allgemein in der Thermo-Dynamometamorphose — die Grünschieferfazies. Sie läßt sich von der höhertemperierten Almandin-Amphibolitfazies leicht dann unterscheiden, wenn folgende, nur für die Grünschieferfazies *kritischen* Minerale auftreten: Chlorit, Stilpnomelan, Chloritoid, Pyrophyllit; Zoisit oder Epidot ist nicht auf die Grünschieferfazies beschränkt, aber für diese ist die Mineralassoziation *Zoisit/Epidot + Albit* charakteristisch. Der Albit enthält meistens nur bis etwa 7% An-Komponente. Plagioklas mit größerem An-Gehalt ist in der Grünschieferfazies des Barrow-Typs nicht stabil. Wenn ein An-reicherer Plagioklas (auch zusammen mit Epidot) auftritt, dann waren die Temperaturen höher als in der Grünschieferfazies. Auf dem Wechsel in der Zusammensetzung des Plagioklas — An $\leq$ 7% in der Grünschieferfazies und An $\geq$ 15% in der höhertemperierten Fazies — basiert die von TURNER und VERHOOGEN gegebene Definition der Grenze zwischen Grünschiefer- und Almandin-Amphibolitfazies. „This is microscopically recognizable and makes a convenient point at which to draw the high-temperature boundary of the green-schist facies." Das *Verschwinden* von Chlorit in Gegenwart von Quarz, von Chloritoid und des Mineralpaares Albit + Zoisit/Epidot kennzeichnet die obere Grenze der Grünschieferfazies gegenüber der höhertemperierten Almandin-Amphibolitfazies; Pyrophyllit wird schon bei etwas niedrigerer Temperatur von Disthen + Quarz abgelöst.

Man unterscheidet mit steigendem Metamorphosegrad folgende drei *Subfazies* innerhalb der Grünschieferfazies; sie werden jeweils durch einige kritische Minerale bezeichnet, die sich in metamorphisierten Peliten ausgebildet haben:

B 1.1 *Quarz-Albit-Muskovit-Chlorit-Subfazies*
    Das entspricht der Chlorit-Zone der Petrographen in Schottland.

B 1.2 *Quarz-Albit-Epidot-Biotit-Subfazies*
    Das entspricht der Biotit-Zone.

B 1.3 *Quarz-Albit-Epidot-Almandin-Subfazies*
    Das entspricht dem niedrigertemperierten Teil der Granatzone und der Epidot-Amphibolitfazies von ESKOLA.

In der nun zu behandelnden Abfolge der Subfazies beziehen wir uns weitgehend auf TURNER und VERHOOGEN (1960).

B 1.1 Quarz-Albit-Muskovit-Chlorit-Subfazies

Für die *Quarz-Albit-Muskovit-Chlorit-Subfazies* ist Stilpnomelan ein kritisches Mineral; Stilpnomelan, welcher mikroskopisch leicht mit Biotit verwechselt werden kann, tritt nur in dieser niedrigsttemperierten Subfazies auf. Bei anderen Metamorphosearten kann Stilpnomelan auch nur dann auftreten, wenn ebenfalls die Temperaturen niedrig und die Drucke hoch bzw. sehr hoch waren, nämlich in der Pumpellyt-Prehnit-Quarz-Fazies und in der Lawsonit-Glaukophan-Fazies. Die Bildung von Stilpnomelan ist aber nur dann in ehemaligen tonigen Sedimenten möglich, wenn ganz besondere chemische Zusammensetzungen vorgelegen haben: Es müssen Fe^{2+}-reiche, sehr Mg-arme und gleichzeitig Al-arme Sedimente gewesen sein. Wenn Fe^{2+} nicht in wesentlich größerer Menge als Mg vorhanden ist, dann bildet sich nämlich nur Chlorit. Ist neben Fe^{2+} auch reichlich Al vorhanden (mehr Al, als im anwesenden Muskovit, Paragonit, Feldspat und Chlorit gebunden wird), dann bildet sich nämlich statt des Al-armen Stilpnomelans das Al-reichere Fe-Al-Silikat Chloritoid. Die besonderen chemischen Bedingungen für die Bildung von Chloritoid sind natürlich ein großes Fe/Mg-Verhältnis und außerdem ein relativ großer Al-Gehalt bei geringem Gehalt an K, Na und Ca. Dieser spezielle, nicht häufig anzutreffende Gesteinschemismus bedingt es, daß Chloritoid niemals mit Stilpnomelan, mit Albit, Kalifeldspat oder Biotit (der ab B 1.2 auftritt) koexistiert. Diesen Sachverhalt geben die Fig. 22 bis 26 wieder. Umgekehrt, wenn eines oder mehrere dieser Minerale im Metamorphit vorkommen, dann war der Gesteinschemismus ungeeignet für die Bildung von Chloritoid (genauere Angaben bei G. HOSCHEK, 1967).

ZEN (1960) hat darauf hingewiesen, daß Stilpnomelan und Chloritoid nicht zusammen vorkommen, sondern sich gegenseitig ausschließen; das ist nur durch chemische Unterschiede der ursprünglichen Sedimentzusammensetzungen bedingt („chemical control"). Stilpnomelan *oder* Chloritoid kommt zusammen mit Chlorit vor (siehe Fig. 22). Im Chlorit ist das Verhältnis Mg/Fe^{2+} viel größer als im Stilpnomelan und im Chloritoid. Hier erkennt man, daß MgO + FeO oft nicht als *eine* (Mg, Fe)O-Komponente betrachtet werden darf; das berücksichtigt das AFM-Diagramm der Fig. 23. Aus dieser Figur, nicht jedoch aus Fig. 22, ist dann auch der Sachverhalt ablesbar, daß neben Stilpnomelan auch Muskovit in der häufigen Paragenese Chlorit + Muskovit + Stilpnomelan + Quarz ± Kalifeldspat auftritt.

Besonders wichtig ist es, darauf hinzuweisen, daß in dieser niedrigsttemperierten Subfazies unter den hohen Drucken noch kein Biotit vor-

---

E-AN ZEN: Amer. Miner. **45**, 129—175 (1960).

kommt [*]. Erwähnt sei ferner, daß in Mn-reichen Gesteinen sich bereits bei dieser niedrigsten Subfazies ein Granat bildet, nämlich der Spessartin, $Mn_3Al_2(SiO_4)_3$. Dieser entsteht also bei erheblich niedrigeren Temperaturen (und Drucken) als der für die Granatzone und die Almandin-Amphibolitfazies typische Almandin-reiche Granat. Außerdem ist die Feststellung wichtig, daß Carbonate, wie Dolomit, Ankerit und Magnesit, zusammen mit Quarz noch in der Quarz-Albit-Muskovit-Chlorit-Subfazies auftreten können, wenn der Anteil von CO_2 in der Gasphase während der Metamorphose nicht außergewöhnlich klein war.

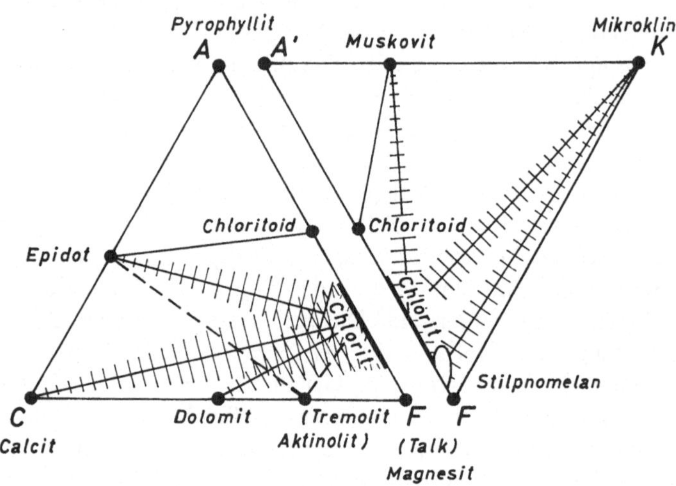

Fig. 22 (B 1.1). Quarz-Albit-Muskovit-Chlorit-Subfazies der Grünschieferfazies. Eingeklammerte Minerale treten nur auf, wenn X_{CO_2} der Gasphase sehr gering war, wie z. B. bei der Metamorphose carbonatfreier, basischer Gesteine; hierfür gelten die gestrichelten Geraden von Tremolit/Aktinolith zu Epidot bzw. Chlorit. Chloritoid bzw. Stilpnomelan treten nur auf, wenn besondere chemische Bedingungen erfüllt sind. Neben Stilpnomelan kann auch Muskovit auftreten, was nicht aus Fig. 22, aber aus Fig. 23 ablesbar ist. Paragonit kann auch auftreten. — Das Zusammensetzungsverhältnis A : F des Chlorits kann im Bereich der dick ausgezogenen Linie liegen. Wenn der darstellende Punkt des Chlorits an einer anderen als der hier eingezeichneten Stelle liegt, dann ändern sich auch die Lagen der Verbindungslinien von Dolomit, Calcit usw. zum koexistierenden Chlorit; das soll durch die Schraffur senkrecht zu den Verbindungslinien angedeutet werden

Aus den Fig. 22 und 23 lesen wir die vorkommenden Mineralparagenesen ab, von denen die häufigsten folgende sind:

---

[*] Bisweilen beobachtet man ein Phyllosilikat in dieser und in höheren Subfazies, welches im Dünnschliff wie bräunlicher Biotit aussieht, aber röntgenographisch stellt man fest, daß es ein Fe-reicher Oxi-Chlorit ist; siehe N. D. CHATTERJEE: Contr. Miner. Petrol. **12**, 325—339 (1966).

J. P. SAGON: C. R. Somm. Soc. Géol. France, 269—270 (1965).

Aus Tonen:

Quarz + Muskovit + Chlorit + Pyrophyllit (SAGON, 1965); hierzu können noch Epidot und Paragonit treten. Auch Albit kann, sogar in großen Mengen, zusätzlich zu den angegebenen Mineralen im Gestein enthalten sein. Man sollte meinen, daß Albit und Pyrophyllit nur dann in einem Metamorphit vorkommen, wenn Albit und Pyrophyllit sich nicht unmittelbar berühren; denn sonst tritt Reaktion zu Paragonit ein, was experimentell wiederholt durchgeführt worden ist.

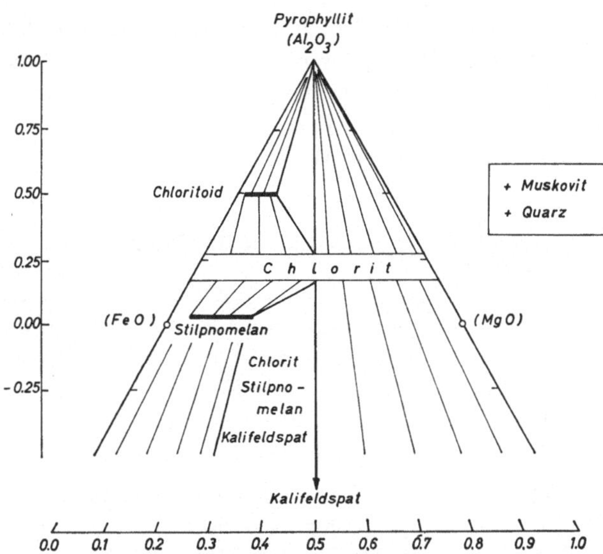

Fig. 23 (B 1.1). AFM-Diagramm für die Quarz-Albit-Muskovit-Chlorit-Subfazies der Grünschieferfazies. — Metamorphe Paragenesen, die aus Peliten und Psammiten entstanden sind, z. B. Pyrophyllit+Chlorit, Pyrophyllit+Chloritoid+Chlorit, Chlorit+Stilpnomelan+Kalifeldspat plus jeweils Muskovit+Quarz

Statt oder neben Chlorit + Pyrophyllit wird bei Gegenwart von ausreichend Fe^{2+} Chloritoid gebildet. Die Paragenesen Pyrophyllit + Muskovit + Chlorit + Chloritoid + Quarz und Pyrophyllit + Klinozoisit + Muskovit + Quarz wurden von ZEN (1961) festgestellt.

Chlorit + Muskovit + Quarz + Albit ± Stilpnomelan ± Mikroklin ± Epidot,
Chlorit + Muskovit + Quarz + Chloritoid ± Epidot.
Aus den Diagrammen ist es offensichtlich, daß Chloritoid und Pyrophyllit nie zusammen mit Mikroklin vorkommen können.

Aus Mergeln:
Calcit + Epidot/Zoisit + Chlorit + Quarz + Muskovit.

E-AN ZEN: Amer. Miner. 46, 52—66 (1961).

Aus kieseligen Carbonaten:
Calcit + Dolomit + Chlorit + Quarz.

Aus gabbroiden Gesteinen:
Albit + Epidot + Chlorit + Aktinolith + Titanit ± Stilpnomelan ± Quarz.

Pumpellyit kann neben oder statt Epidot nur in dieser niedrigsttemperierten Subfazies, außer in der Lawsonit-Glaukophan- und der Pumpellyit-Prehnit-Fazies, auftreten. Pumpellyit ist ein epidotähnliches Mineral mit folgender Zusammensetzung: $Ca_4R_6[O/(OH)_3/(Si_2O_7)_2(SiO_4)_2] \cdot 2\,H_2O$, mit $R_6 = (Al, Fe)_5(Fe, Mn, Mg)$. Der Na-Glimmer *Paragonit* kann sich mit Beginn der Grünschieferfazies bilden. Aber es ist zu beachten, daß Paragonit (mit oder statt Muskovit) wohl zusammen mit Pyrophyllit, Chloritoid oder Chlorit auftreten kann, nicht aber mit Mikroklin. Kalifeldspat + Paragonit kommen nicht nebeneinander vor (ZEN, 1960). Experimente haben ergeben, daß Kalifeldspat + Paragonit zu Muskovit + Albit reagieren (E. ALTHAUS, unveröffentlicht; HEMLEY, 1964).

B 1.2 Quarz-Albit-Epidot-Biotit-Subfazies

Kennzeichnend für diese Subfazies gegenüber der niedrigertemperierten Quarz-Albit-Muskovit-Chlorit-Subfazies ist es, daß von nun an — bei geeigneter Gesteinszusammensetzung — *Biotit* auftritt; er bleibt mit steigender Temperatur in dem gesamten Bereich der Metamorphose (ausschließlich der Granulitfazies) stabil. Muskovit + Chlorit reagieren zu Biotit + Al-reicherem Chlorit. Man kann sich folgende Reaktion vorstellen:

$$3\,\text{Muskovit} + 5\,\text{Prochlorit} \rightleftarrows 3\,\text{Biotit} + 4\,\text{Al-reicherer Chlorit}$$
$$+ 7\,\text{Quarz} + 4\,H_2O,$$
$$3\,KAl_2[(OH)_2/Si_3AlO_{10}] + 5\,(Mg, Fe)_5Al[(OH)_8/AlSi_3O_{10}] \rightleftarrows$$
$$3\,K(Mg, Fe)_3[(OH)_2/Si_3AlO_{10}]$$
$$+ 4\,(Mg, Fe)_4Al_2[(OH)_8/Al_2Si_2O_{10}] + 7\,SiO_2 + 4\,H_2O.$$

Wichtig ist es, daß Chlorit noch neben Biotit und Muskovit beständig ist. Erst wenn die Temperaturen der Grünschieferfazies überschritten sind, ist selbst ein Mg-reicher Chlorit zusammen mit Muskovit nicht mehr beständig.

In Gesteinen, welche Stilpnomelan und Muskovit enthalten, reagieren diese mit Beginn der B 1.2-Subfazies unter Bildung von Biotit und Chlorit. Ab B 1.2 und bei höheren Temperaturen tritt also Stilpnomelan nicht mehr auf, weil folgende Reaktion abgelaufen ist:

Stilpnomelan + Muskovit → Biotit + Chlorit + Quarz.

Eine zweite hier stattfindende Reaktion, die aus einem Vergleich der Fig. 22 und 24 abgelesen werden kann, ist:

Mikroklin + Chlorit → Biotit + Muskovit + Quarz + H_2O.

E-AN ZEN: Amer. Miner. 45, 129—175 (1960).
J. J. HEMLEY und W. R. JONES: Econ. Geol. 59, 538—569 (1964).

Wenn also ein Gestein reich genug an K und arm genug an Al ist, so daß Mikroklin gebildet werden kann (z. B. Arkosen-Grauwacke), dann können, wie ZEN (1960) beobachtete, Mikroklin und Chlorit koexistieren, aber nur

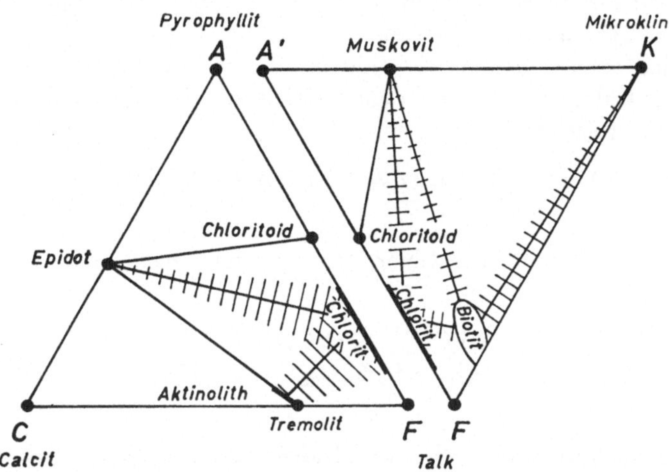

Fig. 24 (B 1.2). Quarz-Albit-Epidot-Biotit-Subfazies der Grünschieferfazies. Paragonit kann ebenfalls auftreten, aber nicht zusammen mit Biotit und nur selten mit Albit; ALBEE et al. (1965). Chloritoid kommt nur vor, wenn besondere chemische Bedingungen erfüllt sind, andernfalls fallen die Verbindungslinien zum Chloritoid in dieser wie in Fig. 22 weg. Wenn Kalifeldspat, Albit oder/und Biotit in einem Metamorphit vorkommen, dann hat sich kein Chloritoid bilden können. Dieser Sachverhalt wird also von Fig. 24 richtig wiedergegeben

in der niedrigsttemperierten Subfazies (B 1.1), nicht mehr in der Albit-Epidot-Biotit-Subfazies (B 1.2). (Man vergleiche die A'FK-Diagramme der beiden betreffenden Subfazies.) In anderen Chlorit-*freien* Mineralparagenesen kann natürlich Mikroklin auftreten, was man aus dem A'FK-Diagramm für die Albit-Epidot-Biotit-Subfazies ablesen kann.

Wichtig ist ferner, daß in dieser Subfazies die Temperaturen bereits solche Werte erreicht haben, daß selbst bei Anwesenheit eines etwa mittleren CO_2/H_2O-Verhältnisses in der Gasphase alle Carbonate außer Calcit in Gegenwart von Quarz nicht mehr stabil sind, sondern mit Quarz zu Tremolit oder/und Talk reagieren. Es sei auf die Reaktionen (2) und (1) im Abschnitt 4.1 verwiesen. Es wird geschätzt, daß unter dem hohen Gasdruck der Metamorphose vom Barrow-Typ die Temperaturen hier etwa 450—470 °C betragen haben.

Selbst jene Temperaturen sind jedoch unter bestimmten Bedingungen noch nicht hoch genug, um Dolomit+Quarz zur Reaktion zu bringen. TROMMSDORFF hat nämlich neuerdings in den Zentralalpen der Schweiz

---

A. L. ALBEE: J. Petrol. **6**, 246—301 (1965).

V. TROMMSDORFF: Schweizer Miner. Petrogr. Mitt. **46**, 431—460 (1966).

(nicht in den Grampians) festgestellt, daß Dolomit + Quarz noch in der 1.2- und sogar noch in der höhertemperierten 1.3-Subfazies beständig sind und erst mit Beginn der Almandin-Amphibolitfazies zu Tremolit + Calcit reagieren; dies ist ein Hinweis für besonders großen Gasdruck und hohes X_{CO_2} während der Metamorphose.

Calcit reagiert noch längst nicht bei diesen Temperaturen mit Quarz, aber mit Chlorit und Quarz reagiert Calcit zu Aktinolith und Epidot. Es läuft etwa folgende Reaktion ab:

$$3\ \text{Chlorit} + 10\ \text{Calcit} + 21\ \text{Quarz} \rightleftarrows 3\ \text{Aktinolith} + 2\ \text{Epidot}$$
$$+ 8\ H_2O + 10\ CO_2\,.$$

Setzen wir wieder für den Chlorit die Zusammensetzung eines Prochlorits, dann lautet die Gleichung:

$$3\ (Mg,\ Fe)_5 Al[(OH)_8/AlSi_3O_{10}] + 10\ CaCO_3 + 21\ SiO_2 \rightleftarrows$$
$$3\ Ca_2(Mg,\ Fe)_5[(OH)_2/Si_8O_{22}] + 2\ Ca_2Al_3[O(OH)/Si_2O_7/SiO_4]$$
$$+ 8\ H_2O + 10\ CO_2\,.$$

Experimentell ist dieses bivariante Gleichgewicht noch nicht untersucht worden, aber es ist anzunehmen, daß bei $X_{CO_2} = \text{const}$ die Gleichgewichtstemperaturen bei verschiedenem Gasdruck nur wenig verschieden sind. Außerdem wird bei $P_f = \text{const}$ die Gleichgewichtstemperatur in einem mittleren Bereich von X_{CO_2} nur geringe Unterschiede aufweisen, weil die isobare Gleichgewichtskurve bei $X_{CO_2} = 0,56$ ein Maximum durchschreiten muß.

Die in dieser Quarz-Albit-Epidot-Biotit-Subfazies auftretenden Mineralvergesellschaftungen können wieder aus dem ACF- und dem A'FK-Diagramm der Fig. 24 abgelesen werden. Einige häufige Mineralparagenesen sind:

Aus Tonen:
Muskovit + Quarz + Chlorit ± Pyrophyllit ± Paragonit ± Epidot;
    in Pyrophyllit-freien Partien Albit; wie bei B 1.1.
Muskovit + Chlorit + Quarz ± Chloritoid ± Epidot.
Muskovit + Biotit + Chlorit + Quarz + Albit ± Epidot;
    in Albit-freien Lagen Pyrophyllit möglich.

Aus Mergeln:
Epidot + Tremolit + Chlorit + Quarz ± Albit ± Muskovit ± Biotit,
Calcit + Epidot + Tremolit ± Quarz.

Aus kieseligen carbonatischen Gesteinen:
Calcit + Tremolit ± Quarz ± Epidot.

Aus gabbroiden Gesteinen:
Chlorit + Aktinolith + Epidot + Albit + Titanit ± Quarz ± Biotit.

Aus Ultrabasiten:
Talk + Aktinolith + Chlorit ± Biotit ± Quarz.

Statt Talk entsteht Serpentin in der Grünschieferfazies, wenn zuwenig SiO_2 vorhanden ist. Bei Anwesenheit CO_2-haltiger Gasphasen von $X_{CO_2} > 0,05$ wird aus Serpentin + CO_2 Talk + Magnesit gebildet, was in dem ganzen Bereich der Grünschieferfazies geschieht; siehe Abschnitt 4.1.

B 1.3 Quarz-Albit-Epidot-Almandin-Subfazies

Diese Subfazies entspricht der Albit-Epidot-Amphibolit-Fazies TURNERs (1948) und dem höhertemperierten Teil der Epidot-Amphibolitfazies Es-KOLAs (1939); von FYFE, TURNER und VERHOOGEN (1958) wurde sie wie oben umbenannt und als höchsttemperierte Subfazies mit in die Grün-schieferfazies eingeschlossen. Hierfür war es ausschlaggebend, daß noch kein An-reicherer Plagioklas, sondern noch Albit in Ca-führenden Gesteinen auftritt; häufig hat man beobachtet, daß ein Plagioklas mit mehr als 7% An-Komponente hier — wie in den anderen Subfazies der Grünschiefer-fazies — noch nicht stabil ist, sondern erst bei höheren Temperaturen. Auch Chloritoid ist hier in geeignet zusammengesetzten Gesteinen beständig. Fer-ner kann in der Quarz-Albit-Epidot-Almandin-Subfazies — wie sonst auch in der Grünschieferfazies — noch Chlorit auftreten, wenn auch der hier noch stabile Chlorit nur ein Mg-Chlorit, kein (Fe, Mg)-Chlorit ist. Mg-Chlorit tritt u. a. in Paragenese mit den Mg-armen, aber Fe-reichen Mineral-arten Chloritoid und Almandin auf. Das ist aus Fig. 25 nicht ablesbar, und hier ist es wieder deutlich, daß MgO und FeO nicht als eine sich beliebig, diadoch vertretende (Mg, Fe)O-Komponente zu betrachten sind, sondern vielmehr als zwei Komponenten gezählt werden müssen; dies ist in Fig. 26 geschehen. Aus Fig. 26 erkennt man dann auch die Möglichkeit der Para-genese Chlorit + Chloritoid + Almandin. Almandin-reicher Granat tritt hier erstmals auf; er bleibt bis zur höchsttemperierten Metamorphose erhalten.

Unterschieden wird diese höchsttemperierte Subfazies von den anderen Subfazies der Grünschieferfazies durch das Auftreten des Fe^{2+}-reichen *Alman-din-reichen Granats* anstelle von Fe-führendem Chlorit in ehemaligen Tonen und durch das Auftreten von Al-führendem Amphibol, d. h. von *Horn-blende,* statt Aktinolith vor allem in ehemals gabbroiden Gesteinen (siehe Fig. 25). Es werden also in dieser Subfazies bereits Hornblende-führende Metamorphite, d. h. Amphibolite, gebildet; aber zum Unterschied von den in höheren Graden der Metamorphose gebildeten Amphiboliten ist kein

F. J. TURNER: Geol. Soc. Amer. Memoir 30 (1948).
P. ESKOLA in BARTH-CORRENS-ESKOLA: Die Entstehung der Gesteine. Berlin 1939.
W. S. FYFE, F. J. TURNER und J. VERHOOGEN: Geol. Soc. Amer. Memoir 73 (1958).

An-reicherer Plagioklas, sondern nur Albit mit der Hornblende vergesellschaftet. Das gilt auch für den Almandin-reichen Granat. — Ferner sei bemerkt, daß hier in wenigen Fällen auch bereits Disthen (statt Pyrophyllit)

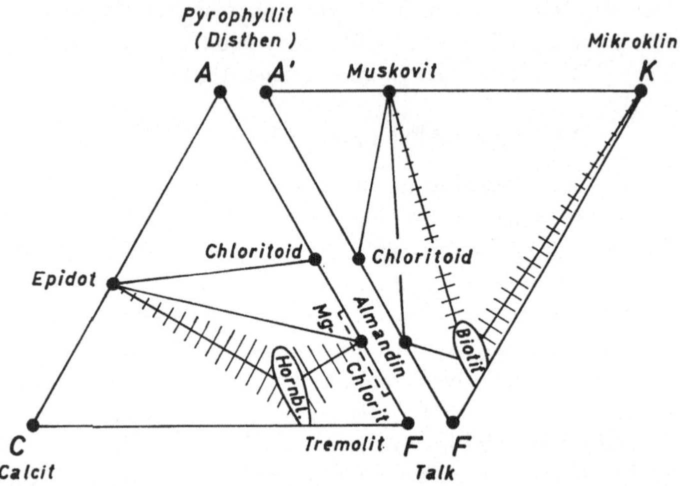

Fig. 25 (B 1.3). Quarz-Albit-Epidot-Almandin-Subfazies der Grünschieferfazies.
Paragonit kann auch auftreten. Disthen ersetzt Pyrophyllit nur im höchsttemperierten Bereich dieser Subfazies

festgestellt worden ist. Disthen kann nur im höchsttemperierten Bereich
dieser Subfazies erstmalig aus Pyrophyllit entstehen; für diesen Bereich ist
folgende Paragenese kennzeichnend:
Disthen + Chloritoid + Chlorit + Quarz + Muskovit ± Paragonit ± Rutil.
Aus Fig. 26 — nicht aus Fig. 25 — ist diese Paragenese ablesbar. Sie ist in
Central Vermont von ALBEE (1965) und in der alpidischen Metamorphose
der Slowakei von VRÁNA (1964) entdeckt worden. Somit ist es jetzt ganz
sicher, daß Disthen (analog wie Andalusit) bereits etwas vor Beginn der
Amphibolitfazies im höchsttemperierten Bereich der Grünschieferfazies auf-
treten kann.
    Der Eintritt in die Quarz-Albit-Epidot-Almandin-Subfazies, der dem
Eintritt in die Granatzone der Petrographen Schottlands entspricht, wird
also vor allem durch folgende zwei Reaktionen gekennzeichnet:
Fe-Mg-Chlorit + Quarz → Almandin + Mg-Chlorit,
Chlorit + Tremolit/Aktinolith + Epidot + Quarz → Hornblende.
Die häufigsten Paragenesen dieser Subfazies sind:
Aus Tonen:
Muskovit ± Pyrophyllit oder Disthen ± Chloritoid + Quarz + Mg-Chlorit ±
± Epidot,

S. VRÁNA: Krystallinikum 2, 125—140, Prag (1964).

Muskovit ± Chloritoid + Almandin + Quarz ± Chlorit ± Epidot,
Muskovit + Biotit + Almandin + Quarz ± Chlorit + Albit ± Epidot,
Muskovit + Biotit + Quarz + Albit ± Epidot ± Mikroklin (wie bei B 1.2).

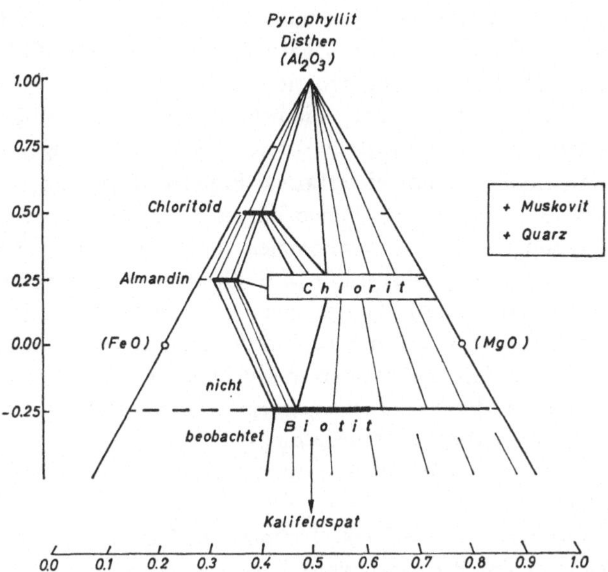

Fig. 26 (B 1.3). AFM-Diagramm der Quarz-Albit-Epidot-Almandin-Subfazies. Pyrophyllit bei niedrigeren, Disthen bei höheren Temperaturen dieser Subfazies. Man liest aus der Figur u. a. folgende Paragenesen ab: Chloritoid + Chlorit + Almandin; Chlorit + Almandin + Biotit; Disthen (oder Pyrophyllit) + Chloritoid + Chlorit; zu jeder Paragenese gehören auch noch Quarz + Muskovit. Ob die aus der Figur ablesbare Paragenese Almandin + Biotit + Kalifeldspat + Muskovit + Quarz auftreten kann, ist noch unbekannt; vielmehr ist eine Reaktion von Kalifeldspat + Almandin + Wasser zu Biotit + Muskovit + Quarz zu erwarten. In diesem Falle würde ein sehr Fe-reicher Biotit entstehen, und der Zusammensetzungsbereich der Biotite wäre folglich in Fig. 26 sehr stark nach links zu erweitern, wobei die Verbindung von Almandin zu Kalifeldspat abgeschnitten wird

Aus Mergeln:
Epidot + Hornblende ± Almandin ± Biotit ± Quarz,
Calcit + Epidot + Tremolit oder Hornblende ± Quarz.

Aus gabbroiden Gesteinen:
Hornblende + Epidot + Albit ± Almandin ± Biotit ± Quarz.

Aus Ultrabasiten:
Hornblende + Almandin + Albit ± Mg-Chlorit ± Talk.

Die Quarz-Albit-Epidot-Almandin-Subfazies stellt die höchsttemperierte Stufe der Grünschieferfazies in der Faziesserie vom Barrow-Typ dar. Über den Temperaturbereich, den die gesamte Grünschieferfazies umfaßt, gab es bisher nur Vermutungen. BARTH (1962) meinte, daß sich die hier besprochene Folge von Subfazies von 100 bis etwa 400 °C erstreckt, während TURNER und VERHOOGEN (1960) den Bereich von 300 bis etwa 500 °C für möglich halten. Wir werden später auf Grund von naturnahen Experimenten darlegen, daß die Grünschieferfazies erst bei etwa 400 °C beginnt und sich bis etwa 550 °C erstreckt, wo sie von der Amphibolitfazies abgelöst wird. Über die möglichen Drucke, die beim Barrow-Typ der Metamorphose geherrscht haben, werden ebenfalls später Überlegungen angestellt werden.

Vesuvian in der Grünschieferfazies. Ergänzend zu den besprochenen und in den ACF-A'FK-Diagrammen dargestellten Paragenesen seien noch einige Bemerkungen über das Vorkommen von *Vesuvian* gemacht. Vesuvian (Idokras), $Ca_{10}Mg_2Al_4[(OH)_4/(SiO_4)_5/(Si_2O_7)_2]$, ist aus Ca-reichen Metamorphiten der hochgradigen Kontaktmetamorphose gut bekannt, aber dieses Mineral ist keineswegs auf die Kontaktmetamorphose beschränkt. Schon TILLEY (1927) hat Vesuvian zusammen mit Diopsid u. a. in der Amphibolitfazies, nämlich in der regionalmetamorphen Granatzone vom Loch Tay (Schottland), beschrieben, und neuerdings ist von CHATTERJEE (1962) der Nachweis erbracht worden, daß Vesuvian auch in der Grünschieferfazies auftreten kann.

Es ist also nicht so, wie FYFE, TURNER und VERHOOGEN (1958, S. 224) vermuteten, daß das Auftreten von Vesuvian oder Grossular anstelle von Calcit + Epidot den Übergang von der Grünschieferfazies zur Almandin-Amphibolitfazies kennzeichnet. Für Grossular ist das richtig, aber nicht für Vesuvian. Dieses typisch metamorphe Mineral ist ein Durchläufer, welches zudem nicht nur bei hohen Drucken, sondern auch bei den wesentlich niedrigeren Drucken der Kontaktmetamorphose gebildet werden kann.

In der Grünschieferfazies kommen die Paragenesen Vesuvian + Epidot, Vesuvian + Tremolit/Aktinolith und Vesuvian + Chlorit vor; in der Amphibolitfazies tritt Vesuvian zusammen mit Grossular bzw. Diopsid auf. BRAITSCH *et al.* (1963) geben u. a. die folgenden Reaktionsgleichungen an, die wohl etwa die Grenze zwischen Grünschiefer- und Amphibolitfazies kennzeichnen. Hier bleibt ein etwaiger Überschuß an Vesuvian erhalten, so daß Vesuvian mit den Mineralen auf der rechten Seite in der Amphibolitfazies auftreten kann:

5 Vesuvian + 4 Epidot + 11 Quarz $\rightleftharpoons$ 16 Grossular + 10 Diopsid + 12 H_2O,

3 Vesuvian + 2 Tremolit + 7 Quarz $\rightleftharpoons$ 16 Diopsid + 6 Grossular + 8 H_2O,

1 Vesuvian + 1 Klinochlor + 8 Quarz $\rightleftharpoons$ 3 Anorthit + 7 Diopsid + 6 H_2O.

T. F. W. BARTH: Theoretical Petrology. New York-London 1962.

N. D. CHATTERJEE: Beitr. Mineral. u. Petrog. 8, 432—439 (1962).

O. BRAITSCH und N. D. CHATTERJEE: Beitr. Mineral. u. Petrogr. 9, 353—373 (1963).

Entsprechend der Zusammensetzung des Vesuvians sollte dieses Mineral sehr häufig bei der Metamorphose toniger Kalke auftreten; es scheint aber wohl doch nur recht selten gebildet worden zu sein. Die Gründe hierfür sind noch unbekannt. Jedenfalls muß in der Almandin-Amphibolitfazies und auch in der Grünschieferfazies damit gerechnet werden, daß Vesuvian vorkommt. (In den ACF-Diagrammen ist Vesuvian wegen seiner anscheinend geringen Verbreitung nicht mit berücksichtigt worden.)

Ein anderes, nur metamorph gebildetes Mineral ist der Ca-Glimmer *Margarit*, $CaAl_2[(OH)_2 | Al_2Si_2O_{10}]$. Es kann sich nur in Al-reichen Gesteinen bilden und ist daher selten festgestellt worden[1]. In ehemaligen Bauxiten, die bei der Metamorphose in Korund (Smirgel) + Magnetit umgewandelt worden sind, findet man auch Margarit neben Chloritoid. Einige Chloritschiefer enthalten Margarit, und HARDER (1956) beschreibt einen Muskovit-Paragonit-Granat-Schiefer, der neben Zoisit auch Margarit enthält. Dieses Mineral ist auf den Bereich der Grünschieferfazies beschränkt, was durch die Experimente von ALTHAUS und WINKLER (1962) verständlich wird; denn oberhalb $520-560\,°C$ bei 2000 Bar ist Margarit nicht mehr beständig.

8.2. Almandin-Amphibolitfazies des Barrow-Typs

Für die Almandin-Amphibolitfazies, die ebenfalls in Subfazies untergliedert wird, ist es kennzeichnend, daß in Ca-enthaltenden Gesteinen nicht mehr Albit + Ca-Al-Silikat auftritt, sondern ein Plagioklas, der mehr als mindestens 15% An-Komponente enthält. In den Amphiboliten dieser Fazies treten Plagioklas + Hornblende auf, nicht aber Albit + Hornblende wie in der Quarz-Albit-Epidot-Almandin-Subfazies der Grünschieferfazies.

Diagnostisch entscheidend für die Almandin-Amphibolitfazies sind: das Auftreten von Staurolith, von Cummingtonit oder Anthophyllit oder dem etwas Al-führenden Gedrit (die letzten drei sind Mg-Fe-Amphibole), von Grossular-Andradit und von Diopsid. Disthen ist weit verbreitet (wenn auch nicht auf diese Fazies beschränkt), und an seine Stelle tritt in dem höhertemperierten Teil der Almandin-Amphibolitfazies Sillimanit. Es kommen dagegen in der Almandin-Amphibolitfazies in Gegenwart von Quarz *nicht* mehr vor: Chlorite, Talk, Pyrophyllit und natürlich auch Stilpnomelan. Epidot und Zoisit sind durchaus noch in einem Teil dieser Fazies bestän-

---

[1] Vielleicht ist Margarit doch etwas häufiger, als man jetzt noch meint; denn eine sichere Unterscheidung von Margarit und Muskovit ist im Dünnschliff nicht leicht, insbesondere, wenn beide Glimmer miteinander vermengt sind. Röntgenographisch läßt sich die Diagnostizierung am Gesteinspulver schnell mit den starken Interferenzen bei $d=2{,}51$ und $1{,}48\,\text{Å}$ durchführen.

H. HARDER: Heidelberger Beitr. Miner. u. Petrogr. **5**, 227—269 (1956).

E. ALTHAUS und H. G. F. WINKLER: Geochim. et Cosmochim. Acta **26**, 145 bis 180 (1962).

dig, und zwar *neben* Oligoklas-Andesin, jedoch nicht neben Albit. Chloritoid scheint noch bis in den niedrigsttemperierten Bereich dieser Fazies hineinzureichen, tritt dann aber nicht mehr auf.

Die Almandin-Amphibolitfazies des Barrow-Typs wird entsprechend der Staurolith-, der Disthen- und der Sillimanitzone des Schottischen Hochlands nach FRANCIS (1956) in folgende drei Subfazies untergliedert, die der Zunahme der Temperatur entsprechen; die Nomenklatur ist hier ebenfalls von TURNER und VERHOOGEN (1960) übernommen worden:

B 2.1 Staurolith-Almandin-Subfazies,
B 2.2 Disthen-Almandin-Muskovit-Subfazies,
B 2.3 Sillimanit-Almandin-Orthoklas-Subfazies.

Kennzeichnend für den Beginn der Almandin-Amphibolitfazies ist das erste Auftreten von *Staurolith*. Im Barrow-Typ — wie auch bei Metamorphosen unter geringeren Drucken — treten außerdem Diopsid und Grossular/ Andradit mit Beginn der Amphibolitfazies auf. Vielleicht bedarf aber diese Feststellung einer Überprüfung, nachdem TROMMSDORFF (1966) festgestellt hat, daß bei der alpidischen Metamorphose in den Schweizer Zentralalpen Diopsid (und Forsterit + Calcit in quarzfreien Metamorphiten) erst *innerhalb* der Almandin-Amphibolitfazies auftritt. Das bedeutet, daß die Reaktion 1 Tremolit + 3 Calcit + 2 Quarz → 5 Diopsid + 3 CO_2 + 1 H_2O unter anscheinend sehr hohem P_f bei deutlich höherer Temperatur verläuft als die Staurolithbildung. Das sollte man auch schon unter den Bedingungen des Barrow-Typs erwarten, muß aber noch genau überprüft werden.

B 2.1 Staurolith-Almandin-Subfazies

Das einzige Merkmal zur Unterscheidung der B 2.1-Subfazies von der folgenden B 2.2-Subfazies ist das Auftreten von Staurolith in B 2.1. Staurolith kommt bei Metamorphosen unter geringem, mittlerem und hohem H_2O-Druck vor, so daß Andalusit oder Disthen neben Staurolith auftreten. In der B 2.1-Subfazies des Barrow-Typs kommt natürlich Disthen neben Staurolith vor, wenn der Chemismus geeignet ist.

Dem Chemismus des Gesteins kommt eine besondere Bedeutung zu, damit sich überhaupt Staurolith bilden kann; die chemischen Bedingungen sind ähnlich, aber nicht ganz so eng begrenzt wie für die Bildungsmöglichkeiten von Chloritoid (HOSCHEK, 1967). Das erkennt man auch daran, daß Biotit neben Staurolith, nicht dagegen neben Chloritoid auftreten kann. Es gibt daher im Bereich von Peliten und Psammiten häufiger den geeigneten Chemismus für die Bildung von Staurolith als von Chloritoid; Staurolith ist häufiger als Chloritoid. Infolgedessen ist beim Übergang von der Grünschiefer- in die Amphibolitfazies Staurolith nicht nur aus dem Abbau von

---

G. H. FRANCIS: Geol. Mag. **93**, 353—368 (1956).

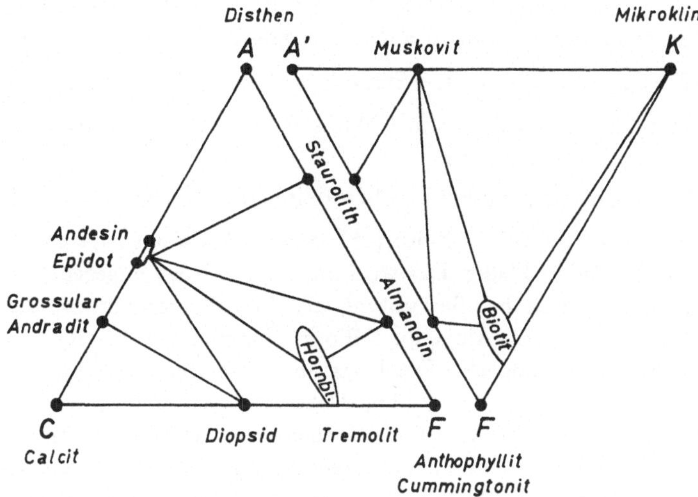

Fig. 27 (B 2.1). Staurolith-Almandin-Subfazies der Almandin-Amphibolitfazies. Paragonit kann auftreten. Auch Chloritoid kann noch neben Staurolith im Übergangsbereich von B 1.3 zu B 2.1 vorkommen. — Biotit ist neben Disthen und/oder Staurolith häufig beobachtet worden, was nicht aus dieser, aber aus Fig. 28 ablesbar ist

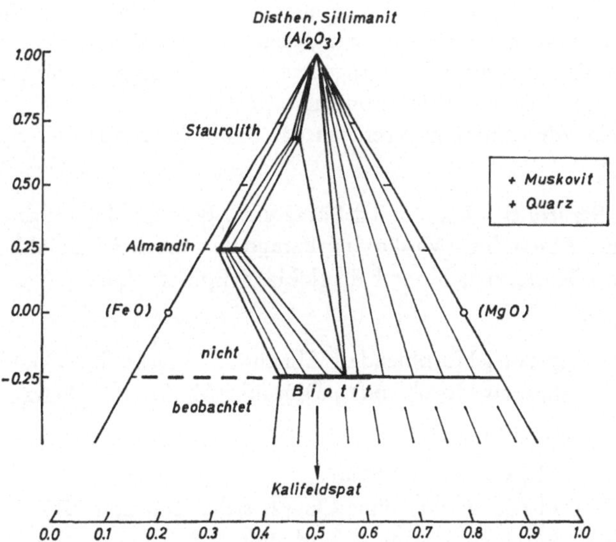

Fig. 28. AFM-Diagramm der Staurolith-Almandin-Subfazies

Chloritoid, sondern mit Sicherheit auch in anderen Reaktionen gebildet worden. Am häufigsten ist wahrscheinlich folgende Reaktion abgelaufen:

Fe-reicher Chlorit + Muskovit → Staurolith + Biotit + Almandin + H_2O.

Dazu tritt bei Anwesenheit von Chloritoid in der Grünschieferfazies wohl vor allem folgende Reaktion:

Chloritoid + Chlorit + Muskovit → Staurolith + Biotit + Almandin + H_2O.

Die Paragenese Staurolith + Biotit + Almandin + Muskovit + Quarz + Plagioklas ist besonders häufig. Das wird nicht nur aus den angegebenen Reaktionen, sondern auch bei Betrachtung der Fig. 28 verständlich; denn das Teildreieck Staurolith — Almandin — Biotit nimmt einen besonders großen Bereich der Darstellung ein. Die Koexistenz von Biotit mit Staurolith ist wohl aus Fig. 28, nicht aber aus Fig. 27 zu erkennen, und die ebenfalls beobachtete Koexistenz von Biotit mit Disthen und von Almandin mit Disthen auch nicht. Dies ist wiederum ein überzeugendes Beispiel für die Nützlichkeit der Verwendung eines AFM-Diagramms. Abgesehen von den erwähnten Beispielen gibt dann die Fig. 27 die Paragenesen richtig an und zeigt dabei Mineralvergesellschaftungen, die nicht in Fig. 28 darstellbar sind. Man sieht, daß die Kombination beider Darstellungsarten sehr nützlich ist.

Für die Subfazies 2.1 und die nächsthöher temperierte Subfazies 2.2 des Barrow-Typs ist es kennzeichnend, daß in ehemaligen gabbroiden Gesteinen Epidot neben Oligoklas — Andesin (meistens An 25 bis An 40) vorkommt. Von TURNER und VERHOOGEN (1960) wird diese Koexistenz auf einen hohen Druck zurückgeführt. Es ist aber durchaus fraglich, ob diese Bedingung wirklich vorgelegen haben muß, denn auch bei der Metamorphose vom Abukuma-Typ kommt jene Paragenese vor; allerdings nicht bei den sehr niedrigen Drucken der Kontaktmetamorphose.

Beispiele für Mineralparagenesen der Subfazies B 2.1:

Aus Tonen:

Disthen + Staurolith + Muskovit ± Paragonit + Biotit ± Plagioklas + Quarz,
Staurolith + Almandin + Muskovit ± Paragonit + Biotit ± Plagioklas + Quarz,
Almandin + Muskovit + Biotit ± Plagioklas ± Epidot + Quarz (wie B 2.2).

Aus Mergeln:

Plagioklas + Epidot + Hornblende ± Almandin ± Muskovit ± Quarz,
Plagioklas + Epidot + Hornblende + Diopsid ± Muskovit ± Quarz.

Aus kieseligen Carbonaten:

Calcit + Diopsid + Grossular ± Quarz,
Calcit + Diopsid + Tremolit [ohne Quarz; siehe Reaktion (5)];
     Phlogopit bildet sich, wenn K vorhanden ist.
     Bei nicht genügender Menge an SiO_2 im Gestein kann sich auch Forsterit
     neben z. B. Calcit + Diopsid bilden; vgl. Fig. 5.

Aus gabbroiden Gesteinen:

Hornblende + Plagioklas + Epidot ± Almandin ± Biotit ± Quarz,
Hornblende + Plagioklas + Epidot ± Diopsid.

Aus Ultrabasiten:

Hornblende + Almandin + Cummingtonit oder Anthophyllit oder Gedrit.

Erwähnt sei noch, daß bisweilen und nicht auf diese Subfazies beschränkt an Stelle von Plagioklas ein *Skapolith* tritt. Diese Ca-Na-Alumosilikat-Mischkristalle, welche neben OH auch CO_3, SO_4 und Cl enthalten, zeigen sehr einprägsam, daß nicht nur H_2O und CO_2, sondern auch Säuren und Salze bei der regionalen Metamorphose zugegen gewesen sein müssen. Skapolithe sind Mischkristalle zwischen
Marialith $Na_8[(Cl_2, SO_4, CO_3, (OH)_2) \mid (AlSi_3O_8)_6]$ und
Mejonit $Ca_8[(Cl_2, SO_4, CO_3(OH)_2)_2 \mid (Al_2Si_2O_8)_6]$.

Wenn bei den physikalischen Bedingungen der Subfazies B 2.1 die chemischen Voraussetzungen für die Bildung von Staurolith nicht vorgelegen haben, dann kann man die B 2.1- nicht von der B 2.2-Subfazies unterscheiden.

B 2.2 Disthen-Almandin-Muskovit-Subfazies

In der metamorphen Faziesserie des Barrow-Typs, bei deren Ausbildung ein hoher Druck wirksam war, wird mit steigender Temperatur die Staurolith-Zone durch die Disthen-Zone abgelöst; Staurolith ist jetzt *nicht* mehr vorhanden, und man ist seit langer Zeit der Meinung, daß Staurolith in Gegenwart von Quarz nicht mehr stabil bei der nunmehr gesteigerten Temperatur ist, sondern nach der angenommenen Reaktion

$$3 \text{ Staurolith} + 2 \text{ Quarz} \rightleftharpoons 1 \text{ Almadin} + 5 \text{ Disthen} + 3 \text{ } H_2O$$

reagiert. Wahrscheinlicher jedoch ist es — worauf CHINNER (1965) hinwies —, daß „staurolite disappears by reaction with other phases long before it becomes incompatible with quartz". Folgende Reaktion dürfte begründet sein:

$$\text{Staurolith} + \text{Muskovit} + \text{Biotit}_1 + \text{Quarz} \rightarrow$$
$$Al_2SiO_5 + \text{Fe-reicherer Biotit}_2 + H_2O.$$

Wenn zuwenig oder kein Muskovit im Metamorphit vorhanden ist, dann muß die vorher genannte Reaktion erfolgen, wobei auch Almandin zusätzlich gebildet wird.

Das Verschwinden von Staurolith bedingt den einzigen Unterschied der B 2.2-Subfazies zur B 2.3-Subfazies. Das ACF-A′FK-Diagramm der Disthen-Almandin-Muskovit-Subfazies, Fig. 29, ergibt sich aus demjenigen der

---

G. A. CHINNER: Miner. Mag. **34**, 132—143 (1965).

Staurolith-Almandin-Subfazies, wenn man sich die Verbindungslinie Staurolith—Epidot und die Verbindungslinie Staurolith—Muskovit wegdenkt. Es ist offensichtlich, daß in der B 2.2-Subfazies Disthen viel häufiger angetroffen wird als in der B 2.3-Subfazies; denn der Bereich chemischer Zusammensetzungen, aus denen sich Disthen bilden kann, ist in B 2.2 viel größer. Auch in dieser Subfazies tritt noch Epidot neben Plagioklas, An 25 bis An 45, auf.

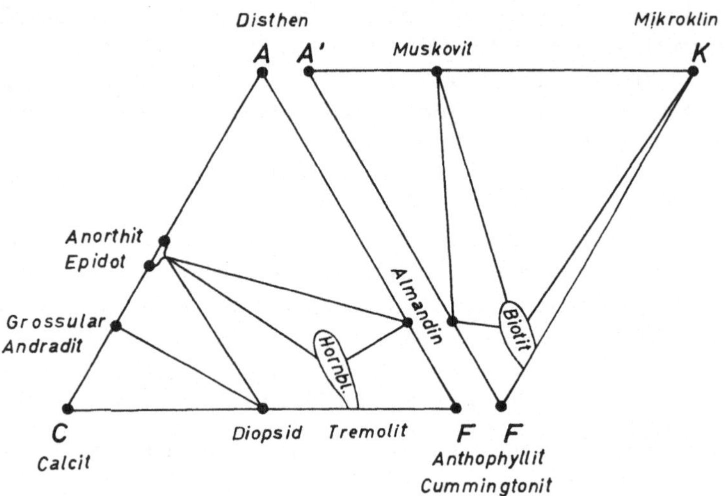

Fig. 29 (B 2.2). Disthen-Almandin-Muskovit-Subfazies der Almandin-Amphibolitfazies. Biotit kann neben Disthen auftreten, was aus dieser Darstellung nicht ersichtlich ist

Beispiele für Mineralparagenesen:

Aus Tonen:

Disthen + Almandin + Biotit + Muskovit + Quarz + Plagioklas ± Epidot,
Almandin + Muskovit + Biotit + Quarz + Plagioklas ± Epidot (wie bei B 2.1).

Die Metamorphite aus den anderen Ausgangsgesteinen sind wie bei der Staurolith-Almandin-Subfazies zusammengesetzt.

B 2.3 Sillimanit-Almandin-Orthoklas-Subfazies

Gekennzeichnet wird der Beginn dieser höchsttemperierten Subfazies durch die Instabilität des Muskovits in Gegenwart von Quarz; bis zu dieser Subfazies ist Muskovit ein „Durchläufer", der von dem niedrigsttemperierten Teil der Grünschieferfazies (und bereits vorher) bis in den hochtemperierten Bereich der Amphibolit-Fazies vorhanden ist und erst in der höchsttemperierten Subfazies verschwindet. In K-reicheren, aus Peliten entstandenen Metamorphiten ist Muskovit ein Hauptgemengteil, dessen Anwesenheit völlig uncharakteristisch für den Grad der Metamorphose ist. Das *völlige Verschwinden* des Muskovits bei Anwesenheit von Quarz ist aber sehr kritisch. Es kennzeichnet den Beginn der Sillimanit-Almandin-Orthoklas-Subfazies. Auch in anderen metamorphen Faziesserien, die bei einem größeren geothermischen Gradienten entstanden sind, kennzeichnet das völlige Verschwinden des Muskovits die höchsttemperierte Subfazies der Amphibolitfazies; ebenfalls ist mit dem Beginn der bei noch niedrigeren Drucken entstandenen höchsttemperierten Hornfelsfazies, mit Beginn der Kalifeldspat-Cordierit-Hornfelsfazies, Muskovit + Quarz nicht mehr beständig. In dem gesamten Druckbereich der Metamorphosen, von der Kontaktmetamorphose bis zur unter hohen Drucken abgelaufenen Regionalmetamorphose vom Barrow-Typ, kann also der Zustand erreicht werden, daß durch Steigerung der Temperatur Muskovit völlig verschwindet. Das geschieht u. a. in der bereits bei der Kalifeldspat-Cordierit-Hornfelsfazies im Abschnitt 6.2. besprochenen Reaktion (27):

$$1\ \text{Muskovit} + 1\ \text{Quarz} \rightleftharpoons 1\ \text{Orthoklas} + 1\ \text{Sillimanit} + 1\ H_2O.$$

Auch die folgende komplexere Reaktion, welche GUIDOTTI (1963) aus petrographischen Beobachtungen geschlossen hat, muß hier berücksichtigt werden:

Muskovit + Quarz + Na-reicher Plagioklas $\rightleftharpoons$
Sillimanit + Na-haltiger Alkalifeldspat + Ca-reicherer Plagioklas + H_2O.

Ferner findet analog zu der im Abschnitt 6.2. angegebenen Reaktion (28) bei der Metamorphose vom Barrow-Typ eine Reaktion zwischen Muskovit, Biotit und Quarz statt, wobei zum Unterschied von Reaktion (28) infolge des hohen Druckes nicht Cordierit, sondern Granat neben Kalifeldspat (und Sillimanit) gebildet wird. Folgende Reaktion wird ablaufen:

$$1\ \text{Muskovit} + 1\ \text{Biotit} + 3\ \text{Quarz} \rightleftharpoons 1\ \text{Almandin} + 2\ \text{K-Feldspat} + 2\ H_2O.$$

Überschüssige Mengen an Muskovit und Quarz ergeben Kalifeldspat + Sillimanit + H_2O. Durch diese Reaktionen wird innerhalb der Faziesserie vom Barrow-Typ erstmalig die kritische Koexistenz von Almandin-reichem Granat mit Orthoklas und von Sillimanit mit Orthoklas möglich.

Die zuletzt genannte Reaktion ist bisher experimentell noch nicht untersucht worden. Aus der Reaktion (28) aber, die ja auch die maximale Temperatur der Stabilität von Muskovit in Gegenwart von Biotit und Quarz angibt, wissen wir auf Grund von Arbeiten am hiesigen Institut, daß bei 4000 Bar H_2O-Druck 690 °C erreicht werden müssen, damit Muskovit völlig verschwindet. Bei den höheren Drucken des Barrow-Typs und anderer

---

C. V. GUIDOTTI: Amer. Miner. 48, 772—791 (1963).

Faziesserien, bei denen sich kein Cordierit, sondern Almandin bildet, werden meistens 675—700 °C überschritten worden sein, wenn Muskovit nicht mehr beständig ist (siehe Abschnitt 15.2). Unter diesen Bedingungen kann bereits eine partielle Verflüssigung (Anatexis) in Gneisen stattfinden.

Bei der Faziesserie des Barrow-Typs wird der Übergang zur höchsttemperierten Subfazies nicht nur charakterisiert durch das vollständige Verschwinden von Muskovit (wenn Quarz neben Muskovit vorlag), sondern auch dadurch, daß jetzt erst Sillimanit an Stelle von Disthen bzw. aus dem Abbau des Muskovits [1] auftritt. Gleichzeitig mit dem Beginn der Sillimanit-Almandin-Orthoklas-Subfazies erfolgt also auch die Modifikationsänderung von Disthen in Sillimanit infolge der gestiegenen Temperatur. Das ist charakteristisch für den Barrow-Typ der Metamorphose.

Wenn jedoch bei einer *anderen* Faziesserie der Druck etwas geringer war, dann wandelt sich Disthen schon bei niedrigerer Temperatur in Sillimanit um, so daß Muskovit mit Sillimanit zusammen auftreten kann; das ist die sogenannte 1. Sillimanitzone, und die 2. Sillimanitzone liegt dann vor, wenn durch die Reaktion von Muskovit + Quarz eine weitere Menge an Sillimanit gebildet wird. Wenn der Druck noch geringer ist, d. h., wenn er geringer als zur Bildung von Disthen erforderlich ist, dann bildet sich in der Amphibolitfazies statt Disthen der Andalusit, der im höhertemperierten Bereich der Metamorphose sich in Sillimanit umwandelt; auch diese Umwandlung geschieht bereits bei einer Temperatur, bei der Muskovit noch beständig ist, so daß dann auch Muskovit + Sillimanit koexistieren können. Bei sehr geringen Drucken der Kontaktmetamorphose hingegen wandelt sich Andalusit in Sillimanit erst im höchsttemperierten Teil der Kalifeldspat-Cordierit-Hornfelsfazies um, *nachdem* Muskovit instabil geworden ist. Diese Verhältnisse werden verständlich, wenn wir später den Verlauf der stark druckabhängigen Gleichgewichtskurven von Andalusit/Sillimanit und von Disthen/Sillimanit in bezug auf die Stabilitätskurve von Muskovit + Quarz in Abhängigkeit von Temperatur und Druck betrachten werden.

Beim Schritt von der B 2.2- zur B 2.3-Subfazies verschwindet auch Epidot vollständig; Epidot und Quarz reagieren nach folgender Reaktion:

$$\text{Epidot} + \text{Quarz} \rightarrow \text{Anorthit} + \text{etwas Grossular/Andradit-}$$
$$\text{Mischkristall} + \text{etwas Hämatit} + H_2O.$$

Diese Reaktion ist von NITSCH und WINKLER (1965) experimentell untersucht worden, wobei sich ergab, daß oberhalb etwa 2000 Bar H_2O-Druck die Gleichgewichtstemperatur nur noch wenig vom Druck abhängig ist und bei einem Druck von 6 Kilobar bei etwa 680 °C liegt. Beim Barrow-Typ der Metamorphose haben sehr hohe Drucke geherrscht, so daß jene Tempe-

---

[1] A. HARKER: Metamorphism. London 1939, S. 228.
K. H. NITSCH und H. G. F. WINKLER: Beitr. Miner. Petrol. 11, 470—486 (1965).

ratur einen ersten Hinweis für den Beginn der Sillimanit-Almandin-Orthoklas-Subfazies darstellt.

Durch das Reagieren des Epidots wird Anorthit gebildet. Wenn vorher
in der B 2.2-Subfazies Epidot + Plagioklas vorgelegen haben, dann ist in
der B 2.3-Subfazies infolge jener Reaktion der Plagioklas sprunghaft reicher an Anorthitkomponente geworden; denn der bereits vorhandene Plagioklas nimmt die neugebildete Anorthitkomponente im Mischkristall auf.
Bemerkt sei hier, daß der monokline Epidot sich ganz anders verhält als
der orthorhombische, nahezu Fe^{3+}-freie Zoisit. Die zitierte experimentelle
Arbeit zeigt, daß es einen Bereich hoher Drucke und hoher Temperaturen
gibt, in dem Orthozoisit noch existieren kann, Epidot jedoch nicht mehr.

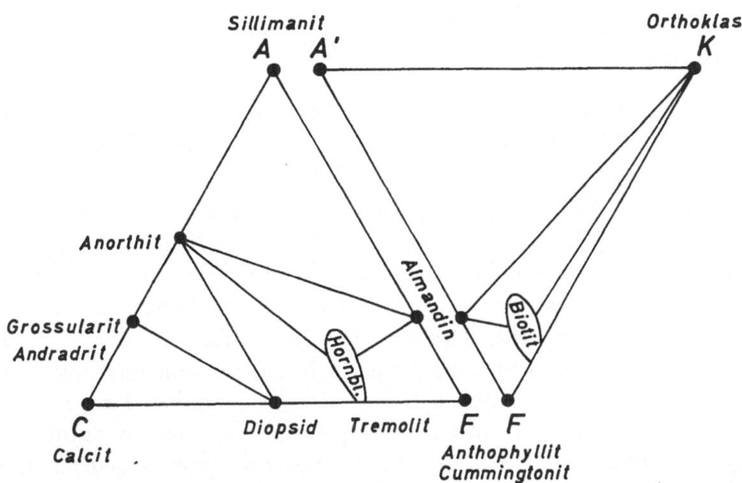

Fig. 30 (B 2.3). Sillimanit-Almandin-Orthoklas-Subfazies der Almandin-Amphibolitfazies (Epidot + Plagioklas sind hier nicht mehr beständig)

Einige Mineralparagenesen von Metamorphiten der Sillimanit-Almandin-Orthoklas-Subfazies sind folgende:

Aus Tonen:

Quarz + Sillimanit + Almandin + Orthoklas ± Plagioklas;
oft tritt dazu etwas Biotit, weil das Mg nicht vollständig vom Almandin-
reichen Granat aufgenommen werden kann.
Quarz + Almandin + Biotit + Orthoklas ± Plagioklas.

Aus Mergeln:

Plagioklas + Hornblende + Almandin + Quarz ± Biotit ± Orthoklas,
Plagioklas + Hornblende + Diopsid + Quarz ± Biotit ± Orthoklas,
Plagioklas + Grossular/Andradit + Diopsid + Quarz.

Aus kieseligen Carbonaten:

Calcit + Diopsid + Quarz ± Grossular,
Calcit + Diopsid + Tremolit (ohne Quarz),
Calcit + Diopsid + Forsterit (ohne Quarz).

Aus gabbroiden Gesteinen:

Hornblende + Plagioklas ± Diopsid ± Quarz,
Hornblende + Plagioklas + Almandin ± Quarz.

Aus Ultrabasiten:

Anthophyllit, Cummingtonit oder Gedrit + Hornblende + Almandin ±

Plagioklas,

Cummingtonit + Tremolit,
Olivin + Hornblende + Pleonast (bei Defizit an Kieselsäure),
(Pleonast ist ein Spinell, $MgAl_2O_4$, der viel Fe^{3+} statt Al enthält).

In der Faziesserie vom Barrow-Typ sind unter hohem Druck von wahrscheinlich 8 — 9 Kilobar mit der Ausbildung der Sillimanit-Almandin-Orthoklas-Subfazies Temperaturen um 700 °C erreicht und überschritten worden. Auch bei den Reaktionen, die zu dieser höchsttemperierten Subfazies führen, ist durch den Abbau des Muskovits und des Epidots wieder H_2O freigeworden. Nun können aber quarz- und feldspatführende Gneise selbst bei Gegenwart nur geringer Mengen von H_2O teilweise flüssig (Anatexis) werden, wenn bei jenen hohen Drucken eine Temperatur von etwa 640 °C erreicht ist; es richtet sich nach der mineralogischen Zusammensetzung der Feldspäte eines Gneises, ob bereits bei jener niedrigstmöglichen Temperatur oder erst bei etwa 20 — 40 °C höherer Temperatur die Anatexis beginnt; siehe später, Abschnitt 16.1. Jedenfalls besteht innerhalb eines ausgedehnten hochgradigen metamorphen Terrains die große Wahrscheinlichkeit, ja die Sicherheit, daß geeignete Gneise vorliegen, die sich dann teilweise verflüssigen müssen, und hierbei verschwindet — wie später gezeigt wird — jeglicher Muskovit. Auf diese Art werden Migmatite gebildet, zu denen auch Erscheinungen gehören können, die man als dünne lit-par-lit-Injektionen flüssiger Schmelzen beschrieben hat. Ganz allgemein ist festgestellt worden, daß jedes hochgradig regionalmetamorphe Gebiet auch ein Migmatitgebiet ist und in der Regel auch größere granitische Intrusionen enthält, deren Herkunft aus großräumiger Anatexis in etwas größerer Tiefe am wahrscheinlichsten ist. In den Grampian Highlands erstreckt sich die „central area of regional injection and migmatisation" über den ganzen Bereich der Disthen- und Sillimanitzone [1], d. h. über den Bereich der B 2.2-Disthen-Almandin-Muskovit- und der B 2.3-Sillimanit-Almandin-Orthoklas-Subfazies. Es ist dies eine wichtige Beobachtung, die wiederholt werden soll, nämlich, daß unter dem

---

[1] Siehe Fig. 5 in W. Q. KENNEDY: Geolog. Mag. 86, 43—56 (1949).

hohen Druck der Barrow-Faziesserie Migmatitbildung, die wir überwiegend auf partielle Verflüssigung von Gneisen, also auf beginnende Anatexis zurückführen, nicht nur in der Sillimanit-Zone, sondern auch in der Disthen-Zone erfolgt ist. Das gilt für andere metamorphe Gebiete genauso, wenn sie unter entsprechend hohen Drucken entstanden sind.

Die Disthenzone, die Disthen-Almandin-Muskovit-Subfazies, erreicht mit ihrer Obergrenze um so höhere Temperaturen, je größer der Druck während der Metamorphose war; das folgt aus der stark druck- und temperaturabhängigen Disthen-Sillimanit-Gleichgewichtskurve, die im Abschnitt 15.2 diskutiert und graphisch dargestellt ist. Es ist daher nicht verwunderlich, wenn mindestens im höhertemperierten Bereich der Disthenzone auch regionale Migmatisationen angetroffen werden; die Temperatur kann dort durchaus Temperaturen um 650 °C erreicht haben. Jedenfalls ist die Vorstellung, daß eine „mesozonale" Metamorphose mit Disthenbildung *nur* relativ niedrige Temperaturen erreicht hätte, nicht richtig. Disthen kann schon um 550 °C in sog. „mesozonalen", aber durchaus auch noch um 650 bis 700 °C in „katazonalen" Metamorphiten vorkommen; je höher der Druck während der Metamorphose, um so höher ist die Temperatur, bis zu der Disthen bestehen kann, um dann schließlich bei weiterer Temperatursteigerung in Sillimanit umgewandelt zu werden.

9. Faziesserie vom Abukuma-Typ

9.1. Regionalmetamorphe Faziesserie

Diese Faziesserie ist im Abukuma-Ryoke-Gürtel, der sich über 1300 km Länge erstreckt, ausgebildet. Sie umfaßt den gleichen Temperaturbereich wie diejenige vom Barrow-Typ, aber sie ist unter viel geringeren Drucken entstanden. Die sehr wesentlichen mineralogischen Unterschiede zu den Metamorphiten des Barrow-Typs sind bereits im Abschnitt 7.2.2. genannt worden, und dort ist auch auf die Ähnlichkeiten zu den besprochenen Hornfelsfazies hingewiesen worden. Gewisse Unterschiede sind jedoch zu jenen Hornfelsfazies vorhanden, die auf einen etwas größeren Druck zurückgeführt werden können.

Der Abukuma-Typ repräsentiert eine regional ausgedehnte Faziesserie, die unter einem besonders geringen Druck entstanden ist, d. h., sie hat sich nur dort entwickeln können, wo durch eine extrem starke Aufheizung eines Krustenteils ca. 700 °C in nur etwa 8−11 km Tiefe erreicht worden sind. Das scheint ein unwahrscheinlich großer geothermischer Gradient im Ryoke-Abukuma-Gürtel Japans zur Zeit der kretazischen Metamorphose und Orogenese zu sein, aber so unwahrscheinlich ist das gar nicht, weil man auch heute in Japan Gebiete mit fast so großem geothermischen Gradienten kennt (siehe Abschnitt 15.3).

Die Gliederung der Faziesserie in Grünschieferfazies und Cordierit-Amphibolitfazies und ihre Untergliederungen in Subfazies ist bereits im Abschnitt 7.2.2. angegeben worden. Bemerkt sei, daß die Grenze zwischen der Grünschieferfazies und der Amphibolitfazies hier nicht durch das Verschwinden der Assoziation Epidot+Albit (wie im Barrow-Typ) gekennzeichnet ist, denn diese Assoziation verschwindet bei den geringen Drucken des Abukuma-Typs noch innerhalb der Grünschieferfazies. Jene Grenze wird — wie auch beim Barrow-Typ — durch das Verschwinden von Chlorit in Gegenwart von Quarz mit Beginn der Amphibolitfazies gekennzeichnet. Außerdem treten hier, wie im Barrow-Typ, neue Minerale auf, wie Diopsid, Grossular/Andradit, auch Staurolith muß bei geeigneter Zusammensetzung erwartet werden, und weit verbreitet und kennzeichnend ist das jetzt erfolgende Auftreten von Cordierit.

Nunmehr seien die ACF-A′FK-Diagramme der Faziesserie mit steigender Temperatur aneinandergereiht. Die Diagramme sind auf Grund der umfassenden Arbeiten von MIYASHIRO (1958) und von SHIDO (1958) konstruiert worden. Die Bezeichnungen der Subfazies, die nicht mit der von MIYASHIRO (1958) gegebenen Zoneneinteilung A bis C identisch sind, werden hier erstmals vorgeschlagen, wobei darauf geachtet wurde, daß kritische Mineralparagenesen namengebend sind.

Nachdem an Hand der ACF-A'FK-Diagramme die mannigfachen Mineralparagenesen der verschiedenen Subfazies des Barrow-Typs und der Hornfelsfazies dargestellt worden sind, dürfte sich das für den Abukuma-Typ erübrigen; man kann sie sich jetzt selbst ableiten. Nur einige häufige Paragenesen werden angegeben, und durch Erläuterungen unter jedem Diagramm wird auf Besonderheiten und Querbeziehungen zu den bisher besprochenen Faziesserien hingewiesen.

A 1.1 Quarz-Albit-Muskovit-Biotit-Chlorit-Subfazies

Diese niedrigsttemperierte Subfazies ist hinsichtlich der Mineralparagenesen identisch mit der Albit-Epidot-Hornfelsfazies und auch mit der B 1.2-Quarz-Albit-Biotit-Subfazies; denn nach allem, was bekannt ist, ist

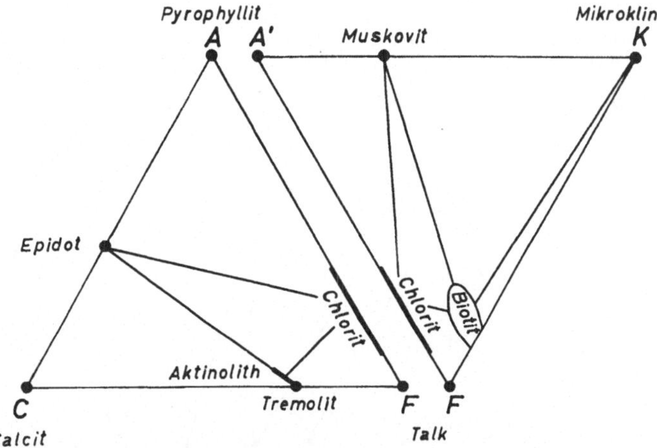

Fig. 31 (A 1.1). Quarz-Albit-Muskovit-Biotit-Chlorit-Subfazies der Grünschieferfazies des Abukuma-Typs. In Mn-haltigen Sedimenten wird spessartinreicher Granat gebildet mit MnO > 18%; mit steigendem Grad der Metamorphose wird der MnO-Gehalt geringer. — Bei geeignetem Chemismus muß Chloritoid erwartet werden. Wenn man das berücksichtigt, dann unterscheidet sich diese Fig. 31 nicht von Fig. 24

der geringere Druck bei der Abukuma-Faziesserie kein Grund, das Auftreten von Chloritoid zu verhindern, wenn eine geeignete Gesteinszusam-

F. SHIDO: J. Fac. Sci. Univ. Tokyo, sec. II, 11, 131—217 (1958).
A. MIYASHIRO: J. Fac. Sci. Univ. Tokyo, sec. II, 11, 219—271 (1958).
F. SHIDO und A. MIYASHIRO: J. Fac. Sci. Univ. Tokyo, sec. II, 12, 85—102 (1959).

mensetzung vorliegt. In der japanischen Typlokalität für diese Faziesserie ist der Chemismus aller veröffentlichten Analysen derart, daß sich kein Chloritoid bilden konnte. Ungeeigneter Chemismus dürfte der alleinige Grund dafür sein, daß dort noch kein Chloritoid gefunden worden ist.

In der Abukuma-Faziesserie entsteht wegen des niedrigen Druckes kein Stilpnomelan, so daß Biotit bereits mit Beginn der Grünschieferfazies auftritt; eine der B 1.1-Subfazies entsprechende Biotit-freie Subfazies wie beim Barrow-Typ gibt es beim Abukuma-Typ und bei der seichten Kontaktmetamorphose also nicht.

Einige häufige Paragenesen

Aus Peliten:

Quarz + Chlorit + Biotit + Muskovit ± Albit ± Spessartin-reicher Granat.

Aus Basiten:

Aktinolith + Epidot + Albit + Chlorit ± Quarz ± Biotit.

A 1.2 Quarz-Andalusit-Plagioklas-Chorit-Subfazies

Die Subfazies A 1.2 nimmt eine Mittelstellung zwischen der Albit-Epidot-Hornfelsfazies und der Hornblende-Hornfelsfazies ein: Hornblende und Andalusit werden hier gebildet, aber noch kein Cordierit, Diopsid und

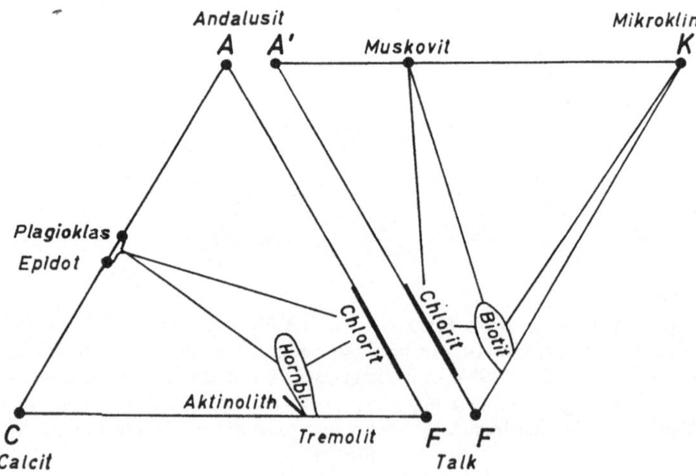

Fig. 32 (A 1.2). Quarz-Andalusit-Plagioklas-Chlorit-Subfazies der Grünschieferfazies des Abukuma-Typs. Bei geeignetem Chemismus wird auch Chloritoid erwartet

Grossular. An Stelle von Albit + Epidot bzw. Anorthit tritt die Assoziation Plagioklas + Epidot in A 1.2 auf; der Plagioklas ist meistens Oligoklas-Andesin in basischen Gesteinen. Die Al-reiche Hornblende, die mit steigendem Metamorphosegrad ihre Farbe ändert, ist hier und in der nächsten Subfazies blaugrün. Besonders interessant ist die nur in dieser Subfazies zu beobachtende Koexistenz von Aktinolith und Hornblende, die SHIDO (1958) auf eine Mischungslücke zwischen den beiden Mineralen zurückführt.

Hornblende wird auch in der B 1.3-Quarz-Albit-Epidot-Almandin-Subfazies gebildet, aber in A 1.2 tritt wegen des geringen Druckes kein Almandin auf, und statt *Albit* + Epidot bildet sich in A 1.2 bereits Plagioklas + Epidot. Obwohl in A 1.2 schon intermediärer Plagioklas (neben Epidot) beständig ist, soll diese Subfazies als höchsttemperierte Subfazies doch in die Grünschieferfazies gestellt werden, weil nämlich hier noch Chlorit (neben Quarz und Muskovit) beständig ist, und weil weder Diopsid, Cordierit noch Antophyllit/Cummingtonit gebildet werden.

Einige häufige Paragenesen

Aus Peliten:
Quarz + Chlorit + Biotit + Muskovit ± Oligoklas oder Andesin.
    Aus Basiten:
Aktinolith + Hornblende + Epidot + Oligoklas oder Andesin + Chlorit ±
Quarz ± Biotit.

Amphibolitfazies

Dort, wo Cordierit, Staurolith, Mg-Fe-Amphibol, Diopsid und Grossular/Andradit zuerst in Erscheinung treten, wollen wir den *Beginn der Amphibolitfazies* setzen. Bei der Barrow-Faziesserie kommen diese Minerale, mit Ausnahme natürlich von Cordierit, auch erst mit Beginn der Amphibolitfazies vor; und alle jene Minerale treten bei der seichten Kontaktmetamorphose erst mit Beginn der Hornblende-Hornfelsfazies auf, so daß man den Beginn der Almandin-Amphibolitfazies, der Cordierit-Amphibolitfazies und der Hornblende-Hornfelsfazies durch eine Anzahl gleicher Reaktionen beschreiben kann, nämlich durch die erste Bildung von Staurolith, von Mg-Fe-Amphibol (Gedrit, Anthophyllit etc.), von Diopsid, von Grossular/Andradit und — bei nicht zu hohen Drucken — von Cordierit. Das völlige Verschwinden von Chlorit, wenn Chlorit mit Quarz oder mit Quarz und Muskovit reagieren konnte, zeigt das Ende der Grünschieferfazies, d. h. ebenfalls den Beginn der Amphibolitfazies an.

Das Auftreten von Staurolith ist im vorhergehenden Absatz auch für den Beginn der Amphibolitfazies in der Abukuma-Faziesserie genannt worden, obwohl bisher in dieser Faziesserie Staurolith nicht mit Sicherheit gefunden wurde*. Aber die Berechtigung dafür, daß wir auch hier Staurolith aufführen dürfen, rührt daher, daß nach heutigem Wissen Staurolith bei

---

* Staurolith, der im Abukuma-Gebiet gefunden worden ist, wird von K. URUNO und S. KANISAWA, Earth Science J. Assoc. Geol. Collabor. Japan, No. 81, 1—12 (1965), als Relikt einer Prä-Abukuma-Metamorphose angesehen.

großen und bei kleinen Drucken entsteht, wenn nur der Gesteinschemismus geeignet ist (vgl. HOSCHEK); letzteres ist nicht allzu häufig, und sehr wahrscheinlich ist er bei den bisher untersuchten Gesteinen der Abukuma-Faziesserie nicht gegeben. Man darf aber zuversichtlich damit rechnen, daß Staurolith auch in dieser Faziesserie als ein für den Beginn der Amphibolitfazies kritisches Mineral auftritt.

In der Faziesserie des Abukuma-Typs wird die Amphibolitfazies als Cordierit-Amphibolitfazies zum Unterschied von der Almandin-Amphibolitfazies des Barrow-Typs bezeichnet, in der niemals Cordierit gebildet worden ist. Die drei Subfazies, welche mit steigender Temperatur in der Cordierit-Amphibolitfazies unterschieden werden können, sind nacheinander aufgeführt:

A 2.1 Andalusit-Cordierit-Muskovit-Subfazies

Die vorher genannten Kriterien für den Beginn der Amphibolitfazies sind hier erfüllt, d. h. Cordierit bzw. Diopsid treten erstmalig hier auf. Diese Subfazies ist identisch mit der Hornblende-Hornfelsfazies, ohne daß jedoch im höchsttemperierten Bereich — wegen des höheren Druckes — Wollastonit auftreten kann.

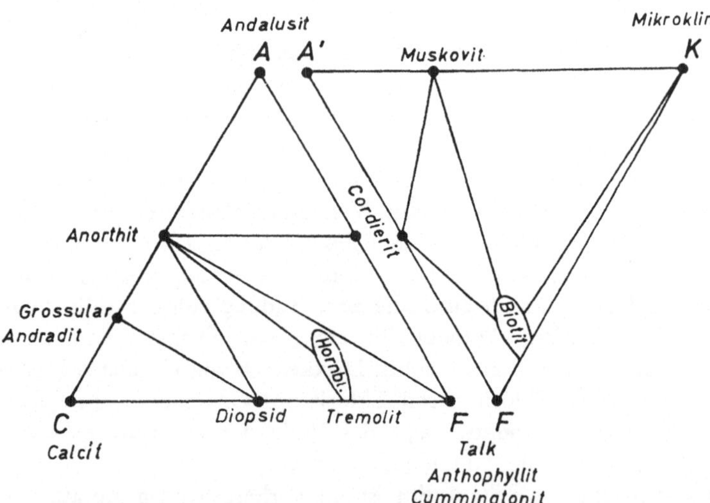

Fig. 33 (A 2.1). Andalusit-Cordierit-Muskovit-Subfazies der Cordierit-Amphibolitfazies des Abukuma-Typs. Bei geeigneter Gesteinszusammensetzung ist auch Staurolith zu erwarten; in diesem Fall ersetzt — bei Anwesenheit von Muskovit — der darstellende Punkt des Stauroliths denjenigen des Cordierits (siehe Bemerkung zu Fig. 14). Biotit kann neben Andalusit auftreten. Es ist wahrscheinlich, daß der recht große Temperaturbereich von ca. 100 °C dieser Subfazies noch untergliedert werden kann in einen Bereich mit Staurolith und in einen höhertemperierten Bereich ohne Staurolith

Die Farbe der Hornblende ist auch hier noch blaugrün. In basischen Gesteinen ist der Plagioklas Labradorit bis Bytownit oft inverszonar gebaut; Epidot ist neben dem Plagioklas nicht selten gefunden worden, aber aus der Morphologie seines Vorkommens schließt MIYASHIRO auf sekundäre, retrograde Entstehung. Wenn ein Granat auftritt, dann ist es kein Almandin, sondern ein Spessartin-Granat, der zwischen 17 und 11% MnO enthält. Almandin tritt erst ab der nächst höhergradigen Subfazies auf.

Einige häufige Paragenesen

Aus Peliten:

Quarz + Biotit + Plagioklas ± Muskovit ± Cordierit ± Spessartin-Granat (Gesteine mit Andalusit sind wesentlich seltener).

Aus Basiten:

Hornblende + Andesin oder Labradorit ± Quarz ± Biotit ± Diopsid.

A 2.2 Sillimanit-Cordierit-Muskovit-Almandin-Subfazies

Diese Subfazies unterscheidet sich von der vorherigen A 2.1-Subfazies (und von der Hornblende-Hornfelsfazies) dadurch, daß a) statt Andalusit jetzt schon Sillimanit auftritt, und daß b) Almandin mit MnO < 10% neben Cordierit auftritt, wenn der Chemismus des Gesteins hierfür geeignet ist. Die Koexistenz dieser beiden Minerale neben Cummingtonit ist wieder darauf zurückzuführen, daß MgO und FeO zwei sich nicht beliebig ver-

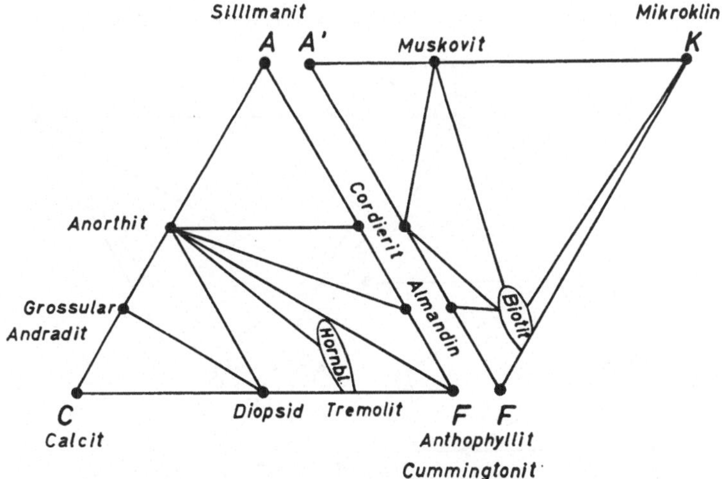

Fig. 34 (A 2.2). Sillimanit-Cordierit-Muskovit-Almandin-Subfazies der Cordierit-Amphibolitfazies des Abukuma-Typs. Biotit kommt neben Sillimanit vor, was aus dieser Darstellung nicht ablesbar ist. Andererseits gibt diese Figur richtig an, daß Cordierit + Almandin mit Biotit, aber nicht mit Muskovit gemeinsam vorkommen

tretende Komponenten sind. Immerhin ist es beachtenswert, daß Almandin mit weniger als ca. 20 Mol-% Spessartinkomponente bei einem doch recht geringen Druck auftreten kann, der — wie wir noch wahrscheinlich machen werden — um 3000 Bar lag.

Das Auftreten von Sillimanit, noch bevor Muskovit in Reaktionen völlig verschwunden ist, ist zu beachten. Bei der seichten Kontaktmetamorphose erfolgt diese Modifikationsänderung von Andalusit in Sillimanit ja erst bei höherer Temperatur im höhertemperierten Bereich der Kalifeldspat-Cordierit-Hornfelsfazies. Das ist auf die negative Neigung der Andalusit/Sillimanit-Phasengrenze zurückzuführen, d. h., mit steigendem Druck wird die Umwandlungstemperatur niedriger. Bemerkt sei, daß ab dieser Subfazies die Hornblende nicht mehr bläulich, sondern grün bis braun ist.

A 2.3 Sillimanit-Cordierit-Orthoklas-Almandin-Subfazies

Diese Subfazies nimmt eine Zwischenstellung zwischen der vorherigen A 2.2-Subfazies und der Orthoamphibol-Subfazies der Kalifeldspat-Cordierit-Hornfelsfazies ein. Als Al_2SiO_5 tritt — wie schon in A 2.2 — nur Sillimanit auf, aber jetzt ist Muskovit verschwunden, weil dieses Mineral mit Quarz bzw. mit Quarz und Biotit zu Orthoklas + Sillimanit bzw. zu Orthoklas + Cordierit + Sillimanit reagiert hat. Wie in der Orthoamphibol-Subfazies der Kalifeldspat-Cordierit-Hornfelsfazies ist in A 2.3 Hornblende in ihren Mineralparagenesen noch völlig stabil, und Orthopyroxen tritt noch nicht auf. — Almandin kann auch hier neben Cordierit in ehemaligen Peliten auftreten, wenn MnO und ferner mehr FeO relativ zu MgO vorhanden war als im Cordierit und Biotit untergebracht werden konnte.

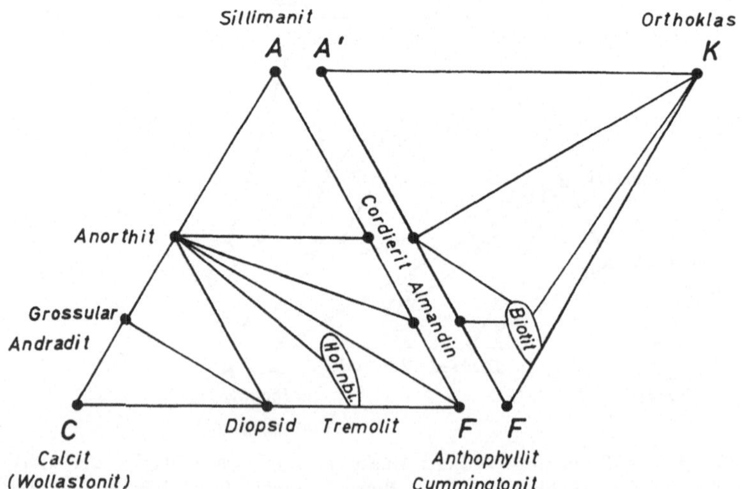

Fig. 35 (A 2.3). Sillimanit-Cordierit-Orthoklas-Almandin-Subfazies der Cordierit-Amphibolitfazies des Abukuma-Typs. Biotit kann neben Sillimanit existieren

In dieser Subfazies treten viele pegmatitische Adern und Linsen auf.

Einige häufige Paragenesen

Aus Peliten:
Quarz + Plagioklas + Orthoklas + Biotit ± Cordierit ± Sillimanit
(bisweilen auch etwas Almandin).
Aus Basiten:
Hornblende + Plagioklas + Cummingtonit + Biotit ± Quarz.

Diese A 2.3-Subfazies stellt den höchstgradigen Bereich der Cordierit-Amphibolitfazies dar, der je in einer regionalen Metamorphose unter niedrigen Drucken verwirklicht worden ist. In dem höchsttemperierten Teil dieser Subfazies ist nun auch Wollastonit statt Calcit + Quarz festgestellt worden. Bei der seichten Kontaktmetamorphose kann Wollastonit bereits im oberen Bereich der Hornblende-Hornfelsfazies, also bei merklich tieferer Temperatur auftreten. Hieraus ist zu schließen, daß der Abukuma-Typ der Metamorphose bei höherem Gasdruck vor sich gegangen ist als die seichte Kontaktmetamorphose. Den Gasdruck P_f kann man folgendermaßen abschätzen: Die Daten des Abschnitts 15.2 ergeben, daß der Schnittpunkt der Phasengrenze Andalusit/Sillimanit mit der Gleichgewichtskurve der Reaktion von Muskovit + Quarz zu K-Feldspat + Sillimanit bei etwa 2500 Bar liegt (siehe auch Fig. 16 im Abschnitt 6.2.). Da nun in der Faziesserie des Abukuma-Typs bereits in der A 2.2-Subfazies Sillimanit auftritt, und zwar noch neben Muskovit, muß der Druck für den Beginn dieser Subfazies also größer als 2500 Bar gewesen sein. Nehmen wir an, daß sich die Subfazies A 2.2 nur über $30-40\,°C$ erstreckt, dann kann man aus Fig. 16 ablesen, daß die Muskovit-freie A 2.3-Subfazies bei etwa $670-680\,°C$ und bei $3000-3500$ Bar beginnen muß. Rechnet man nun mit einer Temperatur um $730\,°C$ für den höchsttemperierten Bereich der A 2.3-Subfazies, in dem Wollastonit auftritt, und nimmt man ferner einen mittleren Molenbruch um $X_{CO_2} = 0{,}5$ für die Zusammensetzung der Gasphase an, dann ergibt sich aus Fig. 6 im Abschnitt 4.2., daß der Gasdruck nicht größer als ca. 3500 Bar gewesen sein kann. Somit kommt man also zu dem Ergebnis, daß die hochgradige Amphibolitfazies des Abukuma-Typs bei Drucken zwischen 3000 und 3500 Bar entstanden ist.

9.2. Mineralogische Identität der regionalen Abukuma-Faziesserie mit einer kontaktmetamorphen Faziesserie

Die bisher besprochenen Subfazies des Abukuma-Typs sind nicht nur regional ausgebildet, sondern dieselben Subfazies können — wie bereits erwähnt — auch lokal durch Kontaktmetamorphose entstehen; „the contact metamorphism by synkinematic intrusions produced a metamorphic facies series practically identical to the facies series of the regional metamorphism" (MIYASHIRO, 1961, S. 293). Die Abukuma-Faziesserie repräsentiert also mit steigender Temperatur die Folge von Mineralparagenesen, die in einer seichten regionalen Thermo-Dynamometamorphose entstanden ist, d. h. unter einem großen geothermischen Gradienten in einem großen Krustenteil von über 1000 km Längserstreckung, und außerdem repräsentiert sie eine kontaktmetamorphe Faziesserie, die zum Unterschied von der klassischen Hornfelsfaziesserie in größerer Tiefe entstanden ist. Hinsichtlich der mineralfaziellen Ausbildung ist also der Abukuma-Typ ein direktes Bindeglied zwischen Kontaktmetamorphose und regionaler Thermo-Dynamometamorphose; das wurde ja auch bei der Besprechung der Subfazies des Abukuma-Typs sehr deutlich.

In der *kontaktmetamorphen* Ausbildung der Faziesserie vom Abukuma-Typ tritt zusätzlich zu den vorher besprochenen Subfazies noch eine weitere, höchsttemperierte Subfazies auf, und zwar nur im innersten Kontakthof zu Gabbrointrusionen. Gabbroide Magmen sind die heißesten Magmen gewesen, die infolgedessen ihr Nebengestein auch am stärksten aufgeheizt haben. Zu einer Temperaturerhöhung auf mehr als 800 °C bis etwa 900 °C muß es gekommen sein (vgl. linke Seite der Fig. 19). Diese starke Temperaturerhöhung, die natürlich nicht großräumig im Rahmen der regionalen Metamorphose, sondern nur lokal im Kontaktbereich zu Gabbros erfolgen konnte, hat sich folgendermaßen ausgewirkt: In carbonatischen Gesteinen tritt Wollastonit natürlich stets an Stelle von Calcit+Quarz auf; in basischen Gesteinen ist Orthopyroxen gebildet worden. Eine bezeichnende Paragenese ist:
Orthopyroxen+braune Hornblende+basischer Plagioklas ± Diopsid ± Biotit, und überraschenderweise gesellt sich auch noch Cummingtonit zu Orthopyroxen.

Die höchsttemperierte Subfazies der im Abukuma-Gebiet erfolgten Kontaktmetamorphose, die unter höherem Druck als die seichte Kontaktmetamorphose entstanden ist, wollen wir Orthopyroxen-Hornblende-Subfazies nennen. (Sie erhält *nicht* die Bezeichnung A 2.4, obwohl sie hochgradiger als A 2.3 ist, weil sie nicht im regional ausgebildeten Abukuma-Typ vorkommt.) Das A'FK-Diagramm dieser Subfazies ist gleich dem der Fig. 35, und das ACF-Diagramm unterscheidet sich von dem der Fig. 35 nur dadurch, daß Calcit+Quarz stets durch Wollastonit ersetzt ist und daß an Stelle von Anthophyllit (bzw. Gedrit) Orthopyroxen auftritt. Wir können die Orthopyroxen-Hornblende-Subfazies sehr gut mit dem niedrigertemperierten Bereich, d. h. mit dem noch Hornblende führenden Bereich der Orthopyroxen-Subfazies der Kalifeldspat-Cordierit-Hornfelsfazies vergleichen (siehe Abschnitt 6.2.). Bei der seichten Kontaktmetamorphose kann infolge geringer H_2O-Drucke Hornblende mit steigender Temperatur im Bereich der Orthopyroxen-Subfazies vollständig verschwinden, während bei den höheren H_2O-Drucken von $3-3,5$ Kilobar selbst bei der stärksten erreichbaren Aufheizung durch Gabbrointrusionen Hornblende noch beständig bleibt. Es ist daher verständlich, daß trotz gleichhoher Temperatur die Hornblende-freie Orthopyroxen-Subfazies bei geringem und die Orthopyroxen-Hornblende-Subfazies bei relativ hohem H_2O-Druck entwickelt wird.

Übrigens läßt sich hier wieder eine Abschätzung des H_2O-Drucks durchführen: Aus der Bildung von Orthopyroxen in der genannten Paragenese und der begründeten Annahme einer Metamorphosetemperatur von etwas oberhalb 800 °C, sagen wir 820 °C, für den Beginn der Orthopyroxen-Hornblende-Subfazies, ergibt sich aus Fig. 16 im Abschnitt 6.2., daß der H_2O-Druck $3-3,5$ Kilobar betragen haben wird; das deckt sich mit der am Ende des vorangegangenen Abschnitts gemachten Abschätzung.

10. Intermediäre Faziesserien

Es gibt eine Anzahl verschiedener Ausbildungsarten regionaler Metamorphose, die alle etwa den gleichen großen Temperaturbereich umfaßt haben, aber unter verschieden großen Drucken, und das heißt auch in verschieden großen Tiefen, erfolgt sind. Die Faziesserie des Abukuma-Typs ist unter geringen Drucken von nur etwa 3 – 3,5 Kilobar entstanden. In den Zentral-Pyrenäen, um Bosost, ist in einem kleinen Gebiet von nur etwa 15 km Durchmesser gleichzeitig mit der hercynischen Gebirgsbildung eine Wärmefront wahrscheinlich noch höher aufgestiegen, so daß die Drucke für hochgradige Metamorphose noch etwas kleiner waren; diese so stark lokalisierte Aufheizung kann wohl nur durch Magmen erfolgt sein. Aber es muß betont werden, daß die Metamorphose immerhin über viele Kilometer regional ausgebildet ist. Es erfolgte eine regionale Thermo-Dynamometamorphose, wobei durch detaillierte Untersuchungen nachgewiesen werden konnte, daß Streß oder Deformation auf die Art der entstandenen Mineralassoziationen keinerlei Einfluß hatten. Das metamorphe Gebiet um Bosost ist von Zwart (1962) bearbeitet worden, und die von ihm festgestellte Faziesserie ähnelt sehr der vom Abukuma-Typ.

In der Grünschieferfazies treten Phyllite auf, die — wie auch in der A 1.1-Subfazies — schon Biotit neben Muskovit führen. Im Abukuma-Typ muß Chloritoid bei geeigneter Gesteinszusammensetzung erwartet werden, im Bosost-Gebiet ist Chloritoid an einigen Stellen gefunden worden (briefl. Mitt.). Mit Beginn der Amphibolitfazies, welche die Grünschieferfazies ablöst, hat sich hier Staurolith bilden können, und in carbonatischen Gesteinen tritt gleichzeitig Diopsid auf. Die Amphibolitfazies kann sehr gut in verschiedene Subfazies oder Zonen untergliedert werden. Der Bosost-Typ soll dem von Read (1952) untersuchten Buchan-Typ ähneln.

Es folgen mit steigender Temperatur aufeinander:
Staurolith-Andalusit-Cordierit-Zone,
Andalusit-Cordierit-Zone,
Sillimanit-Cordierit-Muskovit-Zone.

Bis zur Bildung einer noch höhertemperierten Sillimanit-Cordierit-Orthoklas-Zone ist es im aufgeschlossenen Gebiet um Bosost nicht gekommen, aber ihre Existenz muß in größerer Tiefe erwartet werden; im Abukuma-Gebiet ist sie erschlossen, und in vielen anderen Gebieten der Pyre-

---

H. J. Zwart: Geol. Rdsch. **52**, 38—65 (1962); ergänzende briefl. Mitt. 1966.
H. H. Read: Trans. Edinb. Geol. Soc. **15**, 265—279 (1952).

näen, welche die gleichen Mineralvergesellschaftungen wie Bosost aufweisen, ist die Sillimanit-Cordierit-Orthoklas-Zone verbreitet; sie enthält keinen primären Muskovit. ZWART (briefl. Mitt.) hat nun die wichtige Beobachtung gemacht, daß die Biotit-Quarz-Kalifeldspat-Na-reicher Plagioklas-Sillimanit-Cordierit-Gesteine dieser Zone stets als Migmatite ausgebildet sind, was ja auch für Abukuma zutrifft.

Die Metamorphose im Bosost-Gebiet läßt besonders klar erkennen, daß Staurolith in Gegenwart von Quarz und Muskovit nur über einen begrenzten Temperaturbereich beständig ist; denn die Staurolith-Andalusit-Cordierit-Zone wird von der Staurolith-freien Andalusit-Cordierit-Zone abgelöst, welche ihrerseits von der immer noch Muskovit-führenden Sillimanit-Cordierit-Zone abgelöst wird. Der Temperaturbereich, über den Staurolith bei den geringen Drucken der Bosost-Metamorphose beständig ist, kann also nur recht klein sein (wahrscheinlich wird jener Temperaturbereich mit steigendem Druck erheblich größer). Die Reaktion, durch die Staurolith abgebaut wird, ist noch nicht bekannt; denkbar wäre folgende Reaktion:

$$\{\text{Staurolith} + \text{Biotit}_1 + \text{Quarz}\} \rightarrow$$
$$\{\text{Cordierit} + \text{Fe-reicher Biotit}_2 + \text{Al}_2\text{SiO}_5 + \text{H}_2\text{O}\}.$$

Der mineralogische Unterschied zwischen dem Bosost- und dem Abukuma-Typ besteht lediglich darin, daß im letzteren Typ ein Almandin-betonter Granat (der noch eine wesentliche Menge an Spessartinkomponente enthält) im höheren Bereich der Amphibolitfazies bei der Metamorphose von Peliten entstehen kann; dies dürfte für einen höheren Druck sprechen. — Für den Abukuma-Typ hatten wir 3—3,5 Kilobar als Druck für die Ausbildung der höheren Amphibolitfazies abgeschätzt. Für den hochgradigen Bereich des Bosost-Typs nahm ZWART einen wesentlich geringeren Druck von nur etwa 1 Kilobar an, den wir doch für zu niedrig halten. Das sei folgendermaßen begründet:

Die beobachtete Zonenfolge innerhalb der Amphibolitfazies lehrt, daß — anders als bei der seichten Kontaktmetamorphose — Sillimanit noch gemeinsam mit Muskovit vorkommt; d. h., der Druck muß bei der Metamorphose höher gewesen sein als der Kreuzungspunkt der Gleichgewichtskurven von Andalusit/Sillimanit und von Muskovit + Quarz/Kalifeldspat + Al_2SiO_5 + H_2O. Dieser Kreuzungspunkt liegt nach den im Abschnitt 15.2. gemachten numerischen und graphischen Angaben bei ca. 2,5 Kilobar (siehe auch Fig. 16). Der Druck während der Bosost-Metamorphose muß also mindestens ein wenig höher gewesen sein. — In diesem Zusammenhang sei noch einmal darauf hingewiesen, daß der Druck P_f nicht gleich dem Belastungsdruck P_l gewesen zu sein braucht, sondern auch größer gewesen sein kann; d. h., ein Druck P_f von 2,5—3 Kilobar braucht nicht unbedingt einer Erdtiefe von 9—11 km zu entsprechen; sie könnte auch erheblich geringer gewesen sein (siehe Kapitel 2).

Von den bisher betrachteten Faziesserien ist also die Faziesserie der seichten, klassischen Kontaktmetamorphose unter den geringsten H_2O-Drucken von wenigen hundert bis vielleicht ca. 2000 Bar entstanden, dann folgt die Faziesserie des Bosost-Typs mit ca. 2500—3000 Bar und dann folgt die Faziesserie des Abukuma-Typs mit ca. 3000—3500 Bar; die Faziesserie des Barrow-Typs ist jedoch bei wesentlich höheren Drucken von P_f entstanden. Aber es gibt noch weitere intermediäre Faziesserien, die hin-

Tabelle 7. *Kritische Minerale bzw. Mineralparagenesen in den Subfazies der Amphibolitfazies bei verschiedenen Faziesserien*

Die Zusammenstellung ist nach der Höhe des Drucks geordnet; links war er am kleinsten, rechts am höchsten.
Die Temperaturfolge ist derart, daß die höchsttemperierte Subfazies jeder Faziesserie in der untersten Zeile jeder Spalte steht. In jeder Faziesserie beginnt die Amphibolitfazies ungefähr bei gleicher Temperatur. Die erste horizontale Linie kennzeichnet die oberste Stabilitätsgrenze von Staurolith in den üblichen Paragenesen, während die zweite horizontale Linie die obere Stabilitätsgrenze von Muskovit in der Paragenese Muskovit+Quarz+Biotit kennzeichnet; bei höherer Temperatur tritt also Muskovit nicht mehr auf.

Hornfels-fazies	Zentral-Pyrenäen (Bosost)	Abukuma-Typ	Ost-Pyrenäen	Northern New Hampshire	Barrow-Typ
Staurolith; Andalusit+ Cordierit+ Muskovit	Staurolith; Andalusit+ Cordierit+ Muskovit	Staurolith [2] Andalusit+ Cordierit+ Muskovit	Staurolith; Andalusit+ Almandin; Cordierit	Staurolith; Andalusit+ Almandin ········· Staurolith; Sillimanit+ Almandin	Staurolith; Disthen+ Almandin
	Andalusit+ Cordierit+ Muskovit	Andalusit+ Cordierit+ Muskovit	Andalusit+ Almandin+ Muskovit	Sillimanit+ Almandin+ Muskovit	Disthen+ Almandin+ Muskovit
	Sillimanit+ Cordierit+ Muskovit	Sillimanit+ Cordierit+ Mn-Almandin+ Muskovit	Sillimanit+ Almandin+ Muskovit		
Andalusit, dann Sillimanit+ Cordierit+ Orthoklas	Sillimanit+ Cordierit+ Orthoklas [1]	Sillimanit+ Cordierit+ Almandin+ Orthoklas	Sillimanit+ Almandin+ Orthoklas	Sillimanit+ Almandin+ Orthoklas [1]	Sillimanit+ Almandin+ Orthoklas

[1] Diese Subfazies ist in Bosost nicht aufgeschlossen, aber in größerer Tiefe zu erwarten und in entsprechenden anderen Gebieten auch festgestellt.

[2] Im Abukuma-Ryoke-Gürtel ist bisher kein eindeutig syngenetischer Staurolith gefunden worden, was auf den Mangel geeigneter Gesteinszusammensetzungen zurückzuführen ist; man muß aber unter den vorliegenden metamorphen Bedingungen mit Staurolith rechnen, der ja selbst bei noch niedrigeren Drucken gebildet worden ist.

sichtlich ihres Druckes zwischen dem Abukuma-Typ und dem Barrow-Typ liegen, nämlich der Ostpyrenäen-Typ (GUITARD, 1958) und der Northern-New-Hampshire-Typ (GREEN, 1963); letzterer hat Ähnlichkeit mit der erwähnten Metamorphose von Nord-Michigan. Alle Faziesserien umfassen etwa den gleichen Temperaturbereich, aber die Gasdrucke waren bei den verschiedenen Faziesserien verschieden.

In Tabelle 7 ist eine Zusammenstellung verschiedener Typen von Faziesserien gegeben; sie unterscheiden sich innerhalb der Amphibolitfazies hinsichtlich der Abfolge des Auftretens von Mineralen bzw. von Mineralparagenesen. Hierin gibt sich der unterschiedliche Druck während der Metamorphose zu erkennen und außerdem dadurch, daß Disthen statt Andalusit ein eindeutiger Indikator für sehr hohe Drucke ist.

Die Unterteilung der Tabelle 7 kann vielleicht noch weitergetrieben werden, jedenfalls könnten auch andere Lokalitäten angegeben werden; aber es kommt uns hier nur darauf an, zu zeigen, wie unterschiedlich Mineralparagenesen sein können, wenn sie bei etwa den gleichen Temperaturen, aber verschieden hohen Drucken entstanden sind.

Aus der Zusammenstellung erkennt man folgendes:

a) Andalusit wandelt sich in Sillimanit bei um so niedrigerer Temperatur um, je höher der Druck ist; bei der seichten Hornfelsfazies erst *im* hochtemperierten Teil der Kalifeldspat-Cordierit-Hornfelsfazies (ganz links unten), bei ziemlich hohen Drucken schon innerhalb der Staurolithzone (New Hampshire).

b) Staurolith kann bei geeignetem Chemismus unter *allen* Drucken der Metamorphose gebildet werden.

c) Bei höheren Drucken kommt kein Cordierit vor; bei niedrigen Drucken kommt kein Almandin vor.

d) Disthen tritt nur ab hohen Drucken auf.

e) Die Reaktionen zwischen Muskovit, Quarz und Biotit, wobei Muskovit verschwindet, treten bei allen Drucken auf.

Hinsichtlich der Korrelation der Subfazies verschiedener Faziesserien entnehmen wir der Zusammenstellung folgendes:

1. Die Staurolith-Almandin-Subfazies, B 2.1, die beim Barrow-Typ Disthen aufweist, hat — wie zu erwarten — bei geringeren Drucken Andalusit. In dem Diagramm Fig. 27 ist also bei geringeren Drucken Andalusit statt Disthen zu setzen.

2. Analog entspricht der Disthen-Almandin-Muskovit-Subfazies, B 2.2, bei geringerem Druck die Sillimanit-Almandin-Muskovit-Subfazies. Diese Subfazies ist weit verbreitet, gehört aber nicht zum Barrow-Typ. TURNER und VERHOOGEN (1960, S. 579) geben das ACF-Diagramm hierfür an. Bei noch geringeren Drucken entsprechen dem höhertemperierten Teil dieser

---

G. GUITARD: Bull. Soc. Geol. France, Ser. 6, **8**, 825—852 (1958).
J. C. GREEN: Amer. Miner. **48**, 991—1023 (1963).

Subfazies die Sillimanit-Cordierit-Muskovit-Almandin-Subfazies (Abukuma-Typ) bzw. die Sillimanit-Cordierit-Muskovit-Subfazies (Bosost-Typ), während dem niedrigertemperierten Teil der Sillimanit-Almandin-Muskovit-Subfazies von New Hampshire bei niedrigeren Drucken die Andalusit-Almandin-Muskovit-Subfazies (Ost-Pyrenäen) bzw. die Andalusit-Cordierit-Subfazies (Bosost) entsprechen.

Wir werden später zeigen, daß diese Vielfalt der metamorphen Paragenesen und insbesondere die Folge der verschiedenen Paragenesen als Konsequenz verschiedener Druck-Temperatur-Verteilungen in verschiedenen Gebieten während der Metamorphose zu verstehen ist.

Man kann nun noch eine weitere Faziesserie herausstellen, die unter noch höheren Gasdrucken, P_f, als der Barrow-Typ entstanden ist. Die erreichten Temperaturen können ebenfalls so hoch gewesen sein, daß die partielle Verflüssigung von Gneisen erfolgen konnte. Man kann von einer Höchstdruckfaziesserie innerhalb der Thermo-Dynamometamorphose sprechen, welche das Extrem zu der Niedrigstdruck-Metamorphose vom Bosost-Typ ist. Wir meinen, daß beispielsweise die alpidische Metamorphose der Schweizer Alpen und des nach SW anschließenden Teiles hier einzugliedern ist. Der besondere Höchstdruckcharakter äußert sich nicht in der Amphibolitfazies, die natürlich Disthen führt, sondern in der Grünschieferfazies. Hier treten Alkali-Amphibol (Mg-Riebeckit, Glaukophan, Gastaldit, Crossit) und chloromelanitischer Alkalipyroxen außer Chloritoid, Chlorit, Calcit, Albit, Stilpnomelan, Muskovit, Paragonit, Zoisit und/oder Epidot etc. auf (Niggli, 1960 und 1965; Bearth, 1962).

Das Auftreten von Alkaliamphibol in den üblichen Mineralassoziationen und von Alkalipyroxen dürfte auf besonders hohe Drucke zurückzuführen sein. Auch bei der alpidischen Metamorphose in SE-Spanien (E-Betische Cordillere) liegen ähnliche Verhältnisse vor (de Roever et al., 1963). Die Drucke waren noch größer als bei der Ausbildung des Barrow-Typs, in dem ja noch keine Alkalipyroxene und Alkaliamphibole in der Grünschieferfazies gebildet worden sind. Es ist daher zweckmäßig, diese Hochdruckausbildung der Grünschieferfazies durch einen besondern Namen zu bezeichnen: Wir schlagen *glaukophanitische Grünschieferfazies* vor, um durch diesen Namen das Auftreten von Alkaliamphibol (Glaukophan u. a.) anzudeuten. Es wird dafür plädiert, nicht alle Glaukophan-führenden Gesteine als „Glaukophanschiefer" zu bezeichnen, sondern sorgfältig darauf zu achten, ob Lawsonit mit Glaukophan gemeinsam vorkommt oder nicht. Im ersten Falle sind es Lawsonit-Glaukophan-Gesteine, die der Lawsonit-Glaukophanfazies (der früheren Glaukophanschieferfazies) angehören, im zweiten Falle sind es

E. Niggli: Intern. Geol. Congress Norden, Part 13, 132—138 (1960); E. Niggli und C. R. Niggli: Eclogae Geol. Helvetiae 58, 335—368 (1965).
P. Bearth: Schweiz. Min. Petr. Mitt. 42, 127—137 (1962).
W. P. de Roever und H. J. Nijhuis: Geol. Rdsch. 53, 324—336 (1963).

Lawsonit-freie Glaukophan-führende Grünschiefer, die der glaukophanitischen Grünschieferfazies angehören. Solche Gesteine können auch sekundär retrometamorph aus Eklogiten entstanden sein, was Bearth (1966) aus den Schweizer Alpen beschrieben hat.

Bei dieser Höchstdruckfaziesserie sind in den französisch-italienischen Westalpen, d. h. in Richtung auf niedrigere Temperaturen, die niedriger als beim Beginn der eigentlichen Grünschieferfazies waren, Lawsonit + Albit, Epidot, Alkali-Amphibol (Glaukophan, Crossit) mit oder ohne Calcit, chloromelanitischer Pyroxen [1], Pumpellyit etc. entstanden. Dieses Gebiet ist zwar in die alpidische Orogenese mit einbezogen gewesen, aber eine Zufuhr von thermischer Energie fand hier wahrscheinlich nicht oder kaum statt; das Wärmezentrum der alpidischen Metamorphose (Tessin) liegt etwa 250 km im NE. Jene Bildungen gehören in die Lawsonit-Albit- oder in die Lawsonit-Glaukophan-Fazies, die im Kapitel 14.3. behandelt wird.

P. Bearth: Schweiz. Min. Petrogr. Mitt. **46**, 13—23 (1966).

[1] Unter Chloromelanit versteht man einen Mischkristall, der sich aus etwa gleichen Teilen von Diopsid, Jadeit und Ägirin zusammensetzt.

11. Granulitfazies

Granulite gehören zu den sehr hochgradigen Metamorphiten, in denen Muskovit nicht mehr beständig ist und in denen folglich Kalifeldspat mit Al_2SiO_5 und/oder Granat koexistiert. Darüber hinaus ist das Auftreten von *Orthopyroxen* bei geeignetem Chemismus kennzeichnend; Orthoamphibole, Gedrit und Anthophyllit sowie Cummingtonit kommen nicht mehr vor.

Durch das Auftreten von Orthopyroxen in Granuliten liegt der Vergleich zur Orthopyroxen-Subfazies der Kalifeldspat-Cordierit-Hornfelsfazies der Kontaktmetamorphose nahe, und es stimmt auch, daß die Granulite höchsttemperierte Metamorphite sind. Aber zum Unterschied von den Gesteinen der höchstgradigen Kontaktmetamorphose sind die Granulite in regionalen Thermo-Dynamometamorphosen unter wesentlich höheren, ja — wenn sie Disthen führen — unter sehr hohen Drucken, P_s, entstanden. Man muß aber hier streng P_s und P_{H_2O} unterscheiden. P_s ist hoch, während der H_2O-Druck bei der Granulitbildung nur gering gewesen ist, geradeso wie bei der Orthopyroxen-Subfazies der Kontaktmetamorphose.

Zur Granulitbildung gehört also einerseits eine hohe Temperatur und andererseits die ganz besondere Bedingung (die wir bei allen anderen metamorphen Fazies nicht zu fordern brauchten und gar nicht fordern durften), daß nämlich P_{H_2O} sehr wesentlich kleiner als P_s gewesen ist, damit Orthopyroxen statt Orthoamphibol oder Cummingtonit entstehen konnte. Als ersten Hinweis können wir aus Fig. 16 im Abschnitt 6.2 entnehmen, daß bei 700 °C bzw. 750 °C P_{H_2O} nicht größer als ca. 1000 Bar bzw. als ca. 2000 Bar gewesen sein darf, damit Orthopyroxen entstehen kann. Wenn wir ferner den in gewissen Granuliten verwirklichten Fall betrachten, daß sämtliche OH-haltigen Minerale, also Biotit und Hornblende, nicht mehr auftreten, dann liest man aus Fig. 16 ab, daß für das völlige Verschwinden von Hornblende der P_{H_2O} keinesfalls höher als 500 Bar bei 700 °C und ca. 1000 Bar bei 750 °C gewesen sein darf. Vergleicht man diese geringen Werte von P_{H_2O} mit Werten von ca. 7000 bis 10 000 Bar für P_s, dann erkennt man, was mit der Aussage $P_{H_2O} \ll P_s$ gemeint ist.

Granulite sind sehr alte, präkambrische Metamorphite; es gibt keine jungen Granulite. Alle Granulite scheinen Metamorphite von älteren Metamorphiten, also das Produkt einer Polymetamorphose zu sein, und dafür war die Wahrscheinlichkeit wegen ihres hohen geologischen Alters recht groß. Dieses ist eine recht wichtige Feststellung, denn sie macht es uns — wie später gezeigt wird — leichter, zu verstehen, daß bei der Granulitbildung die Bedingung $P_{H_2O} \ll P_s$ geherrscht hat.

Auf Grund spezifischer Mineralparagenesen hat zuerst ESKOLA (1939) die Granulitfazies eingeführt. Heute wissen wir, daß man die Granulitfazies wenigstens in vier Subfazies untergliedern kann, nachdem FYFE *et al.* (1959) schon eine Unterteilung in zwei Subfazies durchgeführt haben.

Nach DE WAARD (1965) werden bei im wesentlichen gleichbleibenden Temperaturen folgende Subfazies unterschieden:

1a) *Orthopyroxen-Plagioklas-Granulit-Subfazies,* welche keine Hornblende und keinen Biotit enthält.

1b) *Hornblende-Orthopyroxen-Plagioklas-Granulit-Subfazies.*

Die Subfazies 1b) wird dann ausgebildet, wenn etwas Wasser anwesend ist, so daß ein geringer H_2O-Druck die Koexistenz von Hornblende und etwas Biotit neben Orthopyroxen oder Granat ermöglicht; wenn P_{H_2O} noch kleiner ist, dann sind Hornblende und Biotit nicht mehr beständig, so daß sich die Hornblende-freie 1a)-Orthopyroxen-Plagioklas-Granulit-Subfazies ausbildet. Diese 1a)-Subfazies, die von FYFE *et al.* (1958) als Pyroxen-Granulit-Subfazies bezeichnet worden ist, ist das, was ESKOLA als Granulit-fazies aufgestellt hat. Das ACF-Diagramm nach FYFE *et al.,* ergänzt durch das A'FK-Diagramm, ist in Fig. 36 angegeben.

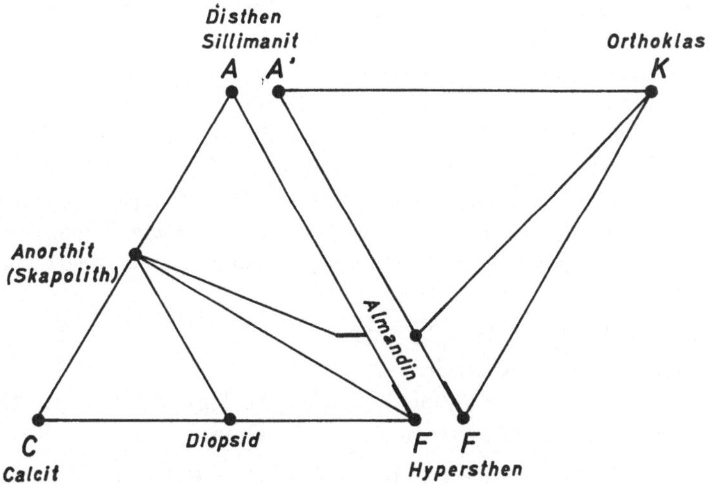

Fig. 36. Orthopyroxen-Plagioklas-Granulit-Subfazies für Gesteine, welche Quarz enthalten

P. ESKOLA: In BARTH, CORRENS, ESKOLA, Die Entstehung der Gesteine. Berlin 1939, S. 360—363.

W. S. FYFE, F. TURNER und J. VERHOOGEN: Geol. Soc. Memoir 73 (1958).

D. DE WAARD: J. Petrol. 6, 165—191 (1965); Amer. J. Sci. 263, 455—461 (1965); siehe dort auch frühere Literatur.

Es sei darauf hingewiesen, daß FYFE *et al.*, wie auch offenbar ESKOLA, Grossular-Andradit als nicht beständig betrachten und dafür die Koexistenz von Calcit+Plagioklas angeben; demgegenüber gibt DE WAARD Grossular in seinem Diagramm an, aber beobachtet worden ist dieser Granat anscheinend nicht.

Die Orthopyroxen-Plagioklas-Granulit-Subfazies unterscheidet sich wesentlich von der B 2.3-Sillimanit-Almandin-Orthoklas-Subfazies durch die Abwesenheit von Hornblende, Biotit, Grossular-Andradit und von Ortho-amphibol bzw. Cummingtonit; außerdem tritt in einigen Granuliten dieser Subfazies Disthen statt Sillimanit auf. Von der Orthopyroxen-Subfazies der Kontaktmetamorphose unterscheidet sich die Orthopyroxen-Plagioklas-Granulit-Subfazies durch das Auftreten von Almandin und bisweilen Disthen und ferner durch die Abwesenheit von Grossular-Andradit und von Biotit.

Die Hornblende-Orthopyroxen-Plagioklas-Granulit-Subfazies, die von FYFE *et al.* Hornblende-Granulit-Subfazies genannt worden ist, unterscheidet sich von der Hornblende-freien Subfazies lediglich dadurch, daß Hornblende, Biotit und bisweilen Zoisit/Epidot in verschiedenen Paragenesen zusätzlich zu den in Fig. 36 angegebenen auftreten können; ein besonderes ACF-Diagramm ist daher nicht dargestellt worden.

Bemerkt sei, daß die beiden Subfazies 1a) und 1b) jeweils noch eine Variante haben, in der nämlich zusätzlich *Cordierit* neben Almandin in geeigneten Gesteinszusammensetzungen entstanden ist; diese Cordierit-führenden Granulite müssen bei geringeren Drucken von P_s entstanden sein, sofern der Cordierit stabil gebildet worden ist.

Wenn bei konstanter Temperatur der Druck P_s einen bestimmten Wert übersteigt, dann wird nach petrographischen Beobachtungen von DE WAARD die für die Hornblende-freie bzw. Hornblende-führende Orthopyroxen-Plagioklas-Granulit-Subfazies charakteristische Paragenese Orthopyroxen+Plagioklas instabil; sie reagiert zu der neuen Paragenese Klinopyroxen+Almandin-Pyrop-Grossular-Granat+Quarz nach folgender angenommener Gleichung:

$$3\,(Fe, Mg)_2 Si_2 O_6 + 2\,CaAl_2 Si_2 O_8 \rightleftarrows$$
Orthopyroxen   Anorthit

$$Ca(Fe, Mg)Si_2 O_6 + 2\,Ca_{0,5}(Fe, Mg)_{2,5} Al_2 [SiO_4]_3 + 2\,SiO_2\,.$$
Klinopyroxen   Granat   Quarz

Die hier geschilderten Phasenänderungen sind auch bereits experimentell verifiziert worden von GREEN *et al.* (1965):

Glas granitischer Zusammensetzung kristallisiert bei Abwesenheit von H_2O bei Drucken unterhalb ca. 14 kb bei 1100 °C zu Quarz+Plagioklas+Alkalifeldspat+Orthopyroxen±Klinopyroxen, bei höheren Drucken jedoch entsteht Granat und Klinopyroxen auf Kosten von Orthopyroxen und

D. H. GREEN und I. B. LAMBERT: J. Geophys. Res. 70, 5259—5268 (1965).

Plagioklas. Dieselbe Reaktion ist von GREEN *et al.* (1966) auch an Basalten durchgeführt worden, wobei nachgewiesen wurde, daß der Chemismus, insbesondere die Verhältnisse Mg/Fe und Ca/Na, einen merklichen Einfluß auf die P-T-Bedingungen der Reaktion haben; mittlere Werte liegen bei 1100 °C und 14 kb, 1000 °C und 12,5 kb, und extrapoliert auf 750 °C ergibt sich ca. 9 kb.

Durch diese Reaktion wird also das Mineralpaar Orthopyroxen + Plagioklas durch das Paar Klinopyroxen + Granat-Mischkristall ersetzt, wobei entweder überschüssiger Orthopyroxen *oder* überschüssiger Plagioklas (der jetzt ärmer an An-Komponente sein muß) mit Klinopyroxen + Granat koexistiert. Das sieht man aus Fig. 37.

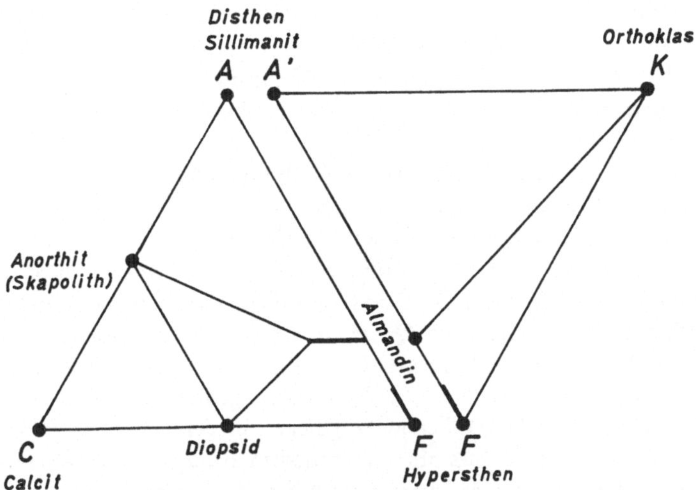

Fig. 37. Klinopyroxen-Almandin-Granulit-Subfazies für Gesteine, welche Quarz enthalten

Entsprechend dieser neuen charakteristischen Paragenese werden die Subfazies von DE WAARD benannt:

2a) *Klinopyroxen-Almandin-Granulit-Subfazies*, welche keine Hornblende und keinen Biotit enthält.

2b) *Hornblende-Klinopyroxen-Almandin-Granulit-Subfazies.*

Die Subfazies 2b) entsteht — analog wie bei 1b) —, wenn P_{H_2O} etwas größer ist als bei Subfazies 2a).

Fig. 37 gibt das ACF- und A'FK-Diagramm nach DE WAARD wieder, wobei allerdings — wie in Fig. 36 — der Mischkristall der Ca-Granate weggelassen worden ist.

D. H. GREEN und A. E. RINGWOOD: Dept. Geophysics and Geochemistry Australian National University, Publication No. 444, p. 1—59 (1966).

Bemerkt sei, daß die Koexistenz von Klinopyroxen mit Almandin-Pyrop-Grossular-Granat hier zum erstenmal auftritt und sonst nur noch bei den Eklogiten vorkommt; in Eklogiten tritt allerdings kein Plagioklas mehr auf, womit sie sich wesentlich von den Granuliten unterscheiden.

Die Hornblende-führende Variante der in Fig. 37 dargestellten Subfazies enthält — analog wie bei Subfazies 1b) — Hornblende und Biotit und bedarf keiner gesonderten Abbildung.

Nach SCHEUMANN (1961) unterscheidet man im Gelände:

a) helle Granulite = Granulite im engeren Sinne und

b) dunkle Granulite, die eingeteilt werden in die Plagioklas-Pyroxen-Granulite mit gabbroidem chemischen Charakter und die Orthoklas-Pyroxen-Granulite mit granodioritischem chemischen Charakter.

Die aus Gneisen gebildeten *hellen* Granulite führen folgende *wesentliche* Minerale:

Orthoklasperthit (Ab-Gehalt 30 bis 47%; SCHARBERT, 1964),

Na-reicher Plagioklas, oft antiperthitisch (An 17 bis An 58),

Quarz,

Almandin mit recht hohem Anteil an Pyropkomponente,

Rutil als charakteristischen Nebengemengteil.

Weiter können als typische Minerale auftreten:

Disthen (Kyanit) oder Sillimanit, etwas Hypersthen oder Bronzit, Magnetit und Hercynit, $FeAl_2O_4$. Die Möglichkeit des Auftretens von Hercynit, selbst in Anwesenheit von Quarz, ist typisch für die Granulitfazies.

Diese hellen granitähnlichen Granulite haben eine charakteristische *Struktureigenschaft:* Der Quarz ist lamellar ausgeplättet, d. h. dünne Quarzlamellen (Platten- oder Diskenquarze) liegen in der Schieferungsebene und trennen Zwischenlagen eines allotrioblastischen Feldspat-Quarz-Gemenges.

Die *dunklen* Plagioklas-Pyroxengranulite, die aus gabbroiden oder mergeligen Gesteinen hervorgegangen sind, bestehen aus folgenden wesentlichen Mineralen:

An-reicher Plagioklas, oft antiperthitisch (bis 7% Or enthaltend, weitgehend entmischt; SEN, 1959),

Orthopyroxen,

Almandin mit recht hohem Anteil an Pyropkomponente.

Hierzu können treten:

Klinopyroxen, Skapolith [(OH, Cl, SO_4, CO_2)-haltiges Ca-Na-Alumosilikat], Hercynit, Magnetit und geringe Mengen an Quarz.

K. H. SCHEUMANN: N. Jb. Miner. Mh. 1961, 75—80 (1961).

H. G. SCHARBERT hat einen anderen Nomenklaturvorschlag gemacht: Tschermaks Min. Petr. Mitt. **8**, 591—598 (1963).

H. G. SCHARBERT: N. Jb. Min. Abh. **100**, 59—86; **101**, 27—66 und 210—231 (1963 und 1964).

S. K. SEN: J. Geol. **67**, 479—495 (1959).

Quarz-freie carbonatische Metamorphite enthalten noch Dolomit, Calcit und Forsterit. Vesuvian, der ja OH enthält, kommt nicht vor. Wollastonit konnte nicht gebildet werden, weil der Druck zu hoch war. Bemerkenswert ist vor allem, daß der Mischkristall der Ca-Granate, der als Mineralart noch in der höchstgradigen Almandin-Amphibolitfazies auftritt, in der Granulitfazies nicht vorkommt.

Sehr kennzeichnend ist es, daß in Metamorphiten der Granulitfazies der Hypersthen und der Granat folgende Besonderheiten aufweisen:

a) Hypersthen ist stark pleochroitisch von grün bis tief rosa bis gelb, und ein hoher Al_2O_3-Gehalt von $6-9$ Gew.-% ist kennzeichnend.

b) Die chemische Zusammensetzung der Granate ist meistens wesentlich Mg- und Ca-reicher als die der Almandine der Amphibolitfazies; es sind Pyrop-Almandin-Spessartin-Granate (Pyralspit), welche arm an Spessartin sind, aber einen großen Anteil an Pyropkomponente (bis $47-55\%$) und bis 20% Grossularkomponente enthalten.

Die Al-reiche Zusammensetzung des Hypersthens und die Mg-Ca-reiche Zusammensetzung des Granats werden als Kennzeichen hoher Bildungsdrucke angesehen. Sehr wahrscheinlich aber sind diese Merkmale Anzeichen für hohe Temperaturen (bei notwendigerweise gleichzeitig hohen Drucken); denn einerseits ist bei den Eklogiten eine Proportionalität zwischen Pyropgehalt des Granats und Höhe der Bildungstemperatur festgestellt worden (vgl. Kapitel 12), und andererseits ist Al-reicher Hypersthen — in Al_2O_3-reichen, SiO_2-armen Metamorphiten — bei der höchsttemperierten Kontaktmetamorphose entstanden (HOWIE, 1964). Daß die Temperaturen so hoch wie die der höchstgradigen Almandin-Amphibolitfazies waren, ergibt sich aus dem häufigen und sehr engen geologischen Verband von Granuliten mit Metamorphiten jener Fazies; aber bisweilen kann aus der Anordnung von Granuliten im Vergleich zu höchstgradigen Metamorphiten der Amphibolitfazies auch geschlossen werden, daß diese Granulite bei noch höherer Temperatur gebildet worden sind, wo dann wohl nahezu 800 °C erreicht gewesen sein könnten.

Man hat lange schon aus der Abwesenheit OH-haltiger Minerale in gewissen Granuliten, deren Subfazies wir kennengelernt haben, geschlossen, daß diese Gesteine bei Abwesenheit von H_2O entstanden sind; man hat von einer „trockenen" Fazies gesprochen. TURNER und VERHOOGEN (1960, S. 557) lehnen jedoch diese Vorstellung ab, sie meinen vielmehr, daß selbst bei hohen H_2O-Drucken hohe Temperaturen genügt hätten, um die Granulitparagenesen zu erzeugen. Was haben wir für Kriterien, um diese beiden extremen Vorstellungen zu diskutieren?

Zunächst ist klar, daß die Granulitbildung unter hohen bis sehr hohen Drucken und damit in sehr großen Tiefen stattgefunden hat. Wir wissen

---

R. A. HOWIE: Min. Mag. **33**, 903 (1964).

aus der Art des Geländevorkommens ferner, daß die Temperaturen mindestens so hoch gewesen sind wie die der höchsttemperierten Subfazies der Almandin-Amphibolitfazies; Muskovit war bereits wegreagiert, so daß Orthoklas neben Disthen bzw. Sillimanit und/oder Granat koexistieren konnte, bevor die Granulitbildung erfolgte; d. h., bei den hohen Drucken müssen Temperaturen um $650-700\,°C$ überschritten worden sein. Wenn nun der Porenraum des Gesteins klein war, dann genügt auch eine kleine Menge an H_2O, damit der Gasdruck im Gestein schon Werte von einigen tausend Bar erreicht. Unter diesen Bedingungen aber muß sich bei Temperaturen um $650-700\,°C$ in Quarz-Kalifeldspat-führenden Gesteinen eine anatektische Schmelze bilden. Die Menge der gebildeten Schmelze hängt bei gegebener Temperatur von der anwesenden Menge des H_2O ab, die sich in der Schmelze lösen kann. Wenn z. B. nur 3 Gew.-% an H_2O im Gestein zur Verfügung stehen, dann wird ein bestimmter Teil eines Gneiskomplexes (und zwar 33%, wenn die Schmelze 9% H_2O zur Sättigung benötigt) in anatektische Schmelze umgewandelt. Alles vorkommende Wasser wäre dann in der Schmelze gelöst und würde erst beim späteren Abkühlen und Kristallisieren der Schmelze wieder frei werden. Der restliche, größere Teil des Gneiskomplexes könnte bei der gegebenen Temperatur noch nicht schmelzen, sondern bliebe kristallin. Nun beobachten wir zwar in den Paragneisen, welche Metamorphite der *Hornblende*-Granulitsubfazies umschließen, auf Anatexis zurückführbare pegmatitische Durchaderungen und Linsen in großer Fülle, genauso wie Migmatitbildungen allgemein in Gneisen der höhergradigen Almandin-Amphibolitfazies in erheblicher Menge vorkommen. Aber in hellen, granitischen Granuliten der Hornblende-freien Granulit-Subfazies findet man keinerlei Anzeichen einer teilweisen syngenetischen Anatexis. Daraus muß der Schluß gezogen werden, daß kein H_2O oder höchstens nur eine Spur von H_2O in den Gesteinsporen vorhanden gewesen ist, als die Gesteine zu Hornblende-freien Granuliten umgebildet worden sind. Das sind also ganz besondere Verhältnisse.

Zu demselben Schluß gelangen wir, wenn wir Amphibolite betrachten: Amphibolite bleiben unverändert bis zum Beginn der Schmelzbildung, wenn H_2O im Überschuß vorhanden ist; YODER und TILLEY (1962). Ein teilweises oder gar vollständiges Verschwinden von Hornblende zugunsten von Orthopyroxen ist nur möglich, wenn die Temperatur sehr hoch ist. YODER und TILLEY stellten fest, daß z. B. bei 6000 Bar H_2O-Druck Hornblende erst ab etwa $1000\,°C$ nicht mehr beständig ist; wenn der Belastungsdruck 6000 Bar, aber der H_2O-Druck z. B. nur 1000 Bar betrüge, dann müßten immerhin noch fast $900\,°C$ erreicht werden, damit keine Hornblende mehr auftreten kann. Solche hohen Temperaturen sind sicher nicht erreicht worden. Nach diesen Experimenten muß also der H_2O-Druck noch geringer gewesen sein.

H. S. YODER und C. E. TILLEY: J. Petrol. **3**, 342—532 (1962).

Weiterhin wissen wir aus den im Abschnitt 6.2, Fig. 16, mitgeteilten Ergebnissen, daß bei einer Temperatur von 800 °C der H_2O-Druck kleiner als ca. 1000 Bar gewesen sein muß, damit Hornblende nicht mehr beständig ist. Wenn die beiden Angaben auch nicht übereinstimmen, was wegen des unterschiedlichen Chemismus auch nicht zu erwarten ist, so geht doch daraus hervor, daß der P_{H_2O} bei der Granulitbildung im Vergleich zum hohen P_s nur sehr klein gewesen sein kann.

Die Erfüllung der Bedingung, daß während der Granulitbildung die Fugazität des H_2O sehr klein sein muß (d. h. auch, daß P_{H_2O} wesentlich kleiner als P_s ist), ist dann leicht vorstellbar, wenn *magmatische* Gesteine metamorphisiert werden, ohne daß H_2O hinzutreten kann. Auf Grund der petrographischen Studien von BUDDINGTON (1963) an hochgradig metamorphisierten Orthogneisen muß man davon überzeugt sein, daß solche Verhältnisse geherrscht haben können. Für sein Gebiet der NW-Adirondacks kommt BUDDINGTON zu der Feststellung: „The rocks have, in general, been impermeable either to access or to loss of H_2O during plastic flow and any subsequent recrystallization." Daher sind ehemalige Pyroxen-Syenite in chemisch äquivalente Orthopyroxen-Klinopyroxen-Granat-führende Granulite umkristallisiert. Aber unter den *gleichen* Bedingungen sind auch Hornblende-Quarz-Syenite etc. zu Hornblende-führenden Granuliten umkristallisiert, weil das bei einer beginnenden Dissoziation von Hornblende entstehende H_2O nicht das Gesteinssystem verlassen konnte, sondern offensichtlich infolge des äußerst geringen Porenvolumens einen so hohen H_2O-Druck aufbaute, daß die Hornblende im wesentlichen erhalten bleiben konnte.

Das recht häufig beobachtete *Nebeneinander* von Gesteinen der Hornblende-freien und der Hornblende-führenden Granulit-Subfazies ist nach BUDDINGTON nicht auf unterschiedliche Temperaturen bei gleich hohem Belastungsdruck, sondern nur auf eine unterschiedliche Fugazität des H_2O zurückzuführen. Er entwickelte für seine petrographischen Befunde folgende Vorstellung: „If we envision a series of geosynclinal sediments with intruded sheets of gabbro downfolded to a zone of high temperature and pressure, then the *outer* borders of the gabbro sheets may be subjected to recrystallization under conditions of T, P_1, and P_{H_2O} adequate to produce the mafic-mineral assemblages, hornblende+hypersthene (+clinopyroxene) or the same plus garnet, while the *inner* portions were being recrystallized to a mineral assemblage characteristic of the pyroxene granulite subfazies."

Es gibt aber nicht nur Granulite, die aus Magmatiten entstanden sind, sondern auch solche, die aus ehemaligen pelitischen und psammitischen Sedimenten gebildet worden sind. In solchen Fällen kann man sich nicht vorstellen, wie es zu der Armut an H_2O während der Granulitbildung gekom-

---

A. F. BUDDINGTON: Geol. Soc. Amer. Bull. **74**, 1155—1182 (1963).

men sein kann, *wenn* die Granulitbildung als höchsttemperierte Phase *eines* einheitlichen metamorphen Aufheizungsprozesses angesehen wird; denn in diesem Falle ist wohl kaum anzunehmen, daß das Wasser, welches bei der Metamorphose von Schiefertonen frei wird, einen Gesteinskomplex so weitgehend verlassen kann, daß ausgerechnet mit Beginn der Granulitfazies nur noch sehr geringe Mengen von Wasser vorhanden sind. Wenn dagegen ein Gneis-Amphibolitkomplex nach längerer Zeit, *nachdem* das bei der Metamorphose freigewordene Wasser schließlich weitgehend herausdiffundiert ist, einer hohen Temperatur in großer Tiefe ausgesetzt wird (wo Wasser nicht erneut Zutritt findet), dann ist die Bildung von Granuliten verständlich. Genau diese Vorstellung hat SCHEUMANN (1961) auf Grund geologisch-petrographischer Befunde für die Genese des klassischen sächsischen Granulits nach jahrelangem Studium entwickelt. Er schrieb:

„Am Anfang stand eine geosynklinale Sedimentation von Schiefertonen, in die graphitführende Lagen und quarzitische Einlagerungen eingeschaltet sind. Auch ophiolithische (gabbroide) Intrusiva sind in dieses sedimentäre Schuttpaket eingelagert. Dieser ganze Komplex wird von einer Orogenese erfaßt, die eine kristallophyllitische Zonenfolge bildet (d. h. metamorphe kristalline Schiefer entstehen). Deren Kern ist eine migmatitische Gneismasse. Dieser vermutlich anatektisch granitisierte (entstandene) Migmatitgneis ist in einer *späteren* Periode hoher Druck- und Temperaturbedingungen und starker Streßbeanspruchung granulitisiert worden ... Die dunklen Bestandmassen der alten Anlage wurden am Außenrande granatamphibolitisch oder behielten ihre amphibolitische Fazies bei. Im Kernbereich der neuen pt-Bedingungen wurden sie einheitlich in granulitische Mineralfazies überführt und in Linsen oder lagenweise in die (hellen) Granulite eingepreßt."

Wir meinen also, daß sich Granulite einerseits aus Magmatiten und andererseits aus hochgradigen Metamorphiten sedimentären Ursprungs nur dann bilden können, wenn die vorher bei der Metamorphose der Sedimente freigewordene H_2O-Gasphase weitgehend das Gesteinssystem verlassen hat; das ist wohl dann der Fall, wenn die maximale Temperatur ganz besonders lange wirksam gewesen ist, oder wenn ein Gneiskomplex nach längerer Zeit einer zweiten, hochtemperierten Metamorphose ausgesetzt worden ist. Die Temperaturen waren hoch, aber nicht hoch genug, um in Gegenwart von H_2O „im Überschuß" den Zusammenbruch von Hornblende und Biotit zu erzwingen. Sicherlich waren bisweilen die Temperaturen mit schätzungsweise maximal 800 °C noch höher, als sie für die Ausbildung der höchstgradigen Amphibolitfazies notwendig waren; hierfür liefern die Instabilität von Grossular-Andradit und Titanit und die Bildung von pyrop-grossularreichem Almandin Hinweise. Die Bedingungen für Granulitbildung sind

---

K. H. SCHEUMANN: N. Jb. Mineral. Abh. 96, 162—171 (1961).

also einerseits hohe Temperaturen und andererseits sehr niedriger P_{H_2O} und wesentlich höherer P_s. Die letzte Bedingung, $P_{H_2O} \ll P_s$, ist nur in der tieferen Erdkruste erfüllbar und bei der Metamorphose von wasser- bzw. hydroxilhaltigen Sedimenten wohl nur dann, wenn die Sedimente durch eine vorherige hochgradige Metamorphose den weitaus größten Teil ihres H_2O abgegeben haben.

Anfangs wurde erwähnt, daß die Orthopyroxen-Plagioklas- und die Hornblende-Orthopyroxen-Plagioklas-Granulit-Subfazies jeweils eine Variante haben, in denen zusätzlich *Cordierit* auftritt. Solche Cordierit-führenden Granulite sind sogar recht weit verbreitet, wobei in den meisten Fällen Cordierit zusammen mit Almandin, Biotit und K-Feldspat vorkommt (ESKOLA, 1961; DE WAARD, 1966). Man muß der Ansicht sein, daß Cordierit-führende Granulite bei geringerem P_s entstanden sind als Cordierit-freie Granulite.

Gesteine, die mineralogisch genauso wie manche helle Granulite zusammengesetzt, aber texturell völlig anders aufgebaut sind, nennt man Charnockite[1]. Früher sind sehr verschiedenartige Orthopyroxen-führende Gesteine hierunter verstanden worden, aber SUBRAMANIAM (1959) schlug vor, nur die „sauren" Gesteine als Charnockite zu bezeichnen. Es sind granitähnliche Hypersthen-Quarz-Feldspatgesteine mit oder ohne Granat, deren Struktur meistens xenomorph, granoblastisch ist. Die typischen Quarzlamellen der hellen Granulite treten dagegen nicht auf. Dieser Strukturunterschied ist entscheidend für den Unterschied zwischen hellem Granulit und Charnockit. Der Granat ist wie bei den Granuliten oft recht pyropreich, und der Hypersthen besitzt wiederum einen wesentlichen Gehalt an Al; siehe auch HOWIE *et al.* (1957). Außerdem ist Rutil in den sauren Charnockiten wiederum das typische Ti-Mineral. In den Charnockiten Indiens (Typlokalität nahe Madras) kommt der Feldspat vor allem als Mikroklinperthit vor, aber in anderen Gebieten ist auch Orthoklasperthit festgestellt worden. Die Entmischung des Perthits ist so fein, daß man von „Haar-Perthit" spricht: haarfeine Schnüre von Albit im Kalifeldspat.

Der Alkalifeldspat überwiegt bei den Charnockiten die Menge des Plagioklases; wenn dies nicht der Fall ist, dann spricht man von *Enderbit*.

Die Genese der Charnockite ist noch umstritten; sowohl metamorphe als auch magmatische Entstehungen werden angenommen. Mit der von NAIDU (1963) geäußerten Ansicht, „there is nothing like a rock, called

---

[1] Das Gestein erhielt kurioserweise seinen Namen von dem Grabstein des Job Charnock, des Gründers von Calcutta.

A. P. SUBRAMANIAM: Amer. J. Sci. **257**, 321—353 (1959).

A. R. HOWIE und A. P. SUBRAMANIAM: Miner. Mag. **31**, 565—586 (1957).

P. R. J. NAIDU: Fiftieth Indian Science Congress, Delhi 1963, 1—15.

P. ESKOLA: N. Jb. Miner. Abh. **96**, 172—177 (1961).

D. DE WAARD: Canad. Miner. **8**, 481—492 (1966).

‚Charnockite', which is not a hypersthene-granit", stimmen die meisten Bearbeiter nicht überein.

Es besteht kein Zweifel darüber, daß es nicht-metamorphe, magmatische Hypersthen-führende Granite gibt, die z. B. in Mittelaustralien und auch in Indien große Intrusionsmassen bestreiten, aber die metamorphe Entstehung aus ursprünglichen Sedimenten und Magmatiten scheint doch häufiger zu sein. Es scheint mir die Feststellung von WILSON (1958) besonders wichtig, daß viele Gesteine, welche jetzt Charnockite sind, mehr als eine Metamorphose durchgemacht haben; jedoch ist es bei der letzten, höchsttemperierten Metamorphose nicht zu der extremen Auswalzerscheinung gekommen, die ja nur in den quarzreichen, hellen Granuliten die charakteristischen Plattenquarze und langgestreckten Feldspäte verursacht hat.

Ob nun magmatischen oder metamorphen Ursprungs, die Bildungstemperaturen der Charnockite waren — wie die der Granulite — sehr hoch (800 °C könnten erreicht worden sein), die Menge von als Gasphase freiem H_2O kann nur sehr gering gewesen sein, und die Drucke sind sicher groß bis sehr groß gewesen.

A. F. WILSON: Geologische Rundschau **47**, 491—510 (1958).

12. Eklogite

Eklogite sind Gesteine von gabbroid-basaltischem Chemismus, aber von außergewöhnlicher mineralogischer Zusammensetzung. Sie bestehen überwiegend nur aus zwei Hauptgemengteilen, nämlich aus einem grasgrünen Klinopyroxen, der Omphacit genannt wird, und aus einem roten oder rotbraunen Granat. Die Bildung von Eklogit ist von ESKOLA den besonders hohen Drucken und hohen Temperaturen einer Eklogitfazies zugeschrieben worden. In dieser Fazies kommen (entsprechend der gegebenen chemischen Beschränkung auf gabbroide Ausgangsgesteine) nur die Paragenesen Omphacit + Granat mit Disthen *oder* Orthopyroxen vor. Es besteht nun aber ein besonderes Problem hinsichtlich der Eklogitfazies; denn sie läßt sich keiner der in einer geschlossenen Folge von Subfazies bzw. Fazies ausgebildeten metamorphen Faziesserie einordnen. Man kann niemals eine „Eklogit-Zone" im Gelände auskartieren, vielmehr liegen die meistens kleinen, band- oder linsenförmigen Vorkommen von Eklogit in Gesteinen der Granulit-, Amphibolit-, Grünschiefer- oder Lawsonit-Glaukophan-Fazies. Außerdem wird Eklogit als Einschluß in Kimberliten und Basalten und als Lagen in ultramafischen Gesteinen wie Duniten und Peridotiten gefunden. Bisweilen hat man den Eindruck, daß Eklogitvorkommen tektonisch in eine fremde Umgebung eingeschuppt worden sind. Es gibt also — wie SMULIKOWSKI (1964) klar herausgestellt hat — Eklogite von sehr unterschiedlichem Vorkommen.

Die Frage der Entstehung von Eklogiten nimmt eine Sonderstellung ein, und es ist heute sicher, daß man nicht berechtigt ist, von einer Eklogitfazies zu sprechen. Zwar sind *nur* bei sehr hohen Drucken von P_s Eklogite aus gabbroiden Gesteinen gebildet worden, aber die Drucke können sehr unterschiedlich hoch gewesen sein. Ferner wissen wir heute, daß die Temperaturen für die Bildung von Eklogiten sehr verschieden hoch gewesen sind. — Wir wollen uns etwas näher mit diesen interessanten Gesteinen beschäftigen.

Es gibt Eklogite, die fast nur aus Omphacit und Granat bestehen. Der Granat ist ein überwiegend Pyrop-Almandin-Grossular-Mischkristall. Der Omphacit ist ein Mischkristall, der zum kleineren Teil aus der Jadeit-Komponente, $NaAlSi_2O_6$, und zum größeren Teil aus der Diopsid-Komponente, $CaMgSi_2O_6$, besteht, bei der aber ein Teil des Mg durch Fe^{2+} (= Hedenbergitkomponente) und außerdem noch etwas Si + Ca durch 2 Al ersetzt ist.

P. ESKOLA: op. cit., S. 363—367 (1939).
K. SMULIKOWSKI: Bul. Acad. Polonaise Sci. 12, 27—34 (1964).

Ein weiterhin vorhandener Anteil an Akmit-Komponente (Na-Fe^{3+}-Pyroxen) beträgt selten mehr als 15 Mol-^{0}/$_0$. Das (Na, Ca, Mg, Fe)-Verhältnis ist sehr verschieden, Ti ist nur in sehr geringer Menge in dem Omphacit-Pyroxen enthalten, und deshalb gesellt sich als Nebengemengteil Rutil und untergeordnet Titanit oder Ilmenit zu Granat und Omphacit. Alle chemischen Komponenten von vielen gabbroiden Gesteinen können bereits quantitativ in dem Granat, Omphacit und Rutil untergebracht werden; wenn aber in anderen Fällen ein Überschuß an Al$_2$O$_3$ bzw. an (Mg, Fe)O bleibt, dann entsteht zusätzlich Disthen bzw. Enstatit-Hypersthen oder Olivin. Sillimanit tritt nicht auf, sondern Disthen. Einige Prozente Quarz (und bisweilen auch Diopsid) können ebenfalls vorkommen. Daneben gibt es Eklogite, welche eine erhebliche Menge an primärer Hornblende und primärem Orthozoisit enthalten; solche Amphibol-Eklogite sind ausführlich von ANGEL (1940, 1957) bearbeitet worden und gehören zur später genannten Gruppe B der Eklogite. Außerdem gibt es Amphibol-Eklogite, bei denen primärer Glaukophan und Epidot neben Omphacit und Granat vorkommen; sie gehören zur Gruppe C der Eklogite.

Es besteht kein Zweifel darüber, daß die Eklogite unter sehr hohen Drucken entstanden sind. Dafür sprechen das große spezifische Gewicht von 3,35 bis 3,6 g/cm^3 gegenüber 2,9 bis 3,1 g/cm^3 von chemisch gleichen Gabbros, das Auftreten von Disthen und jadeit-haltigem Pyroxen, die Abwesenheit von An-reichem Plagioklas und vor allem das gelegentliche Auftreten von Diamant in Eklogiten. Bei den Durchschüssen der Diamantführenden Kimberlite wurde neben peridotischen „Olivinknollen", die von vielen Bearbeitern als Zeugen aus dem Mantel der Erde gewertet werden, u. a. auch Eklogit (sogenannter Griquait) gefördert, der Diamanten enthält.

Inzwischen ist es experimentell gelungen, bei *Abwesenheit* von H$_2$O Basalte in Eklogit unter sehr hohen Drucken umzuwandeln, und zwar muß der Druck, nach YODER und TILLEY (1962), bei 1200 °C ungefähr 20 Kilobar betragen, damit Eklogit entsteht. Nach den umfangreichen neueren Arbeiten von RINGWOOD *et al.* (1964, 1966) muß für die Umwandlung eines Quarz-führenden Basalts in einen Eklogit bei 1200 °C ein Druck von 23 kb und bei 1000 °C von 18 kb überschritten werden. Hieraus sieht man, daß der Umwandlungsdruck stark von der Temperatur abhängig ist, und bei niedrigeren Temperaturen ab und unterhalb 600 °C schon weniger als 10 kb betragen wird. Somit ist durch die Arbeiten von RINGWOOD *et al.* verständlich geworden, daß die Bedingungen für die Eklogitbildung aus basaltischen Gesteinen nicht nur im oberen Bereich des Mantels der Erde, sondern auch

---

F. ANGEL: Jb. Univ. Graz **1**, 251—304 (1940); N. Jb. Miner. Abh. **91**, 151 bis 192 (1957).

H. S. YODER und C. E. TILLEY: J. Petrol. **3**, 342—532 (1962).

A. E. RINGWOOD und D. H. GREEN: Nature **201**, 566—567 (1964); J. Geophys. Res., im Druck (1966).

in der tiefen Erdkruste gegeben sind, wenn H_2O nicht oder fast nicht vorhanden ist.

Die Umwandlung von Olivin-Gabbro in Eklogit kann schematisch (ohne Berücksichtigung der FeO-Komponente) folgendermaßen ausgedrückt werden:

$$(NaAlSi_3O_8 + CaAl_2Si_2O_8) + CaMgSi_2O_6 + Mg_2SiO_4 \rightleftharpoons$$

$$\underbrace{}_{\text{Labradorit}} \qquad \text{Augit} \qquad \text{Olivin}$$

$$(CaMgSi_2O_6 + NaAlSi_2O_6) + CaMg_2Al_2Si_3O_{12} + SiO_2$$

$$\underbrace{}_{\text{Omphacit}} \qquad \text{Granat} \qquad \text{Quarz}$$

Eklogite entstehen also einerseits bei sehr hohen Drucken und Temperaturen unterhalb der Erdkruste, und diese werden jetzt als Einschlüsse in Kimberliten, Basalten und ultrabasischen Gesteinen gefunden. Andere Eklogite sind nicht in so großen Tiefen entstanden, aber immerhin noch in einem tiefen Bereich der Kruste, von wo sie dann gelegentlich tektonisch in noch höhergelegene metamorphe Gebiete eingeschuppt sein können. Daß Eklogite nicht nur bei den sehr hohen Drucken im oberen Erdmantel, sondern auch bei weniger hohen Drucken und niedrigeren Temperaturen entstehen können, wird dadurch belegt, daß es häufig Eklogiteinlagerungen in der Amphibolitfazies gibt, bei denen keinerlei Anzeichen für eine tektonische Einschuppung vorliegen, sondern alles für eine Bildung in situ spricht. Das gleiche gilt für die von BEARTH (1966) beschriebenen Eklogite, welche aber „genetisch in die Grünschieferfazies" gehören. Außerdem haben COLEMAN *et al.* (1965) in tektonisch hochgeschleppten Blöcken eine feine Wechsellagerung von Eklogit mit Glaukophanschiefer festgestellt. Diese Koexistenz der beiden Gesteinsarten spricht für die Gleichzeitigkeit ihrer Entstehung bei den sehr niedrigen Temperaturen, bei denen die Lawsonit-Glaukophanfazies ausgebildet wird. In letzteren Gesteinsbereichen muß H_2O vorhanden gewesen sein, in den Eklogitbereichen darf kein H_2O anwesend gewesen sein!

Für die Frage der Petrogenese der Eklogite ist es nun sehr wichtig, daß der Chemismus des Eklogitgranats deutlich von der Art eines jeweiligen Eklogitvorkommens abhängt. COLEMAN *et al.* (1965) haben unter Verwendung der Kompilation von Granatanalysen durch TRÖGER (1959) hierauf aufmerksam gemacht: In Eklogiten der Gruppe A, welche mit Kimberliten, Duniten oder Peridotiten vergesellschaftet sind, also wahrscheinlich aus dem Erdmantel stammen, sind die Granate erheblich reicher an Pyrop-Komponente als Granate von Eklogiten der Gruppe B, die in hochgradigen Amphibolit- und Gneis-Migmatit-Gebieten angetroffen werden. Und ferner haben

P. BEARTH: Schweiz. Petrogr. Mitt. **46**, 13—23 (1966).

R. G. COLEMAN, D. E. LEE, L. B. BEATTY und W. W. BRANNOCK: Geol. Soc. Amer. Bull. **76**, 483—508 (s. dort weitere Literaturangaben) (1965).

E. TRÖGER: N. Jb. Miner. Abh. **93**, 1—44 (1959).

in Eklogiten der Gruppe C, die zusammen mit Glaukophanschiefern vorkommen, die Granate den geringsten Pyropgehalt. Die Zusammensetzung
des Granats charakterisiert also diese drei verschiedenen Arten des geologischen Vorkommens. Der Anteil an Pyrop und an Almandin plus sehr wenig
Spessartin ist besonders kritisch; diese Anteile betragen bei der Gruppe A
70 ± 8 Mol-% und 16 ± 10 Mol-%*, bei der Gruppe B 44 ± 7 und 38 ± 7
Mol-%, in der Gruppe C 10 ± 4 Mol-% und 62 ± 10 Mol-%. Es ergibt sich
aus diesen Werten, daß der Anteil der Komponente Grossular plus Andradit die Tendenz zeigt, etwas von Gruppe A über B nach C zuzunehmen. —
Bemerkt sei als Vergleich, daß die Granate in Granuliten und Charnockiten,
nach TRÖGER, 24 ± 15 Mol-% Pyrop und 60 ± 11 Mol-% Almandin + Spessartin enthalten, also zwischen denen der Gruppe B und C liegen. Die Granate aus Amphiboliten mit Pyrop 17 ± 4 und Almandin + Spessartin 58 ± 6
sind denen der Gruppe C sehr ähnlich, ja sogar noch etwas pyropreicher.
Wenn auch die angegebenen Zahlen durch eine größere Analysenzahl re-
vidiert werden, so ist nicht daran zu zweifeln, daß insbesondere der Pyropgehalt des Eklogitgranats die Art des geologischen Vorkommens, d. h. die
Bildungsbedingungen kennzeichnet. Das hat auch SMULIKOWSKI (1965) festgestellt.

Die Zusammensetzung des Omphacits zeigt nach COLEMAN *et al.* nicht
eine entsprechende systematische Änderung; ihr Anteil an Jadeitkomponente
kann zwischen wenigen Prozent und etwa 40 Mol-% liegen, wobei lediglich alle Omphacite aus der Vorkommensart C in den Jadeit-reicheren Bereich mit $28-40$ Mol-% Jadeitkomponente fallen. SMULIKOWSKI (1965)
meint hingegen, eine kontinuierliche Zunahme der Jadeit- auf Kosten der
Diopsid-Komponente im Omphacit von Gruppe A über B nach C feststellen zu dürfen. Schließlich haben auch BANNO *et al.* (1965) herausgefun-
den, daß die Art der Verteilung von Mg, Fe und Mn zwischen Omphacit
und Granat die Bildungstemperaturen der Eklogite zu unterscheiden gestattet.

Aus diesen Untersuchungen kommt man zu dem wichtigen Schluß, daß
sich Eklogite in einem recht großen Temperatur- und Druckbereich (oberhalb eines gewissen Minimaldrucks) bilden können, nicht nur unter den Bedingungen des oberen Erdmantels. Für die Eklogite der Gruppe A mit ihren
pyropreichen Granaten, welche mit Kimberliten, Duniten oder Peridotiten
vergesellschaftet sind, werden die Bedingungen der sehr hohen Drucke und
hohen Temperaturen des oberen Erdmantels zutreffen; die Eklogite der
Gruppe B, die in hochgradigen Metamorphiten der Granulit- oder Amphi-

---

* Kennzeichnend für Granate der Gruppe A ist nach TRÖGER (1959) außerdem
die Beteiligung der Komponente des Ca-Cr-Granats, Uwarowit, die of 6 ± 3 Mol-%
ausmacht.

K. SMULIKOWSKI: Bul. Acad. Polonaise Sci. **13**, 11—18 (1965).
S. BANNO und Y. MATSUI: Proc. Jap. Acad. **41**, 716—721 (1965).

bolitfazies angetroffen werden, werden bei etwas niedrigeren Temperaturen und im tiefen Bereich der Erdkruste, also bei hohen Drucken, entstanden sein, und die Eklogite der Gruppe C werden bei etwa gleichen Drucken, aber bei wesentlich niedrigeren Temperaturen als die Eklogite der Gruppe B entstanden sein. Die Bildungsbedingungen der in der Grünschieferfazies entstandenen Eklogite haben temperaturmäßig zwischen denen der Gruppe B und Gruppe C gelegen.

Eklogite können also in einem sehr großen Temperaturbereich aus basischen Gesteinen dann gebildet werden, wenn der Druck P_s einen schon recht hoch liegenden Mindestdruck (von schätzungsweise 8—10 kb bei mittleren Temperaturen überschreitet. Wichtig ist es zu beachten, daß Wasser bei der Bildung von hornblendefreien Eklogiten nicht vorhanden sein darf; für die Bildung von Amphibol-führenden Eklogiten, die zu den Eklogiten der Gruppe B und C gehören, darf auch nur sehr wenig H_2O zur Verfügung stehen, denn sonst bildet sich viel mehr Amphibol.

Im Verlauf einer Metamorphose *innerhalb* der Erdkruste sind Eklogite nur selten entstanden, woraus der Hinweis folgt, daß die Bedingungen für die Bildung von Eklogiten in der tiefen Erdkruste nur selten verwirklicht waren; das gilt nicht für die Temperaturen und auch nicht für die Drucke, vielmehr für die zusätzliche Bedingung, daß P_{H_2O} *nicht* — wie sonst so oft — gleich P_s ist, sondern daß P_{H_2O} gleich Null bzw. sehr wesentlich kleiner als P_s ist. Auf diese Art erklärt auch BEARTH (1966) die Tatsache, daß in dem von ihm untersuchten Gebiet der penninischen Zone der Schweizer Alpen Eklogite dort auftreten, wo ursprünglich wasserarme Eruptivgesteine weitaus überwiegen, während Grünschiefer (Prasinite) vom gleichen Chemismus an diejenigen Bereiche gebunden sind, in denen ursprünglich wasserreiche Sedimente dominierten, welche dann bei der Metamorphose viel H_2O lieferten.

Aus diesen Bildungsbedingungen und vor allem aus dem im Vergleich zu anderen Gesteinen so ungewöhnlichen Mineralbestand ist es verständlich, daß Eklogite ziemlich stark sekundär verändert werden können, wenn sie in höhere Niveaus gelangen, wo der Druck niedriger ist und wo reichlich H_2O vorhanden ist. „In the field complete gradation may be traced from unaltered eclogite, through eclogite amphibolites containing relict garnet and omphacite together with newly generated plagioclase and hornblende, to amphibolites of normal composition. In some cases myrmekite-like intergrowths of diopside and plagioclase first replace omphacite, and then pass over into the amphibole-plagioclase association of the almandine-amphibolite facies. Elsewhere, e.g., in the Franciscan of California eclogites show every stage of retrogressive metamorphism to glaucophane schists (TURNER and VERHOOGEN, 1960, p. 558)." In den inneren penninischen Zonen der Schweizer Alpen sind kleine Eklogitvorkommen weitgehend in eine Paragenese der glaukophanitischen Grünschieferfazies umgewandelt worden, nämlich in lawsonitfreie Glaukophan-Chloritoid-Granat-Epidot-Paragonit-Muskovit-Schiefer; diese befinden sich in weiterer Umwandlung zu sog. Prasiniten, d. h. zu der für die Grünschieferfazies typischen Paragenese Albit — Epidot — Aktinolith — Chlorit (BEARTH, 1966).

13. Änderung der Zusammensetzung von Mineralen mit steigendem Metamorphosegrad

Bei der Besprechung der Fazies und Subfazies haben wir bisher vor allem Wert auf die Änderungen der Mineralparagenesen gelegt; diese Änderungen sind durch Mineralreaktionen zustandegekommen. Hierauf beruhen aber auch die Änderungen der chemischen Zusammensetzung einzelner Mineralarten, die ja fast immer komplexe Mischkristalle sind. Auf die Änderung von Fe-reichem Chlorit in einen Mg-Chlorit, der fast kein Fe mehr enthält, haben wir bereits innerhalb der Grünschieferfazies hingewiesen. Darüber hinaus hat man neuerdings festgestellt, daß mit steigendem Metamorphosegrad chemische Änderungen bei vielen Mineralarten erfolgen. Hierauf soll kurz hingewiesen werden, weil durch sie eine neue Richtung mineralogischer Untersuchungen aufgezeigt wird, die von erheblicher Bedeutung für die Genese der Metamorphite sein wird.

Mit steigendem Grad der Metamorphose ist oft eine Zunahme des An-Gehalts des Plagioklases beschrieben worden. Für exakte Untersuchungen dieser Art ist es jedoch notwendig, die mit dem Plagioklas koexistierenden anderen Ca-haltigen Minerale zu beachten (siehe BILLINGS, 1937, S. 548). CHATTERJEE (1961) hat bei Vorliegen von Plagioklas + Epidot eindeutig eine Zunahme des An-Gehalts mit steigender Temperatur der Metamorphose nachgewiesen. WENK (1962) hat in einem größeren Bereich der Schweizer Alpen festgestellt, daß der Anorthitgehalt des Plagioklases den Grad der Metamorphose anzeigt, wenn man jeweils eine bestimmte Vergesellschaftung des Plagioklases mit anderen Ca-führenden Mineralen betrachtet, mit Mineralen also, auf die sich, außer auf Plagioklas, das im Gestein vorhandene Ca ebenfalls verteilt.

Es sind dies die Paragenesen:

a) Plagioklas + Calcit + Quarz ± Glimmer ± Kalksilikate; das sind carbonatreiche Bündnerschiefer, Kalksilikatfels und Silikatmarmore.

b) Plagioklas + Hornblende + Epidot; aber kein Calcit.

Fall a) wurde bisher besonders gründlich untersucht, wobei sich folgendes ergab: Mit zunehmender Annäherung an das metamorphe Kerngebiet der Zentralalpen nimmt kontinuierlich der An-Gehalt des Plagioklases zu. Diese Beobachtungen und die Berücksichtigung des übrigen Mineralbestandes und

---

M. P. BILLINGS: Bul. Geol. Soc. Amer. **48**, 463—566 (1937).
N. D. CHATTERJEE: Geol. Rdsch. **51**, 1—72 (1961).
E. WENK: Schweiz. Miner. Petrogr. Mitt. **42**, 139—152 (1962).

der geologischen Situation sprechen — wie WENK ausführt — für die Berechtigung der zwei wichtigen Voraussetzungen in den Überlegungen von BECKE und von GOLDSCHMIDT über die Metamorphose:

„Erstens dafür, daß bei gleichartiger Paragenese ein zunehmender An-Gehalt von Plagioklas einen steigenden Metamorphosegrad und, nach allem, was wir über Feldspäte wissen, hauptsächlich steigende Temperaturen anzeigt, und zweitens, daß das thermodynamische Gleichgewicht zwar nicht durchwegs hergestellt, aber meistens doch angenähert erreicht wurde. Anders wäre ja kaum zu erklären, warum an den verschiedenen Orten (gleicher P-T-Bedingungen) immer wieder das fast gleiche Resultat erzielt wurde und warum der An-Gehalt in bestimmter Richtung ansteigt."

Fall b): Es können bis jetzt im Arbeitsgebiet von WENK (lepontinischer Gneiskomplex) unterschieden werden:

Albit-Epidot-Amphibolite (An 0 — 7),
Oligoklas-Epidot-Amphibolite (An 17 — 30) und
Andesin-Epidot-Amphibolite (An 27 — 45).

„Ihre Grenzlinien scheinen den Isograden der Plagioklas-Calcit-Gesteine konform zu laufen, sich aber nicht mit ihnen zu decken." Das ist verständlich, denn es ist ja als weiteres Ca-führendes Mineral nicht Calcit, sondern Hornblende+Epidot anwesend, so daß eine andere Verteilung des Ca erfolgt, was zu einem anderen An-Gehalt der Plagioklase führt. Mit steigendem Metamorphosegrad, d. h. mit steigender Temperatur, reagieren die Minerale (unter Veränderung ihrer Zusammensetzung) untereinander, ohne daß es zu neuen Mineralarten zu kommen braucht. Das ist im Prinzip vergleichbar mit der ständigen Reaktion von Mischkristall-Mineralen mit dem jeweiligen Schmelzanteil im Laufe der Kristallisation eines Magmas. Während im Magma die Reaktionen mit sinkender Temperatur zwischen Mischkristallen und Schmelze erfolgen, finden bei der aufsteigenden Metamorphose die Reaktionen mit Temperaturerhöhung zwischen den Kristallen statt. Die überkritische H_2O-reiche Gasphase wird der wesentliche Mittler bei der Austauschreaktion sein; denn — abgesehen von sehr hohen Temperaturen — würde die Diffusion in und zwischen festen Kristallarten ohne den Umsatz über schrittweise Lösung und Ausfällung der Silikate vermittels der überkritischen Gasphase nicht zu einer so subtilen Veränderung der chemischen Zusammensetzung führen, wie sie bei den Plagioklasen und auch bei den Biotiten und Granaten festgestellt wurde.

In Mn-reichen, Ca-armen Granaten erfolgt mit steigendem Grad der Metamorphose eine ausgeprägte Abnahme des MnO-Gehaltes, die durch Zunahme des FeO-Gehalts kompensiert wird (MIYASHIRO, 1953); siehe auch Abukuma-Faziesserie, Kapitel 9. In Mn-armen Almandin-Granaten, denen im wesentlichen Grossularkomponente beigemischt ist, nimmt diese mit stei-

---

A. MIYASHIRO: Geochim. et Cosmochim. Acta 4, 179—208 (1953).

gender Temperatur der Metamorphose ab (Lambert, 1959, und Sturt, 1962). In beiden Fällen wird also der Anteil des größeren Ions Mn^{2+} (0,91 Å) bzw. Ca^{2+} (1,06 Å) zugunsten des kleineren Fe^{2+}-Ions (0,83 Å) mit steigender Temperatur der Metamorphose verringert. Erst in der höchstgradigen Metamorphose, in der Granulitfazies und bei der unter sehr hohen Drucken erfolgenden Eklogitbildung, tritt eine grundsätzliche Änderung ein; denn die dort auftretenden jetzt Mg-reicheren Pyrop-Almandingranate können wieder erhebliche Mengen an Ca, also an Grossularkomponente, enthalten, wenn es im Gestein zur Verfügung steht. Auf die ausgeprägte Zunahme des MgO/FeO-Verhältnisses im Granat beim Übergang von der höchstgradigen Amphibolitfazies zur Granulitfazies hatten wir schon hingewiesen; Engel et al. (1960) zeigen das sehr einprägsam.

Die Zusammensetzung des Biotits in Metamorphiten ändert sich ebenfalls mit steigender Metamorphosetemperatur, und zwar vermutet Oki (1961), daß zunehmend mehr $Al + Ti_{0,5}$ an Stelle von $Si + (Mg, Fe)_{0,5}$ in die Struktur eintritt. Bei dieser gekoppelten Substitution wird also der Anteil des Mischungsgliedes Titanoeastonit größer, dessen Zusammensetzung mit $K_2Mg_{5,5}Ti_{0,5}[(OH)_4/Si_5Al_3O_{20}]$ angegeben wird. Schon vorher hatten Engel et al. (1960) eine Zunahme des Ti-Gehaltes und des MgO/FeO-Verhältnisses im Biotit mit steigendem Metamorphosegrad festgestellt.

Ein Ansteigen des Ti-Gehaltes und eine Abnahme des Mn^{2+} mit steigender Temperatur ist auch in Hornblenden aus Amphiboliten ermittelt worden, wenn im Gestein ausreichend Ti zur Verfügung steht. Eine geringe Zunahme des MgO/FeO-Verhältnisses konnte ebenfalls registriert werden. Aber die chemischen Änderungen, die mit Änderung des Grades der Metamorphose erfolgen, sind bei der Hornblende nicht so ausgeprägt wie bei Granat, Biotit und Plagioklas (Engel et al., 1962). Man hat wiederholt die Ansicht geäußert, daß mit zunehmendem Grad der Metamorphose der Al-Gehalt der Hornblenden steigt und speziell Si stärker vertritt. Das ist von Engel und anderen Bearbeitern nicht bestätigt worden; vielmehr ist der Al-Gehalt der Hornblenden, der erheblich schwanken kann, durch die Menge des im Gestein zur Verfügung stehenden Al bedingt.

Man muß beachten, daß Änderungen des Chemismus von Mineralen mit steigendem Grade der Metamorphose nur dann sinnvoll untersucht werden können, wenn die chemischen Zusammensetzungen der Metamorphite gleich sind, oder wenn — bei unterschiedlicher Gesteinszusammensetzung — die Mineralparagenesen gleich sind und die Anzahl der Phasen gleich der Anzahl der Komponenten ist. (GUIDOTTI, 1963, gibt ein gutes Beispiel.) ALBEE (1965) zeigt, wie die Verteilung von Fe und Mg auf koexistierenden Biotit und Almandin abhängig ist a) von der Temperatur (weniger vom Druck) der Metamorphose, b) von der Art der Minerale, welche Biotit und Almandin begleiten, also von der gesamten Paragenese, und c) vom Mn-Gehalt des Granats. Bei konstantem Mn-Gehalt im Granat nimmt der Wert des Verteilungsquotienten von (Mg/Fe) im Granat zu (Mg/Fe) im Biotit von etwa 0,2 bei Beginn der Amphibolitfazies auf etwa 0,3 − 0,37 in der höchsttemperierten Amphibolitfazies zu, und diese Zunahme ist vor allem auf eine Zunahme des Mg/Fe-Verhältnisses im Granat mit steigender Temperatur zurückzuführen. Die angegebenen Änderungen lassen sich jedoch erst dann erkennen, wenn Mittelwerte gebildet werden; denn die einzelnen Wertepaare streuen stark innerhalb einer Subfazies und überlappen sich erheblich, wenn benachbarte Subfazies verglichen werden. Man kann also Tendenzen der Änderung des Verteilungsquotienten erkennen, aber eine Kalibrierung der Temperatur der Metamorphose ist auf jenem Wege, offensichtlich wegen der Komplexheit der Gesteinssysteme bzw. der koexistierenden Mischkristalle, noch nicht gelungen.

Zwei weitere Beispiele seien noch angeführt, die zeigen, daß der Gehalt von Spurenelementen und das Sauerstoff-Isotopenverhältnis auch Indikatoren für den Grad der Metamorphose sein können. Quarz enthält als Spurenelement Wasserstoff. Die Menge an Wasserstoff in Quarzen aus Zerrklüften eines metamorphen Gebietes der Schweiz wurde von BAMBAUER, BRUNNER und LAVES (1962) bestimmt, wobei sich ergab, daß der Gehalt an H auf verschieden hohe Bildungstemperaturen hinweist. Im Bereich der zentralen Tessiner Alpen sind die höchsten H-Gehalte gemessen worden. „Diese Zone wird von einem Gürtel mit Quarzen niedrigerer H-Gehalte umgeben. Es wird daraus auf regional verschiedene Bildungstemperaturen geschlossen, was mit Aussagen von WENK über einen im Zentralteil dieses Gebietes lokalisierten Wärmedom im Einklang steht."

Die Sauerstoffisotopenfraktionierung O^{18}/O^{16} in gleichen Mineralen nähert sich mit steigendem Metamorphosegrad immer mehr demjenigen Fraktionierungsverhältnis, welches in den magmatisch gebildeten Mineralen vorliegt. Diese Feststellung von TAYLOR und EPSTEIN (1962) wird auf einen ständigen Austausch des Sauerstoffs mit einem großen Reservoir von relativ konstantem Isotopenverhältnis während der Metamorphose zurückgeführt; dieses Reservoir kann wohl nur die fluide H_2O-reiche Phase im Gesteins-

C. V. GUIDOTTI: Amer. Miner. 48, 772—791 (1963).

A. L. ALBEE: J. Geol. 73, 155—164 (1965).

H. U. BAMBAUER, G. O. BRUNNER und F. LAVES: Schweiz. Min. Petr. Mitt. 42, 221—236 (1962).

H. P. TAYLOR und S. EPSTEIN: Geol. Soc. Amer. Bull. 73, 675—694 (1962).

komplex gewesen sein. Die unterschiedlichen Temperaturen der Metamorphose bedingen dann eine unterschiedliche Isotopenfraktionierung.

Diese Hinweise mögen genügen, um zu erkennen, daß die Temperaturerhöhung im Verlaufe einer aufsteigenden Metamorphose nicht nur durch die speziellen Mineralparagenesen der verschiedenen Fazies und Subfazies, sondern auch durch die Art der Zusammensetzung von Mineralarten dokumentiert ist.

14. Versenkungsmetamorphosen

14.1. Der Schritt von der Diagenese zur Metamorphose

Den mit Gebirgsbildung ursächlich verbundenen Thermo-Dynamometamorphosen stellen wir die Versenkungsmetamorphose gegenüber. Hier erfolgte keine zusätzliche Zufuhr thermischer Energie, keine „Wärmedome" wurden ausgebildet, sondern die Gesteine einer Geosynklinale sind allmählich in so große Tiefen versenkt worden, daß die dort herrschenden Temperaturen hoch genug waren, erste Reaktionen zwischen den Mineralen der Sedimente zu ermöglichen. Es waren also niemals hohe Temperaturen wirksam; aber die relativ niedrigen Temperaturen waren immerhin ausreichend hoch, um bestimmte Minerale sedimentärer Gesteine instabil werden oder mit anderen Mineralen reagieren zu lassen. Die Sedimente erleiden die erste metamorphe Umwandlung. Während die Sedimente eine progressive Metamorphose, d. h. eine Umwandlung infolge einer gegenüber ihrer Ablagerungstemperatur höheren Temperatur durchmachen, sind zwischen den Sedimenten eingelagerte, bei hoher Temperatur gebildete Vulkanite einer regressiven Metamorphose unterworfen. Auch ihr Mineralbestand ist natürlich unter den Bedingungen in einer Geosynklinale völlig instabil, aber nur infolge der gegenüber Oberflächenbedingungen höheren Temperatur ist die Reaktionsgeschwindigkeit groß genug, damit die Minerale und der Glasanteil der Vulkanite zu denjenigen Mineralparagenesen (mehr oder weniger vollständig) reagieren können, die unter den Temperatur- und Druckbedingungen in großen Tiefen der Geosynklinale stabil sind. Man hat Hinweise dafür, daß die Temperatur etwas mehr als 200 °C betragen haben muß, bevor in Sedimenten bestimmte Minerale instabil werden. Um etwa 220 °C beginnen die ersten Mineralreaktionen, die zu Mineralen führen, welche unter sedimentären Bedingungen *nicht* stabil sind; um 220 ± 20 °C beginnt die Metamorphose.

Unterhalb dieser, vom Druck abhängigen Temperaturgrenze des Beginns der Metamorphose bleiben diejenigen Mineralvergesellschaftungen beständig, die als niedrigtemperierte, sedimentäre Bildungen bekannt sind. Es finden zwar in dem ganzen, großen Temperaturbereich, nämlich von der Ablagerungstemperatur der Sedimente bis zum Beginn der Metamorphose, auch mannigfache Umkristallisationen in den Sedimenten statt (sie werden diagenetische Umbildungen genannt), aber es werden dabei nur solche Minerale gebildet, die auch unter oberflächennahen, sedimentären Bedingungen entstehen. Solange der sedimentäre mineralogische Charakter eines Sediments nicht verändert wird, solange spricht man von Diagenese. Unter *Diagenese* versteht man diejenigen, nicht durch Verwitterung verursachten Veränderungen, die ein Sediment zwischen der Sedimentation und der eigentlichen Metamorphose erleidet (CORRENS, 1950). Die Metamorphose hat begonnen, d. h. der Bereich der Diagenese ist überschritten, wenn Mineralvergesellschaftungen innerhalb eines P-T-Bereichs gebildet werden, die *nicht* im sedimentären Bereich entstehen können, oder wenn eine nur in Sedimenten vorkommende Mineralvergesellschaftung verschwindet. Diesen niedrigst temperierten Grad der Metamorphose stellt die zeolithische Fazies dar, und bei sehr hohen Drucken, also in sehr tiefen Geosynklinalen, wird an Stelle der zeolithischen Fazies die Lawsonit-Glaukophan-Fazies ausgebildet; die Grünschieferfazies bzw. die glaukophanitische Grünschieferfazies folgt erst bei deutlich höherer Temperatur.

14.2. a) Zeolithische Fazies = Laumontit-Prehnit-Quarz-Fazies
b) Pumpellyit-Prehnit-Quarz-Fazies

Die zeolithische Fazies ist nicht durch das Auftreten irgendwelcher Zeolithe gekennzeichnet, sondern der *einzige* kritische Zeolith, der von TURNER und VERHOOGEN (1960) auf Grund der Arbeiten von COOMBS *et al.* (1959) definierten zeolithischen Fazies ist *Laumontit*, $CaAl_2Si_4O_{12} \cdot 4 H_2O$. Wir wollen sie daher *Laumontit-Prehnit-Quarz-Fazies* nennen.

In Sedimenten tritt kein Laumontit auf, dafür aber sind andere Zeolithe sedimentär entstanden wie Heulandit, $CaAl_2Si_7O_{18} \cdot 6 H_2O$, oder seine Si-reichere Varietät, der Klinoptilolith, ferner Analcim, $NaAlSi_2O_6 \cdot H_2O$, Phillipsit, $KCaAl_3Si_5O_{16} \cdot 6 H_2O$, Erionit, $(K_2, Na_2, Ca)Al_2Si_6O_{16} \cdot 6 H_2O$, und Mordenit, $(Ca, K_2, Na_2)[AlSi_5O_{12}] \cdot 7 H_2O$. Heulandit und Analcim sind am häufigsten und können, wie wir erst seit kurzem wissen, in einigen Sedimenten sogar mengenmäßig überwiegender Hauptbestandteil sein. (Siehe Literatur über ihr Vorkommen in der Monographie über Zeolithe von HAY, 1966.)

Die entscheidende petrographische Beobachtung des ersten Auftretens von Laumontit, womit der Beginn der Metamorphose, d. h. das Ende des diagenetischen Bereichs und damit der Beginn der zeolithischen Fazies, gekennzeichnet wird, ist erstmals von COOMBS *et al.* (1959) und von PACKHAM *et al.* (1960) gemacht worden. COOMBS beschreibt sie 1961 folgendermaßen:

C. W. CORRENS: Geochim. et Cosmochim. Acta 1, 49—54 (1950).

R. L. HAY: Geol. Soc. Amer., Special Paper No. 85 (1966).

D. S. COOMBS, A. J. ELLIS, W. S. FYFE und A. H. TAYLOR: Geochim. et Cosmochim. Acta 17, 53—107 (1959).

D. S. COOMBS: Australian J. Sci. 24, 203—215 (1961) (siehe dort frühere Lit.); Miner. Mag. 34 (Tilley volume) 144—158 (1965).

G. H. PACKHAM und K. A. W. CROOK: J. Geol. 68, 392—407 (1960).

"In the upper members of the Triassic Taringatura section, Southland, New Zealand, heulandite or its relative clinoptilolite is widespread ... Sedimentary beds consisting essentially of analcime and quartz also occur high in the Taringatura section ... At depths below about 17 000 feet (ca. 6 km) in the present stratigraphic section (die früher zusätzlich von ca. 5 km mächtigen Sedimenten überlagert war) the analcime beds are represented by quartz-albite, sometimes with adularia, and heulandite gives way to a less hydrated lime zeolite, laumontite." Diese kritischen Änderungen der mineralogischen Zusammensetzung ist nicht nur an verschiedenen Stellen in Neuseeland und Australien, sondern inzwischen auch in Rußland, Nordamerika und anderen Gebieten festgestellt worden (THAYER *et al.*, 1960; KOSSOVSKAYA *et al.*, 1961; OTALORA, 1964).

Sowohl Analcim in Paragenese mit Quarz als auch Heulandit verschwinden also unter den gleichen P-T-Bedingungen und werden abgelöst von Albit und Laumontit. Heulandit und Analcim + Quarz können bei der Kristallisation des Glasanteils von Tuffen, aber auch sedimentär-diagenetisch entstehen. Entscheidend ist, daß einerseits mit dem ersten Auftreten des nichtsedimentären Minerals Laumontit und andererseits mit dem Verschwinden von Heulandit und der Assoziation Analcim + Quarz, die beide unter sedimentären Bedingungen stabil sind, einige neue Paragenesen auftreten, die unter sedimentären und diagenetischen Bedingungen nicht stabil sind, sondern erst bei höherer Temperatur stabil werden. Hier definieren wir den Beginn der Metamorphose und speziell den Beginn der zeolithischen Fazies.

Die folgenden kritischen Reaktionen verlaufen also nach rechts:

$$NaAlSi_2O_6 \cdot H_2O + SiO_2 \rightleftarrows NaAlSi_3O_8 + H_2O,$$

Analcim   Quarz   Albit   Wasser

$$CaAl_2Si_7O_{18} \cdot 6\,H_2O \rightleftarrows CaAl_2Si_4O_{12} \cdot 4\,H_2O + 3\,SiO_2 + 2\,H_2O.$$

Heulandit   Laumontit   Quarz Wasser

Diesen Reaktionen folgt bei vermutlich nur etwas höheren Temperaturen eine Reaktion zwischen Laumontit und Calcit, bei der *Prehnit* gebildet wird. Auch dieses Mineral ist typisch in Paragenesen der zeolithischen Fazies.

$$CaAl_2Si_4O_{12} \cdot 4\,H_2O + CaCO_3 \rightleftarrows Ca_2Al_2Si_3O_{10}(OH)_2 + SiO_2 +$$

Laumontit   Calcit   Prehnit   Quarz

$$+ 3\,H_2O + CO_2.$$

A. G. KOSSOVSKAYA und V. D. SHUTOV: Doklady Akad. Nauk. USSR **139**, 677—680 (1961).

G. OTALORA: Amer. J. Sci. **262**, 726—734 (1964).

T. P. THAYER und C. E. BROWN: US Geol. Survey, Prof. Paper 400 B, 300—302 (1960).

Folgende Paragenesen, wozu auch Albit und Adular gehören können, sind
dann kennzeichnend:

Laumontit + Quarz + Chlorit (mit Titanit und Seladonit),
Laumontit + Prehnit + Quarz + Chlorit,
Prehnit + Quarz + Calcit + Chlorit.

Typische Minerale sedimentärer Gesteine, wie Seladonit und Saponit,
Na-führender Mg-Vermikulit, sind noch erhalten bei dieser niedrigsttemperierten Metamorphose, ebenso wie Montmorillonit und Kaolinit. So wurde
die Paragenese Kaolinit + Montmorillonit + Chlorit von MELLON (1960) in
der gleichen Gesteinsformation festgestellt, in der bei anderem Gesteinschemismus Laumontit + Quarz + Chlorit gebildet worden war. Es bleiben
also bei der Metamorphose in der zeolithischen Fazies durchaus noch typisch
sedimentäre Minerale erhalten; erst bei höherer Temperatur, mit Beginn
der Grünschieferfazies, verschwinden Kaolinit und Montmorillonit vollständig.

Das Diagramm der besprochenen Paragenesen ist von COOMBS (1961)
aufgestellt worden und wird hier in Figur 38 wiedergegeben. Da der Name
„zeolithische Fazies" ohne Kenntnis der kritischen Paragenesen nichts Be-
stimmtes ausdrückt, wird vorgeschlagen, sie umzubenennen in *Laumontit-
Prehnit-Quarz-Fazies.*

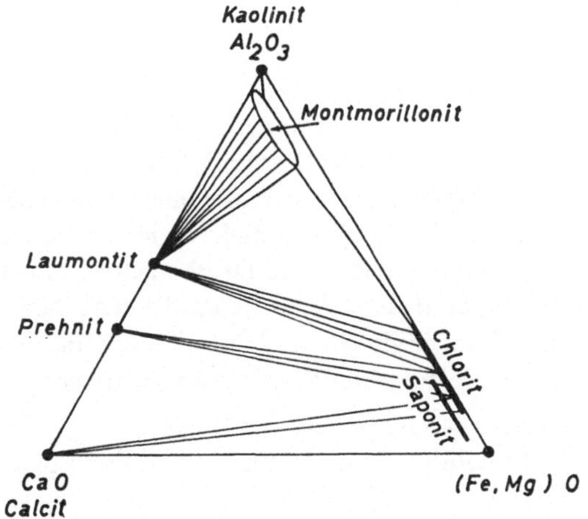

Fig. 38. Laumontit-Prehnit-Quarz-Fazies (aus COOMBS, 1961)

Einige Kilometer unterhalb der in Figur 38 dargestellten Paragenesen,
also bei etwas höherer Temperatur, wird Laumontit zunächst teilweise und

---

G. B. MELLON: Bull. Geol. Soc. Amer. 71, 1928 (1960).

dann vollständig abgelöst durch *Pumpellyit*. COOMBS (1961) vermutet etwa folgende Reaktion:

$$\text{Laumontit} + \text{Prehnit} + \text{Chlorit} \rightleftharpoons \text{Pumpellyit} + \text{Quarz} + H_2O.$$

Auch folgende von MARTINI *et al.* (1965) vorgeschlagene Reaktion ist denkbar:

$$\{\text{Laumontit} + \text{Calcit} + \text{Chlorit}\} \rightleftharpoons \{\text{Pumpellyit} + \text{Quarz} + H_2O + CO_2\}.$$

Pumpellyit ist ein epidotähnliches, aber Mg-haltiges Mineral mit etwa folgender Zusammensetzung:

$$Ca_4(Mg, Fe, Mn)(Al, Fe, Ti)_5[O(OH)_3(Si_2O_7)_2(SiO_4)_2] \cdot 2\,H_2O.$$

Es ist mikroskopisch oft schwer erkennbar, besonders wenn es feinkörnig oder von nur blasser Farbe ist.

Mit dem vollständigen Verschwinden des Laumontits definiert COOMBS (1960) den Beginn einer neuen Fazies, der Prehnit-Pumpellyit-Metagrauwackefazies. Da nicht nur ehemalige Grauwacken, sondern auch ehemalige Mergel und Vulkanite die Kennzeichen dieser Fazies tragen, wollen wir sie *Pumpellyit-Prehnit-Quarz-Fazies* nennen.

Häufig gebildete und faziestypische Paragenesen sind bei völliger Abwesenheit von Laumontit folgende:

Pumpellyit + Quarz + Albit + Chlorit,
Prehnit + Quarz + Chlorit ± Albit,
Pumpellyit + Prehnit + Quarz ± Albit,
Kalifeldspat, Muskovit, Calcit und Titanit können außerdem auftreten.

Mit etwas weiter steigender Temperatur können sich innerhalb dieser Fazies nun auch Fe^{3+}-reicher Epidot (Pistazit), Stilpnomelan und Aktinolith[1] bilden; hier entstehen also im Laufe der Metamorphose erstmalig Minerale, die dann auch weiterhin in der Grünschieferfazies auftreten. Stilpnomelan kann wohl als Indikator für recht hohe Drucke gelten, also für sehr erhebliche Tiefen der geosynklinalen Versenkung. In dem höher temperierten Bereich der Prehnit-Pumpellyit-Quarz-Fazies können insbesondere in basischen Gesteinen also auch folgende Paragenesen auftreten:

Pumpellyit + Prehnit + Quarz + Albit ± Epidot,
Pumpellyit + Aktinolith + Chlorit + Quarz + Albit ± Epidot.

Neuerdings ist auch in der langgestreckten Zone des nordhelvetischen Flysch die Folge dieser beiden metamorphen Fazies von MARTINI *et al.* (1965)

J. MARTINI und M. VUAGNAT: Schweizer Miner. Petrogr. Mitt. 45, 281—293 (1965).

D. S. COOMBS: XXI. Intern. Geol. Congress, Copenhagen, Part XIII, 339 to 351 (1960).

[1] Aktinolith kommt nicht zusammen mit Prehnit vor.

festgestellt worden; Psammite, reich an Bruchstücken basischer Vulkanite, haben geliefert: Sandsteine, reich an Laumontit, Pumpellyit-Prehnit-Sandsteine und schließlich Pumpellyit-Epidot-Sandstein.

Bei geringer weiterer Steigerung der Temperatur verschwindet zunächst Prehnit und dann Pumpellyit vollständig; aus letzterem wird sich Aktinolith und Epidot bilden. Die Art der Reaktionen kennen wir noch nicht, aber wenn sie ablaufen, dann erfolgt der Schritt in die Grünschieferfazies.

Die hier besprochene Art der Versenkungsmetamorphose führt von der Laumontit-Prehnit-Quarz-Fazies über die Pumpellyit-Prehnit-Quarz-Fazies bis in die Grünschieferfazies. Höhere Temperaturen sind nicht erreicht worden, weil die Versenkungsmetamorphose unter etwa „normalen" geothermischen Gradienten erfolgt ist, d. h., weil kein größerer geothermischer Gradient infolge besonderer Zufuhr thermischer Energie wirksam war.

Bedingungen der Laumontit-Prehnit-Quarz-Fazies. Es wurde bereits erwähnt, daß Temperaturen von etwas mehr als 200 °C erreicht werden müssen, damit die Metamorphose in der Laumontit-Prehnit-Quarz-Fazies, in der zeolithischen Fazies, erfolgen kann. Maßgeblich für die Ermittlung der Bedingungen für den Beginn dieser Fazies ist einerseits das petrographisch beobachtete Verschwinden von Heulandit bei gleichzeitiger Bildung von Laumontit, andererseits die Reaktion von Analcim und Quarz zu Albit.

Leider sind die Gleichgewichtsbedingungen der entsprechenden Reaktionen noch nicht mit hinreichender Genauigkeit bekannt. Zwar hat man noch vor kurzer Zeit geglaubt, die Phasengrenze Analcim$+$Quarz/Albit$+$H$_2$O zu kennen, aber neueste Versuche haben gezeigt, daß einerseits Analcim sich leicht metastabil relativ zu Albit bildet und daß andererseits die Reaktionsgeschwindigkeit in der Nähe der Phasengrenze außerordentlich gering ist, so daß alle veröffentlichten Experimente der Synthese von Albit aus Analcim$+$Quarz Temperaturen lieferten, die um viele Zehnergrade höher als Gleichgewichtstemperaturen sind. Man kann in dem Falle der Analcim-Reaktion nur dann hoffen, die Gleichgewichtsdaten experimentell zu ermitteln, wenn man sehr lange Versuchszeiten von mehr als 5 — 6 Monaten ansetzt. Solche langzeitigen Versuche von ALTHAUS haben am hiesigen Institut bisher ergeben, daß im Druckbereich von 4 bis 7 kb P_{H_2O} Albit aus Analcim$+$Quarz bereits bei 220 °C entsteht; wir wissen aber noch nicht, ob die Temperatur auch um einige Zehnergrade niedriger sein kann. Von CAMPBELL *et al.* (1965) wird 190 °C bei 12 Bar als Gleichgewichtstemperatur auf Grund einer völlig anderen Versuchsmethode für wahrscheinlich gehalten. Mit diesem Wert und abgeschätzten thermochemischen Daten berechnen die Autoren dann die Gleichgewichtskurve der Reaktion, welche mit schwach positiver Neigung bei geringem Druck den Sinn ihrer Neigung bei höherem

---

A. S. CAMPBELL und W. S. FYFE: Amer. J. Sci. **263**, 807—816 (1965).

Druck ändert, also mit negativer Neigung zurückbiegt. Dies ist darauf zurückzuführen, daß mit zunehmendem Druck die Dichte des gasförmigen H_2O so weit zunimmt, daß die Summe der Molvolumina von Analcim + Quarz größer ist als die von Albit + H_2O. Durch die Rechnung erhält man eine so starke Rückbiegung, daß die Phasengrenze bei 150 °C und 2900 Bar und bei 100 °C und 3700 Bar verläuft. Ob diese theoretischen Hinweise der Wirklichkeit entsprechen, ist noch völlig offen; man wird sie später experimentell kontrollieren.

Aus dem Vorstehenden geht hervor, daß wir aus der petrographisch beobachteten Reaktion von Analcim + Quarz zu Albit + H_2O bisher leider nur Angaben über den Beginn der Laumontit-Prehnit-Quarz-Fazies machen können, sofern P_{H_2O} kleiner als etwa 2000 Bar ist; denn bei solchen Drucken muß die Temperatur ca. 200 °C erreicht oder gerade überschritten haben. Ob bei höheren Drucken die Temperatur geringer gewesen sein kann, ist noch nicht erwiesen.

Die Umwandlung von Heulandit in Laumontit + Quarz + H_2O konnte experimentell noch nicht durchgeführt werden. COOMBS et al. (1959) hatten lediglich festgestellt, daß unter 2000 Bar H_2O-Druck Heulandit ab 280 °C nicht mehr beständig ist; es gelang ihnen ferner, aus den Komponenten des Laumontits (die zuvor durch thermische Zersetzung des Minerals für das Experiment bereitgestellt worden waren) Laumontit bei 310 °C und 2000 Bar zu synthetisieren. In Versuchen am hiesigen Institut gelang es in Versuchszeiten von 4 Wochen nicht, aus Heulandit Laumontit + Quarz zu machen; es entstand stets metastabiler Anorthit und Wairakit, $Ca[Al_2Si_4O_{12}] \cdot 2\,H_2O$, neben Quarz. Es konnte aber durch diese Experimente von NITSCH (mündl. Mitt.) festgestellt werden, daß Heulandit nur bis 235 ± 10 °C bei 10 kb und bis ca. 230 °C bei 7 kb H_2O-Druck beständig sein kann; bei niedrigeren H_2O-Drucken wird die Temperatur noch etwas niedriger liegen. Nun kann man recht gut abschätzen, daß Heulandit um 220 ± 20 °C zu Laumontit + Quarz + H_2O zerfällt. Bei etwa den gleichen Temperaturen wird (wenigstens bei relativ niedrigen Drucken) die Reaktion von Analcim + Quarz zu Albit + H_2O erfolgen, so daß wir für den sehr wahrscheinlichen Fall, daß $P_{H_2O} = P_s$ ist, mit 220 ± 20 °C den Beginn der Laumontit-Prehnit-Quarz-Fazies, d. h. den Beginn der Metamorphose, kennzeichnen können. Diese Fazies erstreckt sich über einen recht großen Temperaturbereich von schätzungsweise 100 °C, wo sie dann von der Pumpellyit-Prehnit-Quarz-Fazies abgelöst wird.

Der petrographische Nachweis dafür, daß diese Fazies ausgebildet worden ist, kann — wie bei jeder anderen metamorphen Fazies — selbstverständlich nur dann geführt werden, wenn Ausgangsgesteine vorgelegen haben, die kritische Paragenesen bei der Metamorphose liefern konnten. Kaolinit-Montmorillonit-Quarz-Tone bleiben dagegen bei der Metamorphose in der Laumontit-Prehnit-Quarz-Fazies unverändert, und aus illiti-

schen Tonen werden innerhalb dieser Fazies ab etwa 300 °C Sericit +
Quarz + Chlorit-Gesteine gebildet, wobei der 1 Md-Illit zu einem geordneten
2 M-Glimmer (siehe WINKLER, 1964) wird. Diese Paragenese (evtl. mit zusätzlichem Albit) bleibt auch in der Grünschieferfazies beständig.

Das Ende der Laumontit-Prehnit-Quarz-Fazies wird u. a. durch das
endgültige Verschwinden von Laumontit gekennzeichnet. Für den isolierten
Laumontit (also in Abwesenheit von Reaktionspartnern) haben KOIZUMI
et al. (1960) festgestellt, daß er bei etwa 410 °C und $P_{H_2O} = 1000$ Bar verschwindet. Da die Versuchszeiten aber nur wenige Tage betrugen, muß auf
Grund der Ergebnisse an anderen Zeolithen erwartet werden, daß die obere
Stabilitätsgrenze des isolierten Laumontits unterhalb 400 °C liegt. Ferner
ist zu bedenken, daß Laumontit in einer Reaktion bei noch niedrigerer Temperatur verschwindet. Wir wissen noch nicht, wieviel niedriger die Temperatur ist, aber man kann schätzen, daß das Ende der Laumontit-Prehnit-
Quarz-Fazies und damit der *Beginn der Pumpellyit-Prehnit-Quarz-Fazies*
vielleicht um 350 °C liegen wird. Die Pumpellyit-Prehnit-Quarz-Fazies ist
nur in einem kleinen Temperaturbereich entwickelt; sie wird um 400 °C
von der Grünschieferfazies abgelöst. Höhere metamorphe Grade erreicht die
Versenkungsmetamorphose nicht.

Wenn man einen geothermischen Gradienten von 20 °C/km als „normal"
annimmt, dann würden Temperaturen um 400 °C erst in 20 km Tiefe erreicht, wo Drucke von mindestens 5500 Bar herrschen; 250 °C würden in
13 km Tiefe erreicht, wo der Druck mindestens 3500 Bar beträgt. Wenn der
geothermische Gradient etwas größer gewesen wäre, dann hätten selbstverständlich geringere Versenkungstiefen ausgereicht, um die Gesteine einer
Geosynklinale in den tieferen Bereichen auf 250 °C bis 400 °C aufzuheizen.

14.3. a) Lawsonit-Glaukophan-Fazies = Glaukophanschieferfazies
b) Lawsonit-Albit-Fazies

In sehr tiefen Geosynklinalen, also unter sehr hohen Drucken, beginnt
die Metamorphose nicht mit der Laumontit-Prehnit-Quarz-Fazies, sondern
mit der erst seit kurzem bekannten Lawsonit-Albit-Fazies bzw. bei noch
höheren Drucken mit der Lawsonit-Glaukophan-Fazies. Statt Lawsonit-
Glaukophan-Fazies — der Name wird hier eingeführt — sprach man bisher
von Glaukophanschieferfazies. Dieser Name hat leider große Verwirrung
hervorgerufen, weil die Glaukophanschieferfazies nicht genau genug definiert war. Infolgedessen hat man alle Metamorphite, welche Na-Amphibol,
insbesondere Glaukophan oder Crossit, führen, in die Glaukophanschieferfazies gestellt. Das ist nicht richtig, weil Glaukophan und mit ihm vergesellschaftet jadeitischer Pyroxen nicht fazieskritisch sind, sondern auch in solchen

H. G. F. WINKLER: Beitr. Miner. u. Petr. **10**, 70—93 (1964).
M. KOIZUMI und R. ROY: J. Geol. **68**, 41—53 (1960).

Metamorphiten verbreitet vorkommen, die zur Hochdruckausbildung der Grünschieferfazies gehören, also zu derjenigen Art der Ausbildung, die wir glaukophanitische Grünschieferfazies nennen; siehe Kapitel 10. In dem Bemühen, solche Irrtümer zu vermeiden, haben TURNER und VERHOOGEN (1960, S. 543) folgende Kennzeichnung gegeben: "The glaucophaneschist-facies is here restricted to the paragenesis in which glaucophane schists are associated with assemblages containing lawsonite, jadeite-quartz, aegirin, or pumpellyite — typically all four."

Heute können wir genauer präzisieren und herausstellen, daß kritisch für die Glaukophanschieferfazies das Auftreten von *Lawsonit*, $CaAl_2[(OH)_2/Si_2O_7] \cdot H_2O$, ist, und zwar zusammen mit jadeitischem Pyroxen + Quarz. Na-Amphibol und Pumpellyit sind häufig, und Albit kann auch neben jadeitischem Pyroxen vorkommen. $CaCO_3$ tritt primär als Aragonit auf, kann aber später in Calcit umgewandelt sein.

Kennzeichnende Paragenese ist:

Lawsonit + Jadeit + Aragonit + Quarz ± Glaukophan ± Albit.

Wenn kein Lawsonit in Metamorphiten vorkommt, die auf Grund ihrer chemischen Zusammensetzung Lawsonit enthalten könnten, dann gehören diese Metamorphite nicht zur Glaukophanschieferfazies, selbst wenn Glaukophan und/oder jadeitischer Pyroxen vorhanden sind. Um dies auch im Namen der Fazies klar zum Ausdruck zu bringen, wollen wir die Glaukophanschieferfazies *umbenennen in Lawsonit-Glaukophan-Fazies.*

Hierbei ist bewußt auch das Beiwort „Schiefer" fortgelassen worden; denn wir kennen heute große Areale, wo die Metamorphite der Lawsonit-Glaukophan-Fazies keinerlei Schiefertextur haben, sondern wo die Struktur der ehemaligen Vulkanite und Sedimente noch so weitgehend erhalten ist, daß man dem Gestein seine metamorphe Natur äußerlich nicht ansehen kann.

Eingangs wurde erwähnt, daß die Versenkungsmetamorphose in sehr tiefen Geosynklinalen entweder (wohl meistens) in der Lawsonit-Glaukophan-Fazies ausgebildet ist oder aber (wohl seltener) in der *Lawsonit-Albit-Fazies.* Diese Fazies ist unter geringeren Drucken entstanden, sie hat als kennzeichnendes Mineral auch Lawsonit; aber zum Unterschied von der Lawsonit-Glaukophan-Fazies tritt jadeitischer Pyroxen nicht auf, und $CaCO_3$ kann primär als Aragonit, aber bei geringerem P_s bzw. höherer Temperatur auch als Calcit vorliegen. Kritische Paragenese für diese Fazies ist:

Lawsonit + Albit + Quarz + Aragonit oder Calcit.

Lawsonit-Glaukophan-Fazies. Kritisch ist die Paragenese Lawsonit + jadeitischer Pyroxen, zu der sich auch Na-Amphibol gesellt, wenn mafische Vulkanite metamorphisiert worden sind. Als Na-Amphibole kommen vor allem Glaukophan oder Crossit vor. Glaukophan hat die Zusammensetzung

$Na_2(Mg, Fe^{2+})_3Al_2[(OH)_2/Si_8O_{22}]$, worin wenig Si durch Al und etwas Al durch Fe^{3+} ersetzt sein kann. Im Crossit sind $30-70$ Mol-% des Al durch Fe^{3+} ersetzt. Der jadeitische Pyroxen setzt sich aus den Komponenten Diopsid, $CaMgSi_2O_6$, Akmit (das ist Aegirin, $NaFe^{3+}Si_2O_6$, in dem ein Teil des Fe^{3+} durch Al, Ti und Fe^{2+} vertreten ist) und aus der Komponente Jadeit, $NaAlSi_2O_6$, zusammen; neue Analysen siehe ERNST, 1964. Das Verhältnis der Komponenten kann sehr verschieden sein. Man kann den Na-führenden Pyroxen auch oft als chloromelanitischen Pyroxen bezeichnen. Chloromelanit setzt sich zu etwa gleichen Teilen aus den Mischungsgliedern Diopsid, Ägirin und Jadeit zusammen. Die Jadeitkomponente rührt daher, daß unter den Bedingungen dieser Fazies Albit in dem Polykomponentensystem des Metamorphits nicht mehr stabil ist, sondern Jadeit + Quarz liefert. Die Reaktion $NaAlSi_3O_8 = NaAlSi_2O_6 + SiO_2$ kennzeichnet dies. Man darf aber nicht meinen, daß diese einfache Reaktion auch die Temperatur und Druckbedingung für die Bildung des jadeitischen Pyroxens angibt; denn die Reaktion ist bei der Metamorphose im Gestein wesentlich komplexer, weil sich nicht Jadeit, sondern ein komplexer Pyroxen-Mischkristall bildet. Es haben folglich mehr Minerale als nur Albit zu jadeitischem Pyroxen reagiert. Dann ist auch verständlich, daß nicht unter allen Umständen Albit in der komplexen Reaktion völlig verbraucht wird, sondern daß jadeitischer Pyroxen und Albit auch koexistieren können. Die Anwesenheit von jadeitischem Pyroxen + Quarz schließt also die Koexistenz von Albit nicht aus. In manchen Vorkommen ist Albit (siehe z. B. SEKI, 1960), in anderen ist kein Albit neben jadeitischem Pyroxen vorhanden (siehe z. B. COLEMAN *et al.*, 1963).

Jadeitischer Pyroxen, der bisweilen sehr feinkörnig und daher mikroskopisch schwer erkennbar sein kann, ist nicht nur aus Albit bzw. der Albitkomponente des Plagioklases, sondern auch aus Augit in komplexen Reaktionen entstanden. In basischen Vulkaniten hat nämlich SEKI (1960) beobachtet, daß anorthitreicher Plagioklas ersetzt worden ist durch ein feinkörniges Gemenge von Jadeit, Albit-reichem Plagioklas, Lawsonit, Pumpellyit, Epidot und/oder Chlorit; Augit ist ersetzt worden durch Glaukophan, Aktinolith, Chlorit und Jadeit.

In Metamorphiten der Lawsonit-Glaukophan-Fazies können außer den vorstehend genannten Mineralen auch noch Stilpnomelan und heller Glimmer auftreten, und zwar vor allem in ehemaligen Psammiten und Peliten. Dagegen wird Paragonit, der Na-Al-Glimmer, noch nicht gebildet. Außerdem tritt Biotit nie auf, wie in der niedrigsttemperierten Subfazies der Grünschieferfazies des Barrow-Typs und wie in der Laumontit-Prehnit-Quarz- und in der Pumpellyit-Prehnit-Quarz-Fazies. Außer der Abwesenheit von Biotit ist bemerkenswert, daß der K-Al-Glimmer noch kein Musko-

---

W. G. ERNST: Geochim. et Cosmochim. Acta **28**, 1631—1668 (1964).
Y. SEKI: Amer. J. Sci. **258**, 705—715 (1960).

vit sondern ein Phengit oder Ferriphengit ist (ERNST, 1963). Hier ist u. a. infolge gekoppelter Substitution Al teilweise durch $Si+(Mg, Fe^{2+})$ ersetzt. YODER und EUGSTER (1955) sprechen statt von Phengit von „high silica sericite". Abwesenheit von Biotit, Auftreten von Stilpnomelan und von Phengit und auch noch vorhandener Montmorillonit (COLEMAN *et al.* 1963) sind Hinweise für niedrige Metamorphosetemperaturen bei hohen Drucken. Dafür spricht ferner, daß Paragonit nicht in Metamorphiten der Lawsonit-Glaukophan-Fazies auftritt, sondern erst in der glaukophanitischen Grünschieferfazies, wie in der normalen Grünschieferfazies. Daraus folgt, daß die Lawsonit-Glaukophan-Fazies bei Temperaturen ausgebildet wird, welche niedriger sind als die der Grünschieferfazies. Und hierfür spricht die beobachtete Faziesfolge von der Lawsonit-Glaukophan-Fazies zur glaukophanitischen Grünschieferfazies, die auf eine Erhöhung der Temperatur zurückführbar ist.

Als weiteres Mineral kann im höhertemperierten Bereich oder im Bereich höheren Druckes der Lawsonit-Glaukophan-Fazies auch Granat vorkommen. In der etwa im gleichen Temperaturbereich entstandenen Pumpellyit-Prehnit-Quarz-Fazies ist noch kein Granat beobachtet worden. LEE *et al.* (1963) haben aus verschiedenen Gesteinen den Granat separiert und analysiert. Es sind sehr Mg-arme, Mn-reiche Almandin-Grossular-Spessartin-Mischkristalle, wie man sie auch in der Grünschieferfazies findet. Kennzeichnend ist ihr großer Anteil an Spessartinkomponente, der zwischen 9 und 61 Mol-% liegt, was MnO-Gehalten zwischen 4 und 29 Gew.-% entspricht. [Nur in den tektonisch hochgeschleppten, isolierten Glaukophanschieferblöcken, die in Kalifornien u. a. zusammen mit Eklogiten vorkommen (Typ IV von COLEMAN), ist die Spessartinkomponente geringer und dafür die Pyropkomponente etwas größer.] Spessartinführende Granate sind auch aus anderen Gebieten in Metamorphiten der Lawsonit-Glaukophan-Fazies beschrieben worden (siehe Zusammenstellung bei MIYASHIRO, 1961).

Ganz besonders wichtig ist nun die Feststellung von COLEMAN und LEE (1962) und von McKEE (1962), daß die Hochdruckmodifikation des $CaCO_3$, daß Aragonit an Stelle von Calcit unter den Bedingungen der Lawsonit-Glaukophan-Fazies gebildet worden ist. Es ist somit ganz sicher, daß Drucke geherrscht haben, die oberhalb der Phasengrenze Calcit — Aragonit liegen. Wir werden hierauf wieder zurückkommen.

W. G. ERNST: Amer. Miner. 48, 1357—1373 (1963).

H. S. YODER und H. P. EUGSTER: Geochim. et Cosmochim. Acta 8, 225—280 (1955).

R. G. COLEMAN und D. E. LEE: J. Petrol. 4, 260—301 (1963).

D. E. LEE, R. G. COLEMAN und R. C. REED: J. Petrol. 4, 460—492 (1963).

A. MIYASHIRO: J. Petrol. 2, 277—311 (1961).

R. G. COLEMAN und D. E. LEE: Amer. J. Sci. 260, 577—595 (1962).

B. McKEE: Amer. Miner. 47, 379—387 (1962).

Zunächst seien, vorwiegend nach SEKI (1960), COLEMAN *et al.* (1963), LEE *et al.* (1963) und ERNST (1965) einige häufige Paragenesen der Lawsonit-Glaukophan-Fazies aufgeführt, worin die Assoziationen von Lawsonit mit jadeitischem Pyroxen kritisch ist.

Aus Basalten:

Glaukophan + Lawsonit ± jadeitischer Pyroxen ± Albit ± Pumpellyit ± Klinozoisit oder Epidot ± Phengit ± Titanit ± Chlorit ± Aragonit ± Granat ± Quarz. Meistens ist Glaukophan, selten ist Lawsonit Hauptbestandteil. Die Menge an Chlorit ist stets sehr gering, während die Menge an Phengit bei K-reicheren Varietäten um $10^0/_0$ betragen kann.

Aus eisenreichen Tonschiefern:
Crossit + Quarz ± Phengit ± Granat ± Chlorit ± Aragonit.
Eisenreichere Gesteine führen Stilpnomelan.

Aus normalen Tonen:
Phengit + Quarz ± Chlorit ± Montmorillonit ± Glaukophan ± Granat;
Phengit + Quarz ± Chlorit ± Lawsonit ± Jadeit ± Albit.

Aus Grauwacken und Sandsteinen:
Quarz + jadeitischer Pyroxen + Lawsonit ± Glaukophan ± Chlorit ± Stilpnomelan. Die zusätzliche Menge an Phengit ist je nach der Ausgangszusammensetzung sehr verschieden.

Die Bildung von Glaukophan ist auf Zerfallreaktionen des Augits oder auf Reaktionen zurückzuführen, an denen sich Chlorit und Albit beteiligen. Lawsonit kann aus sedimentär-diagenetischem Heulandit entstehen, meistens wird aber Lawsonit aus der Anorthitkomponente der Plagioklase gebildet. Formelmäßig ist das leicht einzusehen:

$$CaAl_2Si_2O_8 + 2\,H_2O \rightleftharpoons CaAl_2[(OH)_2/Si_2O_7]\cdot H_2O.$$

Das spezifische Gewicht von Lawsonit ist um $13^0/_0$ größer als das des Anorthits, und es ist offensichtlich, daß hoher Druck die Bildung von Lawsonit begünstigt. Auch bei der Bildung von Lawsonit + Quarz aus Heulandit ist unter sehr hohen Drucken die Summe der Molvolumina auf der rechten Seite der folgenden Gleichung kleiner als auf der linken:

$$CaAl_2Si_7O_{18}\cdot 6\,H_2O \rightleftharpoons CaAl_2[(OH)_2/Si_2O_7]\cdot H_2O + 5\,SiO_2 + 4\,H_2O.$$
Heulandit   Lawsonit   Quarz

McKEE (1962) hat in der feinkörnigen Grundmasse zwischen den Körnern klastischer Sedimente die Bildung von Lawsonit beobachtet. Möglich wäre, daß hier ursprünglich Heulandit vorgelegen hat, aber die Vermutung von McKEE, daß Lawsonit durch Reaktion von $CaCO_3$ mit Glimmer oder

---

W. G. ERNST: Geol. Soc. Amer. Bull. **76**, 879—914 (1965).
B. McKEE: Amer. J. Sci. **260**, 596—610 (1962).

Tonmineralen entstanden sein könnte, ist nicht abwegig. Vielmehr ist es wahrscheinlich, daß unter den Bedingungen der Lawsonitfazies z. B. $CaCO_3$ und Kaolinit zu Lawsonit reagieren:

$$CaCO_3 + Al_2[(OH)_4/Si_2O_5] \rightleftarrows CaAl_2[(OH)_2/Si_2O_7] \cdot H_2O + CO_2 .$$

Weitere Möglichkeiten für die Bildung von Lawsonit neben Ägirin bzw. Crossit sind nach ERNST (1965) folgende:

Albit + Hämatit + Calcit → Lawsonit + Ägirin + CO_2 ;
Albit + Chlorit + Aktinolith → Lawsonit + Crossit.

Die letzte Reaktion würde den Übergang von Metamorphiten der Grünschieferfazies in die Lawsonit-Albit-Fazies kennzeichnen.

Früher war man der Meinung daß insbesondere für die Bildung von Glaukophan eine metasomatische Zufuhr von Na und Fe erforderlich sei. Die inzwischen festgestellten sehr großen, geschlossenen regionalen Verbreitungen von Metamorphiten der Lawsonit-Glaukophan-Fazies sind jedoch mit jener Meinung nicht gut verträglich. Vor allem wissen wir aus neuesten quantitativen Untersuchungen, daß — abgesehen von den leichtflüchtigen Bestandteilen — alles für eine im wesentlichen isochemische Metamorphose spricht (z. B. COLEMAN *et al.*, 1963; ERNST, 1965; GHENT, 1965). Wir können also auch versuchen, die Bedingungen der Lawsonit-Glaukophan-Fazies durch sinnvoll durchgeführte Experimente im geschlossenen System zu ermitteln.

Die Lawsonit-Albit-Fazies, deren Metamorphite *keinen* jadeitischen Pyroxen enthalten, ist unter etwas niedrigeren Drucken als die Lawsonit-Glaukophan-Fazies entstanden. Denn für die Bildung von jadeitischem Pyroxen werden offensichtlich um einige Kilobar höhere Drucke benötigt als für die Bildung von Lawsonit.

Wir kennen seit kurzer Zeit Metamorphite, die Lawsonit und Albit, aber noch keinen jadeitischen Pyroxen enthalten. COOMBS (1960) berichtete von solchen Metagrauwacken in Neuseeland, die in einem Gebiet von etwa 140 km² Größe aufgeschlossen sind; GHENT (1965) beschreibt solche Metagrauwacken und Metabasalte aus der nördlichen Coast Range in Kalifornien. McKEE (1962) hat nun in einem etwa 200 km² großen Gebiet eine besonders interessante Beobachtung machen können: Etwa durch die Mitte des Kartierungsgebietes verläuft eine Grenze, welche aus klastischen Sedimenten entstandene Metamorphite mit Lawsonit + Albit, jedoch ohne jadeitischen Pyroxen, von Metamorphiten mit Lawsonit + jadeitischem Pyroxen (mit oder ohne Albit) trennt. Hier grenzen also die beiden Fazies anein-

D. S. COOMBS: Amer. Miner. 42, 564—566 (1960); Internat. Geol. Congress Copenhagen, Part 13, 399—351.
E. D. GHENT: Amer. J. Sci. 263, 385—400 (1965).
B. McKEE: Amer. J. Sci. 260, 596—610 (1962).

ander, die jadeitischen Pyroxen-führende Lawsonit-Glaukophan-Fazies und die Jadeit-freie Lawsonit-Albit-Fazies.

Diese letzte Fazies kann nun auf Grund der Arbeiten von COOMBS einerseits und von GHENT andererseits unterteilt werden in zwei Bereiche, nämlich in die

Na-Amphibol- und *Aragonit*-führende Lawsonit-Albit-Fazies
und in die

Na-Amphibol-freie und *Calcit*-führende Lawsonit-Albit-Fazies.
Die Na-Amphibol- und Aragonit-führende Ausbildung der Lawsonit-Albit-Fazies (die man eine Subfazies der Lawsonit-Albit-Fazies nennen könnte) unterscheidet sich von der Lawsonit-Glaukophan-Fazies nur dadurch, daß jadeitischer Pyroxen nicht vorkommt — weder in Metabasalten noch in Metagrauwacken. Es treten also sowohl Aragonit als auch blaue Na-Amphibole (Crossit, Glaukophan, Riebeckit) auf. Ein weiterer Unterschied scheint der zu sein, daß Na-Amphibol nicht neben Lawsonit auftritt, sondern neben eisenreichem Epidot und/oder Pumpellyit (GHENT). Die Paragenese Lawsonit + Albit + Aragonit ist verbreitet. Sie ist in der Lawsonit-Glaukophan-Fazies mit der ebenfalls kritischen Paragenese Lawsonit + jadeitischer Pyroxen + Quarz + Aragonit zu vergleichen.

Die Aragonit-freie, dafür Calcit-führende Ausbildung der Lawsonit-Albit-Fazies unterscheidet sich aber wesentlich von der Lawsonit-Glaukophan-Fazies, denn COOMBS (1960) hat festgestellt: Glaukophan, jadeitischer Pyroxen, Aragonit und Pumpellyit treten nicht auf. Epidot ist anscheinend auch nicht stabil.

Es wurden gebildet *aus Vulkaniten:*
Albit + Lawsonit + Chlorit ± Quarz ± Calcit ± Phengit.

Aus Peliten:
Quarz + Albit + Phengit + Lawsonit.

Aus Mergeln:
Calcit + Lawsonit ± Chlorit ± Quarz.

Die Lawsonit-Albit-Fazies nimmt eine Mittelstellung zwischen der Laumontit-Prehnit-Quarz- bzw. Pumpellyit-Prehnit-Quarz-Fazies und der Lawsonit-Glaukophan-Fazies ein. Bei gleicher Temperatur, die niedrig ist, ordnen sich die Paragenesen bzw. die Fazies mit steigendem $P_s \approx H_2O$-Druck folgendermaßen an:

Prehnit + Albit + Calcit.	Laumontit-Prehnit-Quarz-Fazies
Lawsonit + Albit + Calcit. Lawsonit + Albit + Aragonit.	Lawsonit-Albit-Fazies
Lawsonit + jadeitischer Pyroxen + Quarz + Aragonit.	Lawsonit-Glaukophan-Fazies

Physikalische Bedingungen der Lawsonit-Glaukophan-Fazies. Es besteht Einmütigkeit darüber, daß sehr hohe Drucke und niedrige Temperaturen geherrscht haben müssen, aber über die Höhe der Temperaturen gehen die Meinungen noch auseinander. TURNER und VERHOOGEN (1960, S. 544) schätzen den Temperaturbereich dieser Fazies, die von ihnen Glaukophanschieferfazies genannt wird, auf 300—400 °C, während BROWN *et al.* (1962) den Temperaturbereich 200—300 °C als wahrscheinlich halten, ESSENE *et al.* (1965) 150—300 °C bei 5—10 kb und ERNST (1965) ebenfalls 200—300 °C bei 7—8 kb H_2O-Druck angeben.

In der ersten Auflage dieses Buches ist ein Temperaturbereich von etwa 350—450 °C genannt worden, aber jetzt sind wir in der Lage, diesen Bereich erheblich zu niedrigeren Temperaturen hin zu erweitern, nämlich bis auf ca. 230 °C. Die vorher schon erwähnten Versuche von NITSCH haben nämlich ergeben, daß bei 10 kb H_2O-Druck und ab 235 ± 10 °C Lawsonit neben Quarz aus Heulandit gebildet wird. Die niedrigste Temperatur, bei der also Lawsonit neben Quarz auftritt, beträgt 235 °C bei 10 kb und wahrscheinlich 230 °C bei 7 kb H_2O-Druck; diese Temperaturen müssen also überschritten gewesen sein, damit sich die Lawsonit-Glaukophan-Fazies bzw. die Lawsonit-Albit-Fazies ausbilden konnte.

Die damals von uns angegebene relativ hohe Temperatur von 400 bis 450 °C für die *obere* Temperaturgrenze der Lawsonit-Glaukophan-Fazies wird auch jetzt noch für richtiger gehalten als die von anderen Autoren angenommene Grenze bei 300 °C. Diese Ansicht gründet sich auf den mehrfach festgestellten Übergang von der Lawsonit-Glaukophan-Fazies in die glaukophanitische Grünschieferfazies, wobei als wesentlichstes mineralogisches Merkmal das Verschwinden von Lawsonit verzeichnet wird. Außerdem wird Aragonit von Calcit abgelöst, aber Na-Pyroxen und Na-Amphibol bleiben in der glaukophanitischen Grünschieferfazies erhalten. Das aber bedeutet, daß der Druck nicht abgenommen haben kann, sondern daß im wesentlichen die Temperatur zugenommen hat. Bei der Temperaturzunahme wird die Stabilitätsgrenze von Lawsonit überschritten, womit das Ende der Lawsonit-Glaukophan-Fazies erreicht ist.

Die einfachste denkbare Reaktion, durch die Lawsonit völlig verschwindet, wäre die Reaktion von Lawsonit mit einer hinreichenden Menge an Quarz:

$$4 \, \text{Lawsonit} + 2 \, \text{Quarz} \rightarrow 2 \, \text{Zoisit} + 1 \, \text{Pyrophyllit} + 6 \, H_2O.$$

Leider ist es noch nicht gelungen, diese und andere denkbare Reaktionen experimentell zu untersuchen; das ist nur dann erfolgversprechend, wenn

W. H. BROWN, W. S. FYFE und F. J. TURNER: J. Petrol. **3**, 566—582 (1962).

E. J. ESSENE, W. S. FYFE und F. J. TURNER: Beitr. Miner. und Petrogr. **11**, 695 bis 704 (1965).

W. G. ERNST: Geol. Soc. Amer. Bull. **76**, 879—914 (1965).

Versuche von außerordentlich langer Dauer angesetzt werden, weil sich sonst metastabiler Anorthit bildet. Aber über die Stabilitätsgrenze von isoliertem Lawsonit liegen neuerdings Daten vor.

Die von CRAWFORD *et al.* (1965) in langdauernden und streng hydrostatischen Versuchen erhaltenen Daten für die obere Stabilitätsgrenze von Lawsonit sind:

ca. 400 °C bei 6 kb,
ca. 425 °C bei 7 kb,
ca. 450 °C bei 8 kb.

Bis zu jenen Temperaturen muß also bei den hohen Drucken mit dem Auftreten von Lawsonit gerechnet werden, d. h., bis zu jenen Temperaturen reicht maximal die Lawsonit-Glaukophan-Fazies bzw. die Lawsonit-Albit-Fazies (im Bereich der kleineren Drucke). Andererseits kann man den Beginn der Grünschieferfazies und bei sehr hohen Drucken den Beginn der glaukophanitischen Grünschieferfazies durch das Verschwinden von Kaolinit in Gegenwart von Quarz kennzeichnen, wobei Pyrophyllit entsteht. Diese Reaktion erfolgt bei 7 kb H_2O-Druck und 405 ± 5 °C (ALTHAUS, 1966). Somit dürfen wir also als obere Grenze für die unter hohen Drucken sich ausbildende Lawsonit-Glaukophan-Fazies $400-450$ °C angeben. Etwas niedrigere Temperaturen um 400 °C gelten dann für die Lawsonit-Albit-Fazies als Obergrenze.

Die *Drucke* sind bei der Ausbildung der Lawsonit-Albit-Fazies höher gewesen als bei der Laumontit-Prehnit-Quarz-Fazies; denn Laumontit wird im ganzen Bereich niedriger Temperaturen dann von Lawsonit abgelöst, wenn der Druck eine gewisse Grenze übersteigt:

1 Laumontit $\rightleftharpoons$ 1 Lawsonit $+$ 2 Quarz $+$ 2 H_2O.

Experimentell ist diese Reaktion noch nicht untersucht worden, lediglich eine Abschätzung des Verlaufs der Phasengrenze ist durch FYFE (in CRAWFORD *et al.*, 1965) erfolgt und in Fig. 39 wiedergegeben; er vermutet, daß bei 300 °C der für die Bildung von Lawsonit notwendige H_2O-Druck etwa 5000 Bar ist.

Nun ist aber vorher festgestellt worden, daß es einen Calcit-führenden Bereich der Lawsonit-Albit-Fazies und — mit steigendem Druck — einen Aragonit-führenden Bereich gibt. Folglich erstreckt sich diese Fazies bis zu den hohen Drucken, bei denen sich Calcit in Aragonit umwandelt. Aus den experimentellen Arbeiten von JAMIESON (1953), CLARK (1957), CRAWFORD *et al.* (1964) und anderen, kennen wir die linear verlaufende Gleichgewichts-

W. A. CRAWFORD und W. S. FYFE: Amer. J. Sci. **263**, 262—270 (1965).
E. ALTHAUS: Naturwiss. **53**, 105—106 (1966).
J. C. JAMIESON: J. Chem. Phys. **21**, 1385—1390 (1953).
S. P. CLARK: Amer. Miner. **42**, 564—566 (1957).
W. A. CRAWFORD und W. S. FYFE: Science **144**, 1569—1570 (1964).

kurve Calcit/Aragonit recht genau, die ebenfalls in Fig. 39 eingezeichnet ist.
Gleichgewichtsdaten sind folgende:

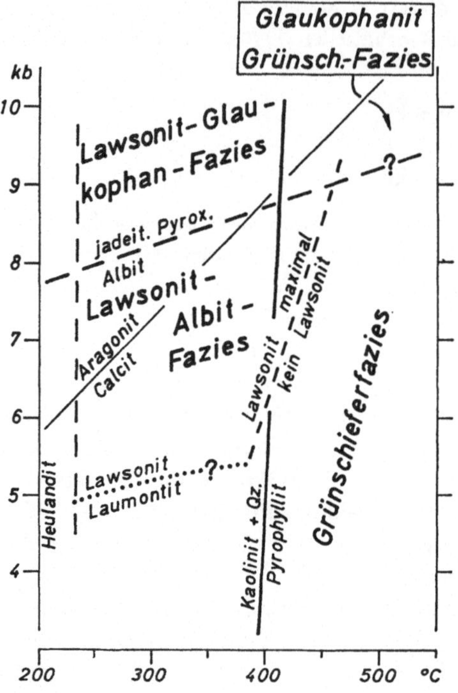

Fig. 39. Wichtige Phasenbeziehungen in der Lawsonit-Albit-Fazies, Lawsonit-Glaukophan-Fazies und in der Grünschieferfazies

Umwandlung Calcit ⇄ Aragonit

200 °C und ca. 6   Kilobar,
300 °C und ca. 7,5 Kilobar,
400 °C und ca. 9   Kilobar.

Von mindestens ca. 5 Kilobar bis zu diesen Drucken und etwas darüber
hinaus ist also die Lawsonit-Albit-Fazies ausgebildet worden. Es könnte
hier nun eingewandt werden, daß die Daten des Calcit/Aragonit-Gleich-
gewichts an reinstem $CaCO_3$ erhalten worden sind, also nicht berücksichtigen, daß der metamorphe Aragonit etwa 1 Mol-% $SrCO_3$ enthält (COLE-
MAN et al., 1962). In der Tat erniedrigt ein isomorpher Ersatz von Ca durch
Sr im Aragonit den Gleichgewichtsdruck, aber FROESE et al. (1967) haben
gezeigt, daß der Einfluß eines so geringen Ersatzes unbedeutend ist.

R. G. COLEMAN und D. E. LEE: Amer. J. Sci. 260, 577—595 (1962).
E. FROESE und H. G. F. WINKLER: Canad. Miner., im Druck (1967).

Die Lawsonit-Glaukophan-Fazies, die nach unseren bisherigen Kenntnissen stets Aragonit als primäre $CaCO_3$-Modifikation führt, aber zum Unterschied von der Lawsonit-Albit-Fazies nun auch jadeitischen Pyroxen statt (oder neben) Albit aufweist, muß bei Drucken entstanden sein, die stets noch höher sind als die Calcit-Aragonit-Gleichgewichtsdrucke; jadeitischer Pyroxen bildet sich also bei höherem Druck als Aragonit aus Calcit. Das ist eindeutig durch die Folge des vorher bereits mitgeteilten petrographischen Befundes belegt, wonach Lawsonit + Albit + Calcit, durch Lawsonit + Albit + Aragonit und schließlich durch Lawsonit + jadeitischen Pyroxen + Quarz + Aragonit abgelöst werden. Um wieviel nun jeweils der Druck höher als der der Calcit/Aragonit-Umwandlung sein muß, damit jadeitischer Pyroxen entstehen kann, wissen wir noch nicht.

In der Literatur wird bei der Diskussion dieses Punktes meistens die von Birch *et al.* (1960) in ihrer Arbeit graphisch dargestellte Kurve der Reaktion

Albit $\rightleftharpoons$ Jadeit + Quarz

zitiert, ohne sie kritisch zu betrachten. Leider muß man aber feststellen, daß auf Grund der verwendeten Methoden die Druckangaben nur für die Experimente bei 800 und 1000 °C zuverlässig sind, und daß unter Berücksichtigung der Unsicherheiten der vermeintlichen Gleichgewichtsdaten in jenem Temperaturbereich eine Extrapolation zu wesentlich niedrigeren Temperaturen nicht mehr sinnvoll ist. Man sollte für obige Reaktion niedrigere Drucke erwarten, als sie von Birch *et al.* (1960) angegeben bzw. angenommen werden. Werte, die bei 200 °C schon ca. 19 kb und bei 300 °C etwa 12 kb betragen sollen, was auch von Fyfe *et al.* (1959) theoretisch deduziert worden ist, werden wesentlich zu hoch sein.

Ein weiterer noch sehr zweifelhafter Punkt ist die Steigung der Phasengrenze Albit/Jadeit + Quarz relativ zu der von Calcit/Aragonit. Die zitierten Arbeiten und weitere theoretische Arbeiten kamen zu dem Ergebnis, daß die erste Phasengrenze eine größere Steigung (größerer Winkel zur Richtung der Temperaturachse) als die zweite haben soll. Aber aus dem petrographischen Befund muß man folgern, daß es gerade umgekehrt ist. Man muß nämlich eine Kreuzung der beiden Phasengrenzen erwarten, weil in der Lawsonit-Glaukophan-Fazies jadeitischer Pyroxen + Quarz + Aragonit auftreten, dagegen in der glaukophanitischen Grünschieferfazies jadeitischer Pyroxen + Quarz + *Calcit*. Eine Überschneidung der Phasengrenzen in der Nähe der Grenze der beiden Fazies, so wie es Fig. 39 schematisch zeigt, muß erwartet werden. Das bedeutet also, daß es nicht nur den Existenzbereich von jadeitischem Pyroxen + Quarz + Aragonit gibt, sondern auch den von jadeitischem Pyroxen + Quarz + Calcit. Es ist nun bedeutungsvoll, daß die

F. Birch und P. le Compte: Amer. J. Sci. **258**, 209—217 (1960).
W. S. Fyfe und G. W. Valpy: Amer. J. Sci. **257**, 316—320 (1959).

Paragenese von *reinem* Jadeit + Quarz + Calcit tatsächlich in Experimenten zwischen 350 ± 10 bis 600 °C von H. D. ZIMMERMANN am hiesigen Institut erhalten worden ist; die Drucke sind zur Zeit noch nicht mit hinreichender Genauigkeit bekannt, so daß die Versuche fortgesetzt werden. Wenn es sich nicht um reinen Jadeit, sondern um jadeitischen Pyroxen handelt, dann könnte diese Phasengrenze die Calcit/Aragonit-Phasengrenze vielleicht um 400 °C schneiden, wie es Fig. 39 zeigt.

Auf Grund der hier vorgetragenen Überlegungen kommen wir zu dem Schluß, daß die jadeitischen Pyroxen- und Aragonit-Lawsonit-Glaukophan-führende Fazies bei Drucken ausgebildet worden ist, welche höher waren als die für die Bildung von Aragonit notwendigen Drucke; aber die Drucke werden nicht viel höher gewesen sein, möglicherweise nur etwa 1 kb bei 300 °C, etwas mehr bei niedrigerer Temperatur und etwas weniger bei höherer Temperatur.

Drucke also von etwa 8   kb bei 250 °C
und von etwa 8,5 kb bei 350 °C

müssen überschritten gewesen sein, damit die Lawsonit-Glaukophan-Fazies sich ausbilden konnte. Auf Grund der H_2O- und OH-haltigen Minerale in dieser Fazies ist es offensichtlich, daß der Druck überwiegend H_2O-Druck gewesen sein muß.

Es wird oft in letzter Zeit die Meinung geäußert, daß für solche hohen Drucke nicht allein die Belastung durch den darüberliegenden Erdkrusten-teil verantwortlich ist, sondern daß ein Teil des Drucks als „tectonic over-pressure" geliefert worden ist. Wir waren schon früher darauf eingegangen (Kapitel 2). Bezüglich der Bildung von Metamorphiten der Lawsonit-Glau-kophan-Fazies wissen wir aber heute, daß man in vielen Fällen keinen „tectonic overpressure" annehmen darf, weil nämlich die Metamorphite oft keinerlei strukturelle Merkmale einer tektonischen Beanspruchung haben, sondern diejenigen einer statischen Belastungsmetamorphose. Es ist bedeut-sam, daß in beiden Fällen die entstandenen Mineralparagenesen dieselben sind!

Da die Wirkung eines „tectonic overpressure" ohnehin nicht groß hin-sichtlich einer Erhöhung des allseitigen Drucks ist, bleibt als wesentlicher Faktor der Belastungsdruck. Aber Drucke von 8—9 kb, die für die Aus-bildung der Lawsonit-Glaukophan-Fazies benötigt werden, können allein durch Gesteinslast erst in Tiefen um 30 Kilometer erreicht werden. ERNST (1965) hält es durchaus für möglich, daß Metamorphite der Glaukophan-Lawsonit-Fazies (in der Diablo Range, Panoche Pass, California) von 30 km mächtigen Sedimenten im Bereich der Mitte des Geosynklinaltroges über-deckt waren. Er äußerte die Vorstellung, daß die Sedimente in einem ozea-nischen Graben, der an den Kontinentalabbruch angrenzt, in spät-jurassi-scher und möglicherweise früh-kretazischer Zeit abgelagert worden sind;

„rapid deposition and subsidence could have accounted for thermal disequilibrium and consequent relatively high pressure, low temperature recrystalization (Metamorphose) in axial portions of the trench." H. W. WELLMANN (persönl. Mitt., 1965) ist für ein Gebiet in Neuseeland auf Grund rein geologischer Beweisführung zu demselben Ergebnis gekommen.

Man muß nun aber feststellen, daß es auch Gebiete gibt, in denen die geologischen Forschungen so große Tiefen von Geosynklinen ausschließen; als größte Tiefen werden 10—15 km angenommen. Lawsonit-Jadeit-Glaukophan-Metamorphite sollen selbst unter noch erheblich geringerer Bedeckung entstanden sein, wie z. B. in den Westalpen. In solchen Fällen wird es offensichtlich, daß der Belastungsdruck bei weitem nicht ausreicht, die notwendigen 8—9 kb zu erzeugen. Selbst ein zusätzlicher Druck von 2 kb aus dem tektonischen Überdruck würde den Gesamtdruck bei einer Tiefe von 10 km erst auf ca. 5 kb bringen. Hieraus folgt, daß durch einen weiteren Mechanismus eine zusätzliche Erhöhung des Druckes um einige Kilobar möglich sein muß. Hierfür wurde im Kapitel 2 der „internally created gas-overpressure" postuliert, durch den vor allem bewirkt werden soll, daß $P_f \approx P_s$ erheblich größer als P_l, der Belastungsdruck, sein kann.

Die Kombination der Extreme der physikalischen Bedingungen, nämlich sehr hohe Drucke von über 8—9 kb bei sehr niedrigen Temperaturen von etwa 230 bis ca. 400 °C, bedarf zu ihrer Ausbildung besonderer Gegebenheiten. Etwas Besonderes ist auch die Tatsache, daß alle Metamorphosen in der Lawsonit-Glaukophan-Fazies geologisch recht jung sind; ein paläozoisches Alter ist nie festgestellt worden.

15. Temperaturen und Drucke bei der Thermo-Dynamometamorphose

Hier sollen die bisher vorliegenden experimentellen Daten über metamorphe Mineralaktionen zusammengestellt werden mit dem Ziel, Temperatur- und Druckangaben für die Grünschiefer- und für die Amphibolitfazies zu erhalten. Voraussetzung für die petrogenetisch sinnvolle Verwendung des experimentellen Materials ist die Prüfung, ob eine bestimmte Mineralreaktion auch wirklich in Gesteinen stattfindet; denn keineswegs alle Reaktionen, die man zwischen Mineralen durchführen kann, laufen in der Natur ab, weil nicht alle denkbaren Mineralgemenge, sondern nur bestimmte Mineralparagenesen in Gesteinen vorkommen. Wir werden also Reaktionen von natürlichen Mineralparagenesen zu betrachten haben. Dann ist es weiterhin notwendig, aus den petrographischen Befunden festzustellen, welche Reaktionen eine Grenze zwischen Fazies oder Subfazies kennzeichnen bzw. innerhalb welcher Fazies oder Subfazies eine Reaktion bei verschieden hohen Drucken abläuft. Die Kenntnis der verschiedenen metamorphen Faziesserien ist hierfür besonders wichtig. Diese Richtung der petrogenetischen Forschung ist noch jung, so daß noch sehr viel Arbeit zu leisten ist; immerhin können wir schon jetzt an die Stelle früherer Schätzungen objektive Daten setzen: Hierfür sind bereits Beispiele in den Abschnitten 4.1., 4.2., 6.2. und Kapitel 14 gegeben worden.

15.1. Physikalische Bedingungen der Grünschieferfazies

Fragen wir zunächst danach, ob es Minerale gibt, die mit dem Beginn der Grünschieferfazies zum erstenmal auftreten, deren erste Bildung dann also kritisch wäre. Albit, Chlorit, Aktinolith und andere Minerale sind zwar weit verbreitet in Grünschiefern, aber diese Minerale können auch schon in niedriger temperierten Fazies, in der Prehnit-Pumpellyit-Quarz-Fazies und — mit Ausnahme von Albit — in der Lawsonit-Glaukophanfazies, z. T. sogar in Sedimenten vorkommen. Der Übergang von diesen Fazies in die Grünschieferfazies bzw. in die glaukophanitische Grünschieferfazies wird vor allem durch das *Verschwinden* bestimmter Paragenesen gekennzeichnet. Das vollständige Verschwinden von Prehnit und Pumpellyit, wobei vor allem Zoisit/Epidot und Aktinolith gebildet werden, ist kennzeichnend für den Beginn der Grünschieferfazies. Für den Beginn der glaukophanitischen Grünschieferfazies ist u. a. das vollständige Verschwinden von Lawsonit + Pumpellyit charakteristisch, wobei vor allem ebenfalls Zoisit/Epidot und Aktinolith entstehen. Die genauen Reaktionen und ihre Gleichgewichtsbedingungen kennen wir noch nicht, aber auf Grund der petrographischen Feststellungen ist damit zu rechnen, daß beide Reaktionsarten eine sehr gute Temperaturmarke für den Beginn jener beiden Fazies liefern werden. Aus den vorher genannten Daten über die maximale Stabilitätsgrenze des Lawsonits wissen wir wenigstens schon, daß für den Beginn der glaukophanitischen Grünschieferfazies Temperaturen von ca. 400 °C erreicht sein müssen. Ferner wissen wir aus der Petrographie der Metamorphite, daß erst mit dem Beginn der Grünschieferfazies die typisch sedimentären Minerale Kaolinit und Glaukonit sowie auch Seladonit und Saponit endgültig verschwinden [1].

Mit Beginn der Grünschieferfazies ist also die Stabilitätsgrenze jener Minerale erreicht. Da Kaolinit stets mit reichlich Quarz vergesellschaftet ist, bestimmt unter anderem die Reaktion 1 Kaolinit + 2 Quarz $\rightleftharpoons$ 1 Pyrophyllit + 1 H_2O den Beginn der Grünschieferfazies. Gleichfalls wichtig ist die Bildung von Paragonit aus 2 Kaolinit + 1 Albit und außerdem aus Na-Montmorillonit. Langdauernde Experimente mit diesem Mineral von E. ALTHAUS (mündl. Mitt.) lieferten bei 2000 Bar H_2O-Druck ab 370 °C (nicht aber bei 355 °C) außer Chlorit, Albit und Quarz eine geordnete Paragonit-Montmorillonit-mixed-layer Struktur; diese ist wahrscheinlich metastabil und wird wohl zugunsten von Paragonit verschwinden.

Pyrophyllit, $Al_2[(OH)_2/Si_4O_{10}]$ und Paragonit, $NaAl_2[(OH)_2/AlSi_3O_{10}]$, sind nun solche Minerale, die zum erstenmal mit dem Beginn der Grünschieferfazies auftreten. Daß Paragonit erstmalig in der Quarz-Albit-Muskovit-Chlorit-Subfazies auftritt, haben TURNER und VERHOOGEN (1960, S. 535) beschrieben; weitere Beobachtungen liegen vor [2]. In der Lawsonit-Glaukophan-Fazies kommt noch kein Paragonit vor, sondern erst in der glaukophanitischen Grünschieferfazies. Auch Korund bildet sich mit Beginn der Grünschieferfazies, wenn Bauxite metamorphisiert werden. Von den Mineralen der Bauxite geht mit steigender Temperatur Gibbsit, γ-$Al(OH)_3$, in wahrscheinlich metastabilen Boehmit, γ-$AlO(OH)$ und dieser in Diaspor, α-$AlO(OH)$, über; in der Grünschieferfazies liegt dagegen Korund, α-Al_2O_3, vor, weil Diaspor nicht mehr stabil ist.

Die folgende Tabelle 8 faßt einige Umwandlungen zusammen, die kritisch für den Beginn der Grünschieferfazies sind. Die angegebenen Temperaturen gelten für 2000 Bar H_2O-Druck.

Je nach der betrachteten Mineralreaktion bzw. Disproportionierung liegt bei konstantem H_2O-Druck die Temperatur etwas anders. Aber es ist auffallend, daß die sehr verschiedenartigen sedimentären Minerale Kaolinit,

---

[1] Das widerspricht nicht der Feststellung, daß z. B. Kaolinit bereits bei niedrigerer Temperatur mit bestimmten anderen Mineralen, wie Calcit, reagieren kann.

[2] Mündl. Mitt. N. D. CHATTERJEE (in den Westalpen).

Na-Montmorillonit, Glaukonit und Diaspor alle innerhalb des engen Temperaturbereichs von $360-390\ ^\circ C$, also etwas unterhalb $400\ ^\circ C$, ihre obere Stabilitätsgrenze erreichen bzw. mit anwesenden Mineralen reagieren und

Tabelle 8

Reagierendes Mineral	Bildung von	°C bei 2000 Bar	Druckabhängigkeit
Kaolinit + Quarz	Pyrophyllit	390 ± 10	3°/1000 Bar
Na-Montmorillonit	Paragonit + Albit + Chlorit + Quarz	ca. 370	
Glaukonite [1]	Biotit + K-Feldspat + Hämatit + Quarz	360—370	
Diaspor [2]	Korund	370 ± 5	ca. 2°/1000 Bar

[1] Verschiedene Glaukonite wurden am hiesigen Institut von E. ALTHAUS untersucht. Er beobachtete, daß sich ab 360 bis 370 °C zunächst Phengit bildet und daß erst ab 390 °C die oben angegebene Paragenese mit Biotit vorliegt.

Eng verwandt mit Glaukoniten sind Seladonite, dioktaedrische Glimmer von der Zusammensetzung:

$K(Mg, Fe^{2+})\ (Fe^{3+}, Al)\ [(OH)_2/Si_4O_{10}]$. In Glaukoniten ist der Anteil des Al relativ hoch, und außerdem ist ein Teil des Si durch Al ersetzt. In den Seladoniten ist das Mischungsglied $KMgFe^{3+}[(OH)_2/Si_4O_{10}]$ vorherrschend. Dieses wurde von WISE et al. (1964) synthetisiert. Obwohl solcher Seladonit wohl kaum in der Natur vorkommt, ist es interessant, seine obere Stabilitätsgrenze zu kennen. Bei konstantem Druck von 2000 Bar steigt die maximale Temperatur seiner Beständigkeit etwas mit dem O_2-Partialdruck, und zwar von 400 auf 430 °C. Die Temperatur von 430 °C bezieht sich auf die am wenigsten reduzierenden Bedingungen (Hämatit-Magnetit-Puffer). Bei unseren Versuchen an Glaukoniten waren die Bedingungen noch weniger reduzierend. Das von WISE et al. untersuchte Endglied von Seladoniten hat also eine Temperatur maximaler Beständigkeit, die nur etwas höher als die von Glaukoniten ist. Die Druckabhängigkeit der Gleichgewichtstemperatur wird von WISE et al. als gering angegeben.

[2] A. NEUHAUS und H. HEIDE: Ber. D.K.G. **42**, 167—184 (1965).

dabei Minerale bilden, welche in Metamorphiten der Grünschieferfazies vorkommen.

Die Temperaturen sind nur wenig druckabhängig, was für die Reaktion 1 Kaolinit + 2 Quarz $\rightleftarrows$ 1 Pyrophyllit + 1 H_2O von CARR und FYFE (1960), von CARR (1963) und neuerdings auch von ALTHAUS (1966) gezeigt wurde. Für diese Reaktion beträgt die Druckabhängigkeit nur $+3\ ^\circ C$ je Druck-

R. M. CARR und W. S. FYFE: Geochim. et Cosmochim. Acta **21**, 99—109 (1960).
R. M. CARR: Geochim. et Cosmochim. Acta. **27**, 133—135 (1963).
W. S. WISE und H. EUGSTER: Amer. Miner. **49**, 1031—1083 (1964).
E. ALTHAUS: Naturwiss. **53**, 105—106 (1966).

erhöhung um 1000 Bar. Folglich sind die Gleichgewichtsdaten dieser Reaktion:

$390 \pm 10\ °C$ bei   2000 Bar H_2O-Druck,
$400 \pm 10\ °C$ bei   5000 Bar H_2O-Druck,
$405 \pm 10\ °C$ bei   7000 Bar H_2O-Druck,
$415 \pm 10\ °C$ bei 11 000 Bar H_2O-Druck.

Diese Werte sind in Fig. 40 benutzt worden, um die untere Grenze der Grünschieferfazies darzustellen; man sollte sich um diese Kurve eine Schlangenlinie denken, um sich des Überlappungsbereichs mit den niedriger temperierten Fazies bewußt zu sein.

Das bei der Metamorphose Al-reicher, K-armer Tone und Tonschiefer gebildete Phyllosilikat Pyrophyllit ist kennzeichnend für die Grünschieferfazies. Wenn Pyrophyllit vorliegt, dann bildet sich bei steigender Temperatur der Metamorphose Andalusit oder bei hohen Drucken Disthen. In jedem Falle entsteht erstmalig Al_2SiO_5 in dem höhertemperierten Bereich der Grünschieferfazies, in der A 1.2-Quarz-Andalusit-Plagioklas-Chlorit-Subfazies bzw. bei wesentlich höheren Drucken im höchsttemperierten Bereich der B 1.3-Quarz-Albit-Epidot-Almandin-Subfazies. Also etwas vor dem Beginn der Amphibolitfazies, schätzungsweise $20-35\ °C$, tritt Disthen bzw. Andalusit erstmalig auf. Obwohl Al_2SiO_5 nicht nur aus Pyrophyllit, sondern auch aus Al-haltigem Chlorit entstehen kann (siehe Abschnitt 6.2.), so ist doch Pyrophyllit in Metamorphiten der Grünschieferfazies in kleiner Menge viel häufiger als bisher angenommen wurde.

Die univarianten Reaktionen

1 Pyrophyllit $\rightleftarrows$ 1 Andalusit $+ 2$ Quarz $+ 1\ H_2O$ und
1 Pyrophyllit $\rightleftarrows$ 1 Disthen $+ 2$ Quarz $+ 1\ H_2O$

bezeichnen also P-T-Daten, die etwas vor dem Beginn der Amphibolitfazies liegen, und somit sind die beiden Gleichgewichtskurven auch nützliche Kennlinien in einem P-T-Diagramm der Metamorphose. Seit geraumer Zeit wird hierüber experimentiert, aber erst neuerdings ist es ALTHAUS (1966 und 1967) gelungen, die beiden Reaktionen reversibel durchzuführen und genauere Gleichgewichtsdaten zu ermitteln. Dabei hat er auch festgestellt, daß Disthen aus Pyrophyllit entsteht, wenn der Druck 6 ± 1 kb übersteigt. Die Gleichgewichtsdaten sind folgende:

$490 \pm 10\ °C$ bei   2000 Bar H_2O-Druck,
$505 \pm 10\ °C$ bei   4000 Bar H_2O-Druck,
$515 \pm 10\ °C$ bei   7000 Bar H_2O-Druck,
$530 \pm 10\ °C$ bei 11 000 Bar H_2O-Druck.

Diese Werte für die obere Stabilitätsgrenze von Pyrophyllit sind in Fig. 40 eingezeichnet (s. S. 180).

E. ALTHAUS: Naturwiss. **53**, 105—106 (1966) und **54**, 42—43 (1967).

Auf Grund der petrographischen Beobachtungen liegt das Ende der Grünschieferfazies, d. h. der Beginn der Amphibolitfazies bei niedrigen Drukken etwas weiter rechts von dieser Phasengrenze als bei hohen Drucken. Infolgedessen können wir mit einer Grenze zwischen Grünschiefer- und Amphibolitfazies rechnen, die nur wenig vom Druck abhängig ist und um etwa 550 °C liegen wird. Dieser Hinweis wird durch andere Experimente bestätigt werden.

15.2. Physikalische Bedingungen der Amphibolitfazies

Mit dem Übergang von der Grünschieferfazies in die Amphibolitfazies werden folgende Änderungen im Mineralbestand der Metamorphite beobachtet, die kennzeichnend für diesen Fazieswechsel sind:

Erstmaliges Auftreten von Staurolith;
> von Cordierit in Almandin-freien Paragenesen,
> d. h. bei niedrigen und mittleren Drucken;
> von Anthophyllit/Cummingtonit oder Gedrit;
> von Diopsid, sofern der Druck nicht besonders
> hoch war;
> von Grossular-Andradit.

Völliges Verschwinden von Chlorit in Gegenwart von Quarz;
> von Chloritoid.

Nachfolgend soll aufgeführt werden, was über das Verhalten dieser Minerale experimentell bekannt ist, um P-T-Daten über den Beginn der Amphibolitfazies zu gewinnen.

Staurolith und *Chloritoid:* Einer der sichersten Indikatoren für den Beginn der Amphibolitfazies ist das erste Auftreten von Staurolith. In der Regel fällt dieses auch zusammen mit dem Verschwinden von Chloritoid. Eine Reaktion, welche diesen Sachverhalt beschreibt, ist die Reaktion

$$\text{Chloritoid} + \text{Andalusit bzw. Disthen} \rightarrow \text{Staurolith} + \text{Quarz} + H_2O.$$

Sie wurde von HOSCHEK (1967) untersucht, der eine vom Druck praktisch unabhängige Gleichgewichtstemperatur von 545 ± 15 °C bei 4000 und 7000 Bar H_2O-Druck ermittelt hat. Derselbe Autor weist auch darauf hin, daß für die Bildung von Staurolith bei der progressiven Metamorphose ehemaliger Pelite vor allem folgende Reaktion zu erwarten ist:

$$\text{Chlorit} + \text{Muskovit} \rightarrow \text{Staurolith} + \text{Biotit} + \text{Quarz} + H_2O.$$

Inzwischen ist HOSCHEK (mündl. Mitt.) der Nachweis gelungen, daß diese Reaktion wirklich erfolgt, und zwar, wenn eine Temperatur von 540 ± 15 °C bei 7000 Bar überschritten ist. Die Gleichgewichtskurve dieser Reaktion dürfte auch nur wenig vom Druck abhängig sein.

G. HOSCHEK: Beitr. Miner. u. Petrogr. 14, 123—162 (1967).

Cordierit: Schreyer *et al.* (1964, 1965) haben die Endglieder der Cordieritmischkristallreihe, den Ferro-Cordierit und den Mg-Cordierit, synthetisiert und festgestellt, daß z. B. bei 2000 Bar die Temperatur ungefähr 500 °C erreichen muß, damit sich überhaupt Cordierit bilden kann. Bei der Metamorphose entsteht ein Mischkristall von Mg-Fe-Cordierit, bei dem meistens zwischen 10 und 50 Mol-% des Mg durch Fe^{2+} ersetzt ist. Cordierit entsteht vor allem nach der bereits früher genannten Reaktion:

$$\text{Chlorit} + \text{Muskovit} + \text{Quarz} \rightarrow \text{Cordierit} + \text{Biotit} + H_2O.$$

Hierbei verschwindet Chlorit vollständig, wenn genügend Muskovit und Quarz vorhanden sind.

Je nach der chemischen Zusammensetzung der an der Reaktion beteiligten Minerale wird die Temperatur der Bildung von Cordierit etwas verschieden sein. In früheren Arbeiten gaben wir Temperaturen von etwa 550 °C bei 2000 Bar an. Neue Experimente, die Hirschbfrg durchführte, haben die Reversibilität der Reaktion nachgewiesen und folgende Werte für das Gleichgewicht ergeben:

525 ± 5 °C bei 2000 Bar H_2O-Druck,
535 ± 5 °C bei 4000 Bar H_2O-Druck.

Es ist überraschend und beachtenswert, daß trotz stark unterschiedlichem Mg/Fe^{2+}-Verhältnis im System keine Unterschiede der Gleichgewichtsdaten festgestellt werden konnten.

Anthophyllit und *Gedrit:* Reaktionen, bei denen diese Minerale entstehen, sind schon im Abschnitt 6.2. behandelt worden. Es genügt daher zu wiederholen, daß diese orthorhombischen Amphibole erstmalig gebildet werden, wenn die folgenden Temperaturen erreicht sind:

550 ± 10 °C bei 1000 Bar H_2O-Druck,
560 ± 10 °C bei 2000 Bar H_2O-Druck,
580 ± 10 °C bei 4000 Bar H_2O-Druck.

Ergebnisse bei höheren Drucken liegen leider noch nicht vor; vermutet wird ein nur geringer Anstieg der Gleichgewichtstemperatur mit steigendem Druck (siehe Fig. 16).

Grossular-Andradit: Über Bildungsbedingungen von Grossular-Andradit bei hohen Drucken liegen einige Ergebnisse vor [1]. Die untersuchten Reaktionen, nämlich die Reaktion von Zoisit oder Epidot mit Quarz unter Bildung von Grossular bzw. Grossular-Andradit neben Anorthit und Wasser lie-

---

W. Schreyer und H. S. Yoder: N. Jb. Miner., Abh. 101, 271—342 (1964).
W. Schreyer: Beitr. Miner. u. Petrogr. 11, 297—322 (1965).
[1] K. H. Nitsch und H. G. F. Winkler: Beitr. Min. u. Petrogr. 11, 470—486 (1965).
R. C. Newton: Amer. J. Sci. 264, 204—222 (1966).
M. J. Holdaway: Amer. J. Sci. 264, 643—667 (1966).

fern Temperaturen oberhalb 600 °C bei Drucken von mehr als 2 − 4 Kilobar, und die Temperaturen steigen ziemlich stark mit dem Druck an, so daß eine Temperatur von 700 °C schon bei Drucken von 4,5 − 7 Kilobar erreicht wird. Da diese Drucke durchaus bei der regionalen Thermo-Dynamometamorphose wirksam gewesen sind, Grossular aber mit Sicherheit auch schon bei erheblich niedrigeren Temperaturen gebildet wurde, ist es offensichtlich, daß die bisher untersuchten Reaktionen nicht diejenigen Reaktionen sind, durch die bei Beginn der Amphibolitfazies *erstmalig* Grossular-Andradit gebildet wird. Solche Experimente stehen noch aus.

Aus den bisher an sehr verschiedenen Reaktionen ermittelten Daten kann man für den *Beginn der Amphibolitfazies* folgende Angaben machen:

540 ± 20 °C bei 2000 Bar H_2O-Druck,
550 ± 30 °C bei 4000 Bar H_2O-Druck,
560 ± 20 °C bei 7000 Bar H_2O-Druck.

Es ist sehr bemerkenswert, daß diese wichtige Temperaturgrenze der metamorphen Fazies nur wenig von der Höhe des Druckes abhängig ist. In Fig. 40 ist diese Grenze eingezeichnet, und um sie ist eine Schlangenlinie gezogen worden, um sich bewußt zu sein, daß der Übergang von der Grünschieferfazies in die Amphibolitfazies je nach der Art der betrachteten Reaktion in einem gewissen Temperaturbereich erfolgt.

Innerhalb der Amphibolitfazies finden mehrere Reaktionen statt, die für die Unterteilung der Fazies in mehrere Subfazies wichtig sind. So wäre es sehr willkommen zu wissen, bei welchen Drucken und Temperaturen Staurolith nicht mehr in den üblichen Metamorphiten auftritt, sondern mit Muskovit, Biotit und Quarz unter Bildung von Al_2SiO_5 u. a. reagiert (siehe Abschnitt 8.2. und Kapitel 10); aus petrographischen Beobachtungen wird angenommen, daß der Temperaturbereich, in dem Staurolith beständig ist, bei hohen und sehr hohen Drucken erheblich größer ist als bei niedrigen. Es liegen aber leider noch keine experimentellen Daten über Reaktionen zwischen Staurolith, Glimmer und Quarz vor.

Andalusit, Disthen und *Sillimanit:* Von ganz besonderer Bedeutung für die Metamorphose und damit natürlich auch für die Unterteilung des P-T-Netzes der metamorphen Bedingungen ist die Kenntnis der univarianten Gleichgewichtskurven Andalusit/Disthen, Andalusit/Sillimanit und Disthen/Sillimanit. Von diesen drei Modifikationen des Al_2SiO_5 treten im Laufe der Temperaturerhöhung einer metamorphen Faziesserie zunächst entweder Andalusit oder (ab hohen Drucken) Disthen auf. Sillimanit entsteht nie zuerst, sondern Sillimanit löst Andalusit bzw. Disthen erst bei höherer Temperatur ab. Die Folge des Auftretens der Al_2SiO_5-Modifikationen bei der Metamorphose ist also stets Andalusit → Sillimanit oder − bei höheren Drucken − Disthen → Sillimanit.

In der ersten Auflage dieses Buches sind die seinerzeitigen experimentellen Arbeiten von BELL (1963) und von KHITAROV *et al.* (1963) über den Verlauf der Phasengrenzen kritisch erörtert worden, mit dem Ergebnis, daß sie nicht richtig sein können, weil sie im Widerspruch zu den aus mehreren Faziesserien bekannten petrographischen Befunden stehen. Diese besagen, daß der Tripelpunkt, in dem sich die drei Phasengrenzen treffen und bei dem alle drei Al_2SiO_5-Modifikationen im Gleichgewicht miteinander stehen, in dem Staurolith-führenden Bereich der Amphibolitfazies liegen muß, und zwar bei einer Temperatur, die nur wenige Zehnergrade höher als der Beginn der Amphibolitfazies ist. Es wurde in der ersten Auflage dieses Buches abgeschätzt, daß der Tripelpunkt bei etwa 570 °C und 7,5 Kilobar liegen wird, was die Angabe von SCHUILING (1962) bekräftigte.

Inzwischen ist nun auch für das System Al_2SiO_5 experimentell Klarheit geschaffen worden. Man weiß jetzt, daß die zitierten früheren Experimente unter anderem hinsichtlich der Druckmessung unzulänglich waren. Die mit einwandfrei meßbarem Gasdruck durchgeführten Untersuchungen von ALTHAUS (1966 und 1967) ergeben die in Fig. 40 eingezeichnete Phasengrenze Disthen/Sillimanit. Die leicht gekrümmte Extrapolation dieser Phasengrenze zu höheren Temperaturen und Drucken schließt sich gut an die von CLARK *et al.* (1957) ebenfalls unter hydrostatischem Druck bestimmten Gleichgewichtsdaten an; bei 1000 °C beträgt der Gleichgewichtsdruck 18 Kilobar. Die in gleicher Weise ebenfalls von ALTHAUS ermittelte Phasengrenze Sillimanit/Andalusit ist auch in Fig. 40 eingezeichnet; sie schneidet sich mit der Disthen/Sillimanit-Phasengrenze im invarianten Tripelpunkt, der bei

595 ± 10 °C und 6,5 ± 0,5 Kilobar liegt.

Von diesem Tripelpunkt geht auch die Phasengrenze Disthen/Andalusit aus. Es ist aus Fig. 40 ersichtlich, daß der Tripelpunkt im Bereich der Amphibolitfazies liegt, und zwar nur etwa 35 °C oberhalb des Beginns dieser Fazies, also dort, wo er auf Grund petrographischer Befunde erwartet wurde.

Es sei darauf hingewiesen, daß die Phasengrenze Andalusit/Sillimanit mit fallendem Druck zu höheren Temperaturen verläuft, aber sie schneidet die in der Abbildung punktiert gezeichnete Soliduskurve der Granite nicht; diese Kurve ist in Fig. 40 bezeichnet mit „Beginn Anatexis Minimum". Da-

---

P. M. BELL: Science **139**, 1055—1056 (1963).

V. I. KHITAROV, V. A. PUGIN, PIN CHAO und A. B. SLUTSKII: Geochemistry, No. **3**, 235—244 (1963).

R. D. SCHUILING: N. Jb. Miner. Mh. 1962, 200—214 (1962).

E. ALTHAUS: Naturwiss. **53**, 129 (1966) und **54**, 42—43 (1967); ausführliche Arbeit im Druck in Contr. Miner. and Petrol. (1967).

S. P. CLARK, E. C. ROBERTSON und F. BIRCH: Amer. J. Sci. **255**, 628—640 (1957).

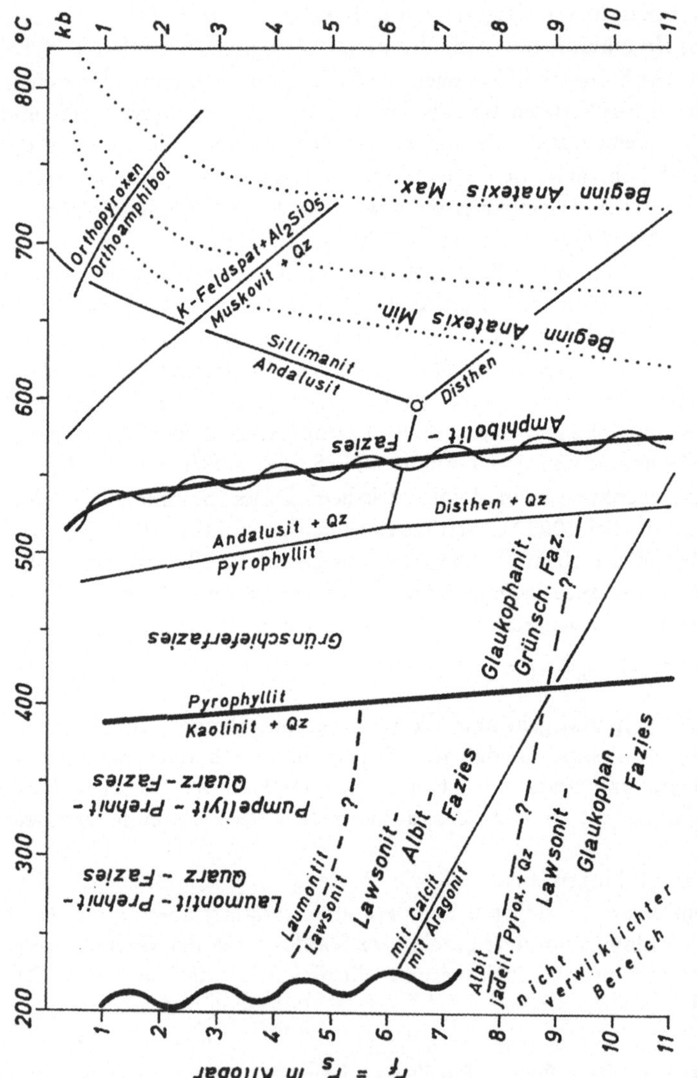

Fig. 40. *Temperatur- und Druckbedingungen der Metamorphose.* Außer den Grenzen für die bezeichneten Fazies (siehe Text) sind die Kurven einiger univarianter Gleichgewichte, welche im Text besprochen wurden, dargestellt. Die Untergliederung der Hornfelsfazies der Kontaktmetamorphose bei geringen Drucken ist hier nicht eingezeichnet

durch wird verständlich, daß Gesteinseinschlüsse, die im Magma intrusiver Granite schwammen, Sillimanit als Al_2SiO_5-Modifikation enthalten; nur in seltenen Fällen — wenn der Gesteinseinschluß nicht hoch genug aufgeheizt werden konnte — ist Andalusit festgestellt worden.

An Stelle von Al_2SiO_5 kann unter sehr geringen Drucken, wie sie bei der Ausbildung der Sanidinitfazies herrschen, Mullit + Quarz oder Tridymit gebildet werden. Mullit hat etwa die Zusammensetzung $3\,Al_2O_3 \cdot 2\,SiO_2$ und ist als wichtige kristalline Phase des Porzellans und Steinzeuges bekannt. KHITAROV et al. (1963) machen zwar Angaben über die Gleichgewichtskurve Mullit + Quarz/Sillimanit und Mullit + Quarz/Andalusit, aber jene Angaben sind nicht im Einklang mit den Naturbeobachtungen. Deshalb ist das bei sehr niedrigen Drucken und hohen Temperaturen bestehende Existenzfeld von Mullit + Quarz in Fig. 40 nicht berücksichtigt worden.

Verschwinden von Muskovit: Weitere Reaktionen sind im hochtemperierten Bereich der Amphibolitfazies besonders wichtig, nämlich diejenigen Reaktionen, durch die Muskovit in Gegenwart von Quarz aus den Metamorphiten verschwindet. Es bilden sich bei den Faziesserien dann diejenigen höchsttemperierten Subfazies, in denen Kalifeldspat mit Al_2SiO_5 und/oder Cordierit und/oder Almandin existieren kann. Im Abschnitt 6.2. sind bereits die wichtigen Reaktionen

Muskovit + Quarz $\rightarrow$ Kalifeldspat + Andalusit + H_2O,
Muskovit + Biotit + Quarz $\rightarrow$ Cordierit + Kalifeldspat + H_2O

besprochen worden, und im Abschnitt 8.2. sind die Reaktionen

Muskovit + Quarz + Na-reicher Plagioklas $\rightarrow$ Sillimanit + Na-haltiger
                      Alkalifeldspat + Ca-reicherer Plagioklas + H_2O,
Muskovit + Biotit + Quarz $\rightarrow$ Almandin + Kalifeldspat + H_2O

genannt worden. Es wurde festgestellt, daß die beiden zuerst genannten Reaktionen bei praktisch gleichen Bedingungen erfolgen. Die in langen Versuchszeiten am hiesigen Institut reversibel durchgeführten Reaktionen ergaben folgende, in Fig. 40 eingetragenen Gleichgewichtsdaten:

$600 \pm 10\,°C$ bei 1000 Bar H_2O-Druck,
$630 \pm 10\,°C$ bei 2000 Bar H_2O-Druck,
$690 \pm 10\,°C$ bei 4000 Bar H_2O-Druck.

Mit steigendem H_2O-Druck steigt also — wie man erwarten mußte — die Gleichgewichtstemperatur, und zwar um etwa 30 °C je 1000 Bar Druckerhöhung; bei 5000 Bar H_2O-Druck beträgt diese ca. 725 °C. Mit dieser Temperatur ist die maximale Temperatur erreicht, bis zu der im günstigen Falle Muskovit in Gegenwart einer genügend großen Quarzmenge existieren kann; denn wie man aus Fig. 40 sieht, schneidet die Phasengrenze Muskovit + Quarz/Kalifeldspat + Al_2SiO_5 + H_2O bei ca. 5 Kilobar und 725 °C die punktiert gezeichnete Kurve, welche die T-P_{H_2O}-Bedingungen der eutektischen Schmelzbildung von Kalifeldspat + Quarz (nach SHAW, 1963) angibt; bei höheren Drucken erfolgt die Schmelzbildung schon bei etwas niedrigerer Temperatur.

Bis zu dieser Kurve der eutektischen Schmelzbildung im System Kalifeldspat − Quarz − H_2O ist Muskovit in Gegenwart von Quarz bei H_2O-Drucken oberhalb ca. 5 Kilobar maximal beständig; denn wenn die Kurve gerade überschritten wird, dann schmelzen Muskovit plus Quarz zu einer Schmelze, welche im eutektischen Verhältnis die Komponenten $KAlSi_3O_8$ und SiO_2 und dazu gelöstes H_2O enthält, und in der Sillimanitkristalle und überschüssiger Quarz schwimmen. Wenn also Muskovit zusammen mit Quarz vorkommt, dann kann bei H_2O-Drucken größer als 5 Kilobar Muskovit höchstens bis ca. 725 °C beständig sein; bei höherer Temperatur schmilzt zwangsläufig aller Muskovit, wenn genügend Quarz vorhanden ist. Wenn der dabei entstehende Sillimanit sich in Haufwerken konzentriert und sich damit Reaktionen beim Abkühlen weitgehend entzieht, dann kristallisiert solch eine Schmelze zu Kalifeldspat plus Quarz, worin Aggregate von Sillimanitnädelchen, oft eingeschlossen von Quarz, liegen. Die Stabilität von Muskovit + Quarz ist also begrenzt durch zwei Grenzen, durch die Phasengrenze Muskovit + Quarz/Kalifeldspat + H_2O + Al_2SiO_5 und durch die Kurve der eutektischen Schmelztemperaturen im System Kalifeldspat − Quarz − H_2O.

In natürlichen Muskovit-führenden Gneisen, welche Quarz und Plagioklas enthalten, wird aber die zuletzt genannte Kurve des eutektischen Schmelzbeginns durch die Kurve des Beginns der teilweisen Verflüssigung des Gneises, durch die Kurve des Beginns der Anatexis ersetzt. Diese Kurve verläuft jener Kurve etwa parallel, aber bei niedrigeren Temperaturen. Die Temperatur des Beginns der Anatexis ist bei gleichbleibendem H_2O-Druck um so niedriger, je ärmer der Plagioklas an Anorthitkomponente ist. Die mit „Beginn Anatexis Minimum" bezeichnete punktierte Kurve gilt dann, wenn der Plagioklas des Gneises reiner Albit ist; diese Kurve gibt die niedrigste Temperatur an, bei der eine Schmelze, bestehend aus den Komponenten $NaAlSi_3O_8$, $KAlSi_3O_8$, SiO_2 und H_2O, gerade entstehen kann [TUTTLE et al. (1958); LUTH et al. (1964)]. Die mittlere der drei punktierten Kurven gibt für viele Paragneise den Beginn der Anatexis in Abhängigkeit vom Druck bei Gegenwart von H_2O an; sie berücksichtigt einen Plagioklas der Zusammensetzung Oligoklas − Andesin.

Man sieht nun aus Fig. 40, daß z. B. die mittlere punktierte Kurve von der Phasengrenze Muskovit + Quarz bei niedrigerer Temperatur und bei niedrigerem Druck geschnitten wird als die rechte punktierte Kurve, näm-

---

H. R. SHAW: Amer. Min. 48, 883—896 (1963).
D. F. TUTTLE u. N. L. BOWEN: Geol. Soc. Amer. Mem. 74 (1958).
W. C. LUTH, R. H. JAHNS und O. F. TUTTLE: J. Geophys. Res. 69, 759 (1964).

lich bereits bei 4 Kilobar und etwa 690 °C; dieses ist in dem betrachteten sehr häufigen Fall die maximale Temperatur der Beständigkeit von Muskovit in Gegenwart von Quarz.

Bei niedrigerem H_2O-Druck gibt es einen Bereich, nämlich zwischen der Phasengrenze von Muskovit + Quarz/Kalifeldspat + Al_2SiO_5 + H_2O und der mittleren der punktierten Kurven, in dem Muskovit verschwunden ist und Kalifeldspat + Al_2SiO_5 koexistieren, ohne daß es zur Bildung einer Teilschmelze, zur Anatexis kam. Aber bei H_2O-Drucken, welche 4 Kilobar überstiegen — und das ist bei allen Faziesserien der Fall, welche Almandingranat und erst recht bei denjenigen, welche Disthen führen —, kann nur dann die charakteristische Paragenese von Orthoklas plus Sillimanit und/oder Cordierit oder Almandin entstanden sein, indem Anatexis einsetzte, also eine Schmelzbildung erfolgte, bei der Muskovit + Quarz die für die Schmelzphase so wichtige $KAlSi_3O_8$-Komponente lieferten (siehe Kapitel über Anatexis). Das ist eine zwingende Feststellung, die recht neu ist für unsere Vorstellungen von der höchsttemperierten Subfazies der unter nicht zu niedrigen H_2O-Drucken erfolgten Thermo-Dynamometamorphose. Diese Subfazies muß also dann unter gleichzeitiger Entstehung von Teilschmelzen granitischer Zusammensetzung ausgebildet worden sein. Auswirkungen dieser Anatexis sind, wie später gezeigt werden wird, Migmatite, die in situ im Bereich von Gneisen entstanden sind. Derartige migmatische Bildungen sind in der Tat sehr häufig in hochtemperierten, muskovitfreien Metamorphiten beobachtet worden (siehe z. B. LUNDGREN, 1966).

Cordierit und *Almandin:* Aus dem petrographischen Vergleich der Metamorphite, die im Temperaturbereich der Amphibolitfazies, aber unter verschiedenen Drucken entstanden sind, ergibt sich, daß Cordierit nur unterhalb gewisser Drucke und daß andererseits Mn-armer Almandingranat nur oberhalb gewisser Drucke gebildet wird. Darüber hinaus gibt es in der hochtemperierten, in der Muskovit-freien Subfazies der Amphibolitfazies einen gewissen, wohl kleinen Druckbereich, in dem Cordierit und Almandin koexistieren können. Über die Grenze Mg-Fe-Cordierit/Almandin in Anwesenheit von Biotit, Quarz und Al_2SiO_5 arbeitet A. HIRSCHBERG am hiesigen Institut. Er hat bisher festgestellt, daß in einem Fe-reichen System, in dem das Verhältnis $Fe^{2+}/Fe^{2+} + Mg = 0{,}78$ beträgt, folgende Drucke überschritten sein müssen, damit kein Cordierit gebildet wird:

5,3 ± 0,2 kb bei 600 °C,

6,5 ± 0,2 kb bei 700 °C.

Oberhalb dieser Drucke liegt Almandin + Biotit + Al_2SiO_5 + Quarz vor; es hat sich ein fast reiner $Fe_3Al_2(SiO_4)_3$ gebildet. Es ist zu erwarten, daß durch geringe Mengen an Spessartinkomponente im Almandingranat der

---

L. W. LUNDGREN: J. Petrol. 7, 421—453 (1966): "Muscovite reactions and partial melting in south-eastern Connecticut."

für die Bildung dieses Granats erforderliche Mindestdruck erniedrigt wird. Aber leider liegen hierüber und über den Einfluß anderer Komponenten im Almandingranat bisher noch keine experimentellen Daten vor.

Mit Hilfe des entwickelten P-T-Netzes der metamorphen Bedingungen, das in Fig. 40 zusammengestellt ist, können wir nun die beobachteten Folgen der metamorphen Zonen bzw. die Folgen der Subfazies innerhalb der Amphibolitfazies gut verstehen.

Die jeweilige Zonenfolge bzw. die Folge der Subfazies *eines* metamorphen Gebietes läßt auf eine eindeutige Temperaturzunahme in Richtung auf die Wärmequelle schließen, während die Drucke (die heute aufgeschlossenen ehemaligen Tiefenlagen) jeweils nicht sehr unterschiedlich waren; denn selbst einem Niveauunterschied von 8000 m entspricht doch nur ein Druckunterschied von etwa 2 Kilobar. Aber wie die Ausbildung verschiedener Faziesserien lehrt, fanden die Metamorphosen jeweils in verschiedenen Tiefenniveaus, d. h. unter verschieden hohen Drucken, statt, wobei die Temperaturen etwa den gleichen großen Bereich von relativ niedrigen bis zu hohen Temperaturen durchliefen. Wir müssen also unser Diagramm mit Kurven durchziehen, die etwa vom Temperaturbereich des Beginns der Grünschieferfazies bis in die hochtemperierte Amphibolitfazies — bei den verwendeten Maßstäben — nur schwach (positiv) geneigt zur Temperaturachse, aber jeweils bei anderen Drucken verlaufen. Diese Kurven müssen natürlich alle im nicht dargestellten Koordinatenanfangspunkt unserer Fig. 40 münden, so daß die Krümmung, mit welcher sie den Temperaturbereich von ungefähr 400 bis ca. 200 °C außerhalb des Bereichs der Grünschieferfazies während der Zeit des metamorphen Geschehens durchlaufen haben, verschieden groß war.

Wenn wir Gebiete betrachten, in denen die Metamorphose, wie Fig. 21 zeigt, durch regional nicht sehr ausgedehnte „Wärmedome" verursacht worden ist, dann sind wir bei Abwesenheit großer tektonischer Störungen sicher, daß das jetzt aufgeschlossene Areal in nahezu gleicher ehemaliger Tiefenlage metamorphisiert worden ist. Der Druck war also bei der Ausbildung der zu beobachtenden metamorphen Faziesserie ungefähr konstant, und nur die Temperatur war mit zunehmender Entfernung vom Zentrum des Wärmedomes niedriger. In solchen Fällen müssen wir also unser Diagramm mit Geraden durchziehen, die bei verschiedenen Drucken jeweils parallel zur Temperaturachse verlaufen, um die im Gelände beobachtete Folge der Subfazies bzw. Zonen verstehen zu können.

Bedenkt man, daß Staurolith nur über einen begrenzten Temperaturbereich beständig ist und daß bei hohen Drucken kein Cordierit, bei niedrigen Drucken kein Mn-armer Almandin entstehen kann, dann sind die in Tab. 7 (Kapitel 10) für die Amphibolitfazies genannten Folgen von Mineralparagenesen innerhalb jeweils einer Faziesserie verständlich:

Bei niedrigen Drucken
bis etwa 2 kb   Andalusit, (Cordierit), Staurolith, Muskovit.
                     Andalusit, (Cordierit), Orthoklas.
                     Sillimanit, (Cordierit), Orthoklas.

Bei mittleren Drucken
von etwa 3 — 5 kb Andalusit, (Cordierit), Staurolith, Muskovit.
                     Andalusit, (Cordierit), Muskovit.
                     Sillimanit, (Cordierit), Muskovit.
                     Sillimanit, (Cordierit), Orthoklas.

Bei mittelhohen Drucken
um 6 kb   Andalusit, (Almandin), Staurolith, Muskovit.
                     Sillimanit, (Almandin), Staurolith, Muskovit.
                     Sillimanit, (Almandin), Muskovit.
                     Sillimanit, (Almandin), Orthoklas.

Noch nicht beobachtet, aber *bei hohen Drucken*
um 7 kb ist diese Folge zu erwarten:
                     Disthen, (Almandin), Staurolith, Muskovit.
                     Sillimanit, (Almandin), Staurolith, Muskovit
                     Sillimanit, (Almandin), Muskovit.
                     Sillimanit, (Almandin), Orthoklas.

Bei hohen Drucken
um etwa 8 kb   Disthen (Almandin), Staurolith, Muskovit.
                     Disthen, (Almandin), Muskovit.
                     Sillimanit, (Almandin), Muskovit.
                     Sillimanit, (Almandin), Orthoklas.

Bei hohen Drucken
um etwa 9 kb   Disthen, (Almandin), Staurolith, Muskovit.
                     Disthen, (Almandin), Muskovit.
                     Sillimanit, (Almandin), Orthoklas.

Unser Diagramm ist leider noch unvollständig, selbst für die Amphibolitfazies. Hier fehlt insbesondere die Grenze, bis zu der Staurolith in häufig
auftretenden Metamorphiten beständig sein kann, und ferner fehlt noch die
Information über den Einfluß *geringer* Mengen an Spessartinkomponente
auf die Bildungsbedingungen von Almandin-Granaten. Innerhalb der Grünschieferfazies fehlt die Grenze für das erste Auftreten von Hornblende und
von Almandin-Granat. Diese und manche andere im Gestein erfolgende
Reaktionen müssen noch untersucht werden. Aber die stark temperaturabhängigen Grenzen des Beginns der Grünschieferfazies und der Amphibolitfazies, die Untergliederung der Amphibolitfazies durch die Phasen-

grenzen von Andalusit, Disthen und Sillimanit und auch den Bereich des
Beginns der Anatexis von Gneisen kennen wir jetzt.

Es gibt viele metamorphe Gebiete, die im Laufe der Erdgeschichte zum
Teil oder ganz mehreren Metamorphosen unter jeweils verschiedenen Bedingungen unterworfen worden sind: polymetamorphe Gebiete. Hier sind
nicht alle Faziesmerkmale vorhergegangener Metamorphosen beseitigt worden, so daß man frühere Stadien noch rekonstruieren kann; siehe auch pluri-
fazielle Metamorphose (DE ROEVER *et al.*, 1963; NIJHUIS, 1964). Auf solche
komplexen Erscheinungen kann hier nicht eingegangen werden, obwohl sie
keineswegs selten sind. Wir haben hier nur Gebiete betrachtet, die *einmal*
einer Metamorphose unterworfen worden sind.

15.3. Unterschiedliche Temperatur-Tiefenverteilungen

Aus der Ausbildung verschiedener metamorpher Faziesserien in verschiedenen Gebieten wissen wir, daß eine starke Aufheizung eines größeren oder
kleineren Krustenbereichs nicht nur in sehr tiefen Niveaus erfolgt ist, sondern daß die Wärmefront höher, ja bisweilen recht hoch aufgestiegen ist.
Die zwar regionale, aber doch abgegrenzte Verbreitung metamorpher Gebiete hat im Aufriß die Form von Kreisen, Ovalen oder langgestreckten
schmalen Zonen. Die ursprüngliche Wärmezufuhr ist also einerseits in einem
etwa zylinderförmigen Krustenvolumen, andererseits in einem plattenförmigen Volumen erfolgt, und von dort aus fand dann eine weniger starke,
nach außen und oben abklingende Aufheizung des umgebenden Gesteins
statt. Es waren also in einem hochgradig metamorphen und in dem umgebenden Gebiet sehr unterschiedliche Temperatur-Tiefenverteilungen bzw.
Temperatur-Druckverteilungen ausgebildet. Die eigentlichen Ursachen hierfür sind noch nicht bekannt, aber neueste Untersuchungen in Japan zeigen,
daß es auch heute scharf aneinandergrenzende Gebiete mit stark unterschiedlicher Temperatur-Tiefenverteilung gibt.

Die japanische Inselgruppe kann bezüglich des gemessenen Wärmeflusses
in vier langgestreckte Gebiete unterteilt werden. Innerhalb eines jeden Ge-
biets ist der Wärmefluß nahezu gleich, aber seine Größe ist in den vier
Gebieten unterschiedlich. Jedes dieser Gebiete ist ein zonarer Bereich von
600 – 1000 km Länge und nur wenigen hundert km Breite. UYEDA *et al.*
(1964) haben es unternommen, den stationären Zustand der möglichen Temperaturverteilung in der Kruste für die vier durch unterschiedlich großen
Wärmefluß gekennzeichneten Gebiete Japans zu ermitteln. Sie berechneten
— entsprechend zweier verschiedener Annahmen über die Wärmeproduktion
in der Kruste — für jedes der vier Gebiete zwei Kurven der Temperatur-

---

W. P. DE ROEVER und H. J. NIJHUIS: Geol. Rdsch. **53**, 324—336 (1963).
H. J. NIJHUIS (1964): Proefschrift, Amsterdam, 151 Seiten.
S. UYEDA und K. HŌRAI: J. Geophys. Res. **69**, 2121—2141 (1964).

verteilung, von denen die jeweils gemittelte Kurve in unserer Fig. 41 dargestellt ist. Aus dieser Abbildung wird deutlich, wie außerordentlich stark sich die Gebiete hinsichtlich der Temperaturzunahme mit der Tiefe unterscheiden. Besonders bemerkenswert ist es, daß ein Gebiet mit großem geothermischem Gradienten unmittelbar an ein Gebiet mit sehr kleinem geothermischem Gradienten grenzt. Erwähnt sei, daß die sehr unterschiedliche Dicke der Erdkruste (sie beträgt 23, 29, 39 bzw. 27 km) in keiner Beziehung zur Höhe der Temperatur steht, die an der Mohorovičić-Diskontinuität wahrscheinlich herrscht. Jede der Kurven in Fig. 41 endet an einem Querstrich, der die Tiefenlage jener Diskontinuität angibt.

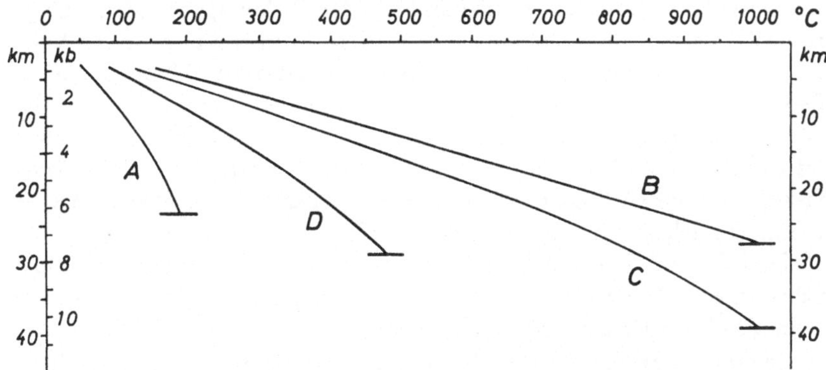

Fig. 41. Stationärer Zustand der möglichen Temperaturverteilung in den vier verschiedenen Zonen Japans; nach Uyeda et al., 1964. (Das Verhältnis der Abszissen- und Ordinateneinteilung ist dasselbe wie in Fig. 40)

In dem Gebiet mit größtem geothermischem Gradienten, das ist Kurve B, begann seit dem frühen Miozän (vor etwa $3 \cdot 10^7$ Jahren) eine tektogene Phase, während der zunächst eine schätzungsweise 10 km tiefe Geosynklinale gebildet wurde, die seit etwa $1 \cdot 10^7$ Jahren hochgefaltet wird; hiermit ist eine sehr rege, heute noch andauernde vulkanische Tätigkeit verbunden. Man muß erwarten, daß hier bereits ab Tiefen von nur etwa 8 km die Prozesse der Metamorphose ablaufen, während z. B. in dem Gebiet, wofür die Kurve D gilt, die Metamorphose erst in wesentlich größeren Tiefen beginnt. Man muß nun bedenken, daß man die hier dargestellten Temperatur-Tiefen-Verteilungen wohl nicht anwenden darf, um die entstehenden Mineralparagenesen vorauszusagen; denn die Kurven geben bereits den stationären Zustand der Temperaturverteilung an [1], nicht den durch die Mineral-

---

[1] Anmerkung: Unter dem stationären Zustand versteht man folgendes: Ein Körper, in dem Wärme fließt, hat seinen stationären Zustand der Wärmeleitung erreicht, wenn die Temperaturen in den verschiedenen Bereichen des Körpers sich nicht zeitlich ändern. Dieser Zustand kann sich natürlich erst dann eingestellt haben,

paragenesen gezeigten Zustand jeweils *höchster* Temperatur. Vor Erreichen des stationären Zustandes herrschen in den der Wärmequelle nahen Krustenbereichen höhere Temperaturen als nach Einstellen des stationären Zustandes. Das ist natürlich auch der Fall bei der Aufheizung des Nebengesteins durch einen intrudierten Pluton; die Kurven der Fig. 19 zeigen die jeweilige maximale Temperatur in Abhängigkeit von der Entfernung der Wärmequelle, nicht aber einen erst später erreichten stationären Zustand der Wärmeleitung.

Ein weiteres interessantes Beispiel für ein Gebiet, in dem die Temperatur mit der Tiefe außergewöhnlich stark ansteigt, ist Ungarn. Ungarn liegt zwischen den Karpaten und den Dinariden, und die ungarische Tiefebene ist ein geosynklinales Becken, welches in SW—NE-Richtung vom Mittel-Ungarischen Bergzug unterteilt wird. Die tertiäre Beckenfüllung ist im Mittel 2 km mächtig, erreicht aber maximale Werte von 5 km. Dieses ungarische Becken ist ein „geothermisches Hoch", in dem der Wärmefluß wesentlich höher als in den umgebenden Ländern ist; er beträgt nach BOLDIZSÁR (1964) bis zu 3,3 und im Mittel ca. 2,4 μcal/cm² sec. Als Mittelwert des Wärmeflusses der Erde wird heute der Wert von 1,5 μcal/cm² sec angesehen (LEE, 1963). Die tektonisch ruhigen präkambrischen Schilde, der kanadische, der afrikanische, der baltische und der ukrainische Schild (LUBIMOVA, 1964), haben einen Wärmefluß, dessen Wert nur zwischen 0,6 und 0,95 μcal/cm² sec liegt, also kleiner als der Mittelwert für die Erde ist.

Je größer nun der Wert des Wärmeflusses ist, um so größer ist die Temperaturzunahme mit der Tiefe. In vielen Gebieten hat man im Bereich der obersten Kilometer der Kruste einen geothermischen Gradienten von 30 °C/km, im ungarischen Becken jedoch beträgt er im Mittel 54 °C/km. Viel interessanter als dieser Mittelwert ist aber die Tatsache, daß der geothermische Gradient in bestimmten Gebieten auch Werte von 70, 80 oder sogar 100 °C/km annimmt. In Fig. 42 sind Linien gleichen geothermischen Gradientens für 50, 60 und 70 °C/km eingetragen (auf Grund der von BOLDIZSÁR gegebenen Darstellung). Die Bereiche, in denen der Temperaturgradient größer als 60 °C/km ist, sind schattiert angelegt. In ihnen liegt die Linie für 70 °C/km, und innerhalb dieser stark gezeichneten Kontur ist der Temperaturgradient größer als 70 °C/km.

Die Ursachen für diese sehr bewegte „Temperatur-Topographie" sind zum Teil auf die unterschiedlichen Dicken der porösen Sedimente zurück-

---

nachdem die Wärme von der Wärmequelle eine sehr lange Zeit geflossen ist. Wenn der stationäre Zustand erreicht worden ist, dann gibt jeder Bereich des Körpers auf der einen Seite genau so viel Wärme ab, wie ihm von der anderen Seite zugeführt wird; die jeweilige Temperatur an einer Stelle in dem Körper ändert sich also nicht mehr mit der Zeit.

T. BOLDIZÁR: J. Geophys. Res. 69, 5269—5275 (1964).

W. H. K. LEE: Rev. Geophys. 1, 449—479 (1963).

E. A. LUBIMOVA: J. Geophys. Res. 69, 5277—5284 (1964).

zuführen; denn diese haben eine wesentlich geringere Wärmeleitfähigkeit als kompakte Gesteine. Andere Ursachen dürften auf die Art und die Tiefenlage der Wärmequellen zurückzuführen sein; es werden Intrusionen von Magmen als Wärmequellen vermutet.

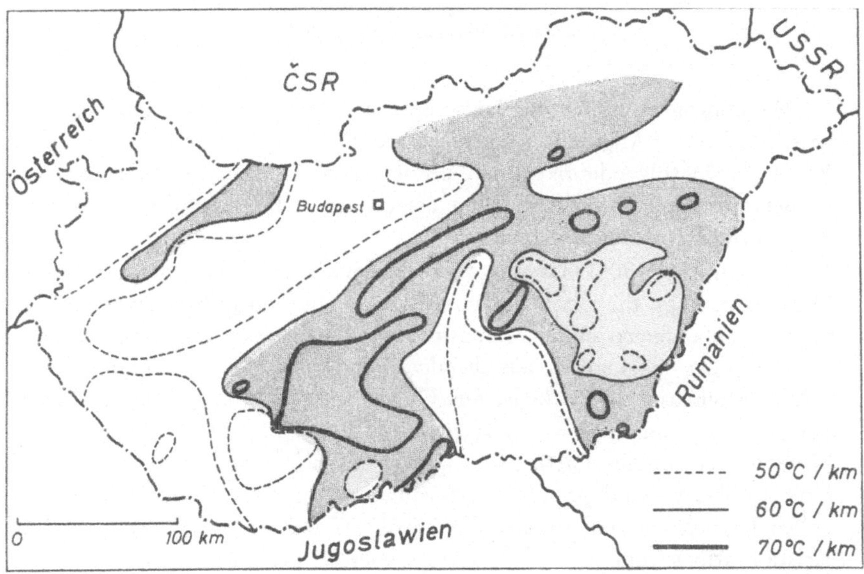

Fig. 42. Temperaturgradienten in Ungarn (nach BOLDIZÁR, 1964). Schattiert sind die Gebiete mit einem geothermischen Gradienten von mehr als 60 °C/km. Stark ausgezogen ist die Kontur für 70 °C/km, gestrichelt ist die Kontur für 50 °C/km

Man darf die Werte der großen geothermischen Gradienten sicherlich nicht auf große Tiefen von vielen Kilometern übertragen, aber auch dort herrscht das „thermische Hoch". In einem horizontalen Schnitt durch diesen Krustenteil werden langgestreckte Zonen höherer Temperatur zu unterscheiden sein, in denen sich mehr ovale oder zirkulare höhertemperierte Zentralbereiche von „Wärmedomen" ausgebildet haben.

16. Anatexis, Migmatitbildung und Palingenese granitischer Magmen

Metamorphe Gesteine der hochgradigen Amphibolitfazies sind eng vergesellschaftet mit Migmatiten. Diese generelle Geländebeobachtung beschreibt READ (1957) folgendermaßen: „One of the most firmly established facts in metamorphic geology is the close association in the field of highest-grade metamorphic rocks and migmatites.“

SEDERHOLM (1908) hat das Wort Migmatit für bestimmte gneisartige Gesteine geprägt, die „look like mixed rocks“. Es sind grobgemengte, megaskopisch zusammengesetzte (composite), heterogene Gesteine, die aus magmatischem (oder magmatisch aussehendem) und metamorphem Material bestehen. Migmatite zeigen helle, aus Quarz und Feldspat bestehende Lagen oder Partien und dunkle, vorwiegend aus Biotit bestehende Bereiche. Die Minerale der dunklen Partien sind — wie in Gneisen und kristallinen Schiefern — überwiegend parallel angeordnet, während der Kornverband der hellen Partien meistens richtungslos körnig ist wie bei einem magmatischen Kristallisationsprodukt. Die Struktur dieses so grob heterogenen Gesteins kann sehr verschiedenartig sein: Die feine Parallellagerung der Gneise ist bei den Migmatiten derart abgewandelt, daß helle und dunkle Lagen von Zentimeter, Dezimeter oder gar Meter Dicke vorliegen. Das ganze Gestein zeigt oft kleine oder größere Falten; es kann auch wie eine Brekzie aussehen, und dann nennt man diese Art von Migmatit einen Agmatit. Von Nebulit spricht man, wenn eine weitgehende Homogenisierung des heterogenen Gesteins erfolgt ist, so daß man nur noch nebelhaft parallele Strukturelemente von Metamorphiten als Schlieren erkennen kann.

Auf einem Symposium über die Nomenklatur der Migmatite (1960) [1] sind folgende genetische Kennzeichnungen für Migmatite angegeben worden:

a) Grobgemengtes Gestein, entstanden aus geochemisch mobilen und immobilen (bzw. weniger mobilen) Anteilen; DIETRICH und MEHNERT. (Unter Mobilisation versteht MEHNERT die Zunahme der geochemischen Migrationsfähigkeit von Gesteinen oder Gesteinsteilen über den Bereich des Einzel-

---

H. H. READ: The Granite Controversy. New York: Interscience Publishers 1957.

J. J. SEDERHOLM: Bull. Comm. Geol. Finlande, No. 23, 110 (1908).

[1] Symposium on migmatite nomenclature (edit. H. SÖRENSEN), in: Intern. Geol. Congress, Norden 1960, Part 26, 54—78.

kristalls hinaus ohne Aussage über den Aggregatzustand oder den Migrationsmechanismus.)

b) Zusammengesetztes, heterogenes Gestein aus vorher bestehendem Gesteinsmaterial und später intrudiertem *oder in situ* entstandenem Material Granit-ähnlicher Zusammensetzung; POLKANOV.

SEDERHOLM äußerte bereits die Ansicht, daß die meisten bei Migmatiten zu beobachtende „strongly contorted structure originated when the rock was in a melting condition". Diese Ansicht der „melting condition" wird in der Tat durch Experimente bestätigt. Die hellen, in ihrer Zusammensetzung granitischen Partien sind durch teilweise Aufschmelzung des ursprünglichen Gneises erklärbar, durch einen Prozeß, der Anatexis genannt wird. Es wird gezeigt werden, daß durch eine partielle Aufschmelzung von Gneisen eine granitische Schmelze und ein nicht schmelzbarer Rest vor allem von den dunklen Mineralen wie Biotit etc. gebildet werden. Andere Vorstellungen über die Migmatitentstehung sind auch geäußert worden, nämlich eine Stoffzufuhr durch „Emanationen" oder ein metasomatischer Stoffaustausch ohne Beteiligung einer Schmelze, also ohne daß ein magmatisches Stadium durchlaufen wird. Wie in diesem Falle solch ein gedachter Prozeß vor sich geht, wissen wir nicht, obwohl er auch von manchen Autoren für die Entstehung von Granitkomplexen des tiefen Grundgebirges verantwortlich gemacht wird, deren intrusive magmatische Natur nicht augenfällig ist (Granitisation). BUDDINGTON (1963) schreibt hierzu: „There are neither experimental physicochemical data nor dependable physicochemical theory upon which to base a valid hypothesis for the origin of granite (von normaler, mittlerer Zusammensetzung) by emanations."

Wenn wir nun nach der Genese der Granite und Migmatite fragen, dann sei an den seit langem feststehenden Befund der Geologen erinnert, den READ folgendermaßen formulierte: „When we follow rocks into higher metamorphic grades, we finally end in a granitic core. This cannot be accidental, the association of metamorphites, migmatites and granites must mean something." Es wird durch diese weltweiten Beobachtungen die Vermutung nahegelegt, daß die räumliche Assoziation jener Gesteinsarten durch Prozesse bedingt ist, die unter gleichen Temperatur- und Druckbedingungen in der Tiefe der Erdkruste stattgefunden haben und gleichzeitig zur Bildung von hochgradigen Metamorphiten, von Migmatiten und von Graniten geführt haben. Die Genese von Graniten und Migmatiten des tiefen Grundgebirges muß daher in einem unmittelbaren Zusammenhang mit hochgradiger Metamorphose betrachtet werden. Die in diesem Zusammenhang durchgeführten Experimente lehren, daß der Prozeß der Anatexis von außerordentlicher petrographischer Bedeutung ist.

A. F. BUDDINGTON: Geol. Soc. Amer. Bull. **74**, 353 (1963).

16.1. Anatexis

Die bei weitem häufigsten Sedimente sind Tone und Schiefertone, und von den gröberen klastischen Sedimenten sind Grauwacken an der Füllung von Geosynklinalen oft mengenmäßig am stärksten beteiligt. Die Metamorphose dieser Sedimente wurde von WINKLER *et al.* experimentell untersucht. Die höchstgradigen Metamorphite, die unter 2000 Bar H_2O-Druck gebildet werden, bestehen aus Quarz + Plagioklas + Alkalifeldspat + Biotit, wozu Cordierit und Erz und oft auch Sillimanit treten. Bei höheren Drucken tritt an Stelle von Cordierit Granat auf, und bei sehr hohen Drucken tritt Disthen an die Stelle von Sillimanit.

Die ursprünglich im Sediment enthaltene Menge an Calcit bestimmt entscheidend die metamorph gebildeten Mengen an Cordierit und Biotit. Betrachtet man einen Schieferton, dem verschiedene Mengen an Calcit zugesetzt werden, dann zeigen die Experimente von WINKLER *et al.* (1960), daß im höchstgradigen Metamorphit die Menge des Cordierits um so geringer und die Menge des Biotits um so größer ist, je mehr Calcit im ursprünglichen Sediment war. Die Erklärung hierfür ist einfach: Das Ca des Calcits ermöglicht die Bildung von Anorthitkomponente; hierdurch wird um so mehr Al gebunden, je mehr Anorthitkomponente gebildet wird und infolgedessen bleibt um so weniger Al für die Bildung von Cordierit übrig. Die vorhandenen MgO- und FeO-Komponenten werden zur entsprechend vermehrten Bildung von Biotit (unter geringer Verminderung der Menge an Kalifeldspat) herangezogen. Aus einem Schieferton, der im Bereich der mittleren geochemischen Zusammensetzung der Schiefertone liegt, entsteht bei der höchstgradigen Metamorphose ein Paragneis, welcher wenig oder keinen Cordierit enthält und aus Quarz + Plagioklas + Kalifeldspat + Biotit besteht. Diese Paragenese, bei der Plagioklas die Menge des Kalifeldspats weit überwiegt, ist bei Paragneisen sehr häufig.

Die Paragenesen solcher höchstgradiger Paragneise bleiben in einem gewissen Temperaturbereich (bei konstant gehaltenem Druck) zunächst unverändert. Wenn aber die Temperatur der Metamorphose eine gewisse Höhe erreicht hat, dann beginnt die Anatexis, dann also wird bei Gegenwart von H_2O der Gneis teilweise aufgeschmolzen. Es bilden sich leukokrate Schmelzen aus Quarz, Plagioklas und Alkalifeldspat, nur sehr geringe Mengen an Biotit, Cordierit und Sillimanit können von der Schmelze aufgenommen werden, sie bleiben überwiegend neben An-reichem Plagioklas und evtl. etwas Quarz als kristalline Reste erhalten. Die für den Beginn der Anatexis notwendigen Temperaturen sind viel niedriger als man früher meinte, sie

H. G. F. WINKLER und H. v. PLATEN (1957—1961), in: Geochim. et Cosmochim. Acta **13**, 42—69 (1957); **15**, 91—112 (1958); **18**, 294—413 (1960); **24**, 48—69 und 250—259 (1961).
H. G. F. WINKLER: Geol. Rdsch. **5**, 347—364 (1961).

liegen um 700 °C bei einem H_2O-Druck von 2000 Bar und um 680 °C bei einem H_2O-Druck von 4000 Bar. Das sind dieselben Bedingungen wie für die hochgradige Amphibolitfazies.

Die Zusammensetzung und die Menge der durch Anatexis von Gneisen entstehenden Schmelzen hängt außer vom H_2O-Druck und der Temperatur vor allem von der chemischen und damit von der mineralogischen Zusammensetzung der Gneise ab. Das versteht man am leichtesten, wenn man die Gleichgewichte zwischen Schmelze + Kristallen + Gasphase in demjenigen System studiert, welches aus den Komponenten SiO_2, $NaAlSi_3O_8$, $CaAl_2Si_2O_8$, $KAlSi_3O_8$ und H_2O besteht, also aus Quarz, Plagioklas, Alkalifeldspat und Wasser. Das System $SiO_2 - NaAlSi_3O_8 - CaAl_2Si_2O_8 - KAlSi_3O_8 - H_2O$ können wir als das granitische System betrachten, denn in granitischen Gesteinen, worunter Granite, Adamellite, Granodiorite und Tonalite bzw. Trondhjemite verstanden werden, machen jene Komponenten meistens 90 bis 95% des gesamten Gesteins aus.

Angenähertes granitisches System. Bis vor kurzem gab es noch keine Untersuchungen über jenes komplexe System, aber über das einfachere System $SiO_2 - NaAlSi_3O_8 - KAlSi_3O_8 - H_2O$, also über das granitische System ohne die Anorthit-Komponente, liegen die sehr wichtigen Experimente von TUTTLE und BOWEN (1958) vor. Hiervon wollen wir bei unserer Betrachtung ausgehen. Die Autoren haben die Kristall-Schmelze-Gas-Gleichgewichte des Systems $SiO_2 - NaAlSi_3O_8 - KAlSi_3O_8 - H_2O$ jeweils bei einem konstanten Druck untersucht, und zwar u. a. in Gegenwart von stets so viel H_2O, daß eine sehr H_2O-reiche Gasphase vorhanden war; es war also stets auch genügend Wasser vorhanden, so daß die silikatische Schmelze, die H_2O unter Druck löst, sich an H_2O sättigen konnte. Das System ist perspektivisch in Fig. 43 für einen bestimmten H_2O-Druck dargestellt. Das Konzentrationsdreieck Q, Ab und Or [Q von Quarz für SiO_2, Ab von Albit für $NaAlSi_3O_8$ und Or von Orthoklas für $KAlSi_3O_8$] bildet die Basis eines trigonalen Prismas, entlang dessen Kanten die Temperatur aufgetragen ist; H_2O ist stets „im Überschuß" vorhanden, so daß H_2O als Komponente nicht mehr graphisch dargestellt zu werden braucht.

In diesem System, welches von den eutektischen Teilsystemen $SiO_2 - NaAlSi_3O_8 - H_2O$ und $SiO_2 - KAlSi_3O_8 - H_2O$ und von dem System der Alkalifeldspäte $KAlSi_3O_8 - NaAlSi_3O_8 - H_2O$ seitlich begrenzt wird (die Seitenflächen des trigonalen Prismas in Fig. 43), verläuft eine kotektische Linie vom Eutektikum des $Q - Ab - H_2O$-Systems zum Eutektikum des $Q - Or - H_2O$-Systems. Die kotektische Linie verläuft nicht linear, sondern in einem Bogen und durchläuft außerdem ein Temperaturminimum. Die Lage der kotektischen Linie und die Lage des Temperaturminimums auf der kotektischen Linie sind vom Druck abhängig; mit steigendem Druck

---

O. F. TUTTLE und N. L. BOWEN: Geol. Soc. Amer., Memoir 74 (1958).

verschiebt sich das kotektische Minimum in Richtung auf die Ab-Ecke (siehe
Tab. 10).

Für den H_2O-Druck von 2000 Bar ist das der Fig. 43 analoge räumliche
Modell in die Basisebene des Prismas, also in die Ebene Q—Ab—Or pro-

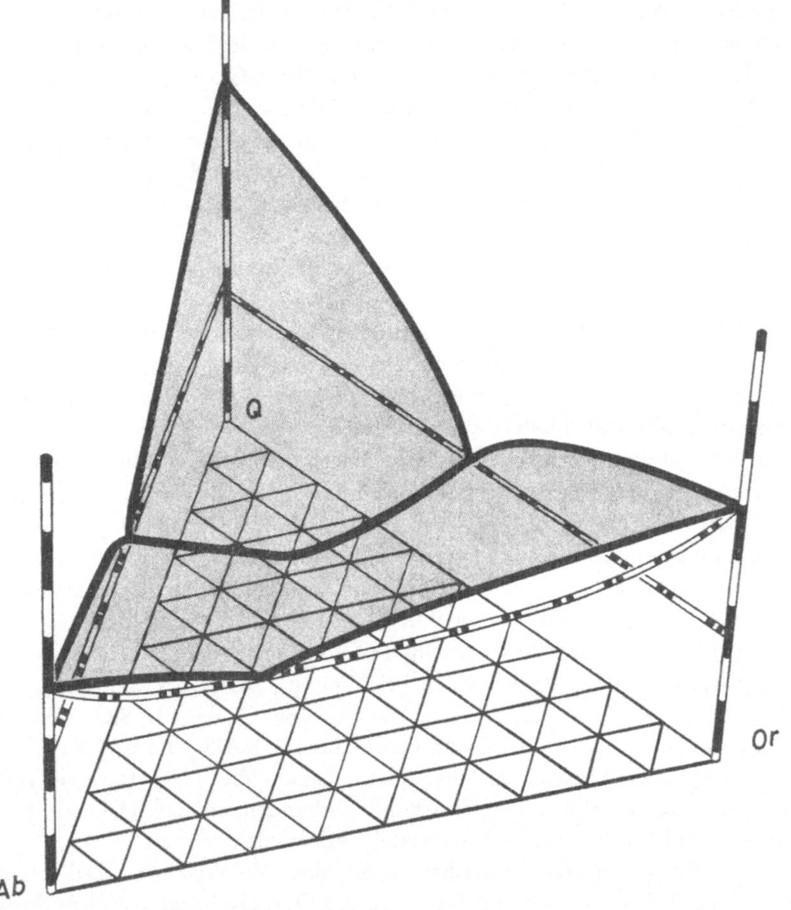

Fig. 43. Räumliches Modell des Systems Q—Ab—Or—H_2O bei 1000 Bar H_2O-Druck;
H_2O ist stets im Überschuß. Vertikale = Temperaturordinate. (Gezeichnet nach
TUTTLE *et al.*, 1958.) Man erkennt die Liquidusflächen, die sich in der kotektischen
Linie schneiden; hier sind Quarz+Alkalifeldspat+Schmelze+Gasphase im Gleichgewicht. Die drei seitlich begrenzenden Systeme mit ihren Solidusbeziehungen sind
auch dargestellt. Das bei dem Druck von 1000 Bar auch noch auftretende Feld der
Existenz von Leucit in der Nähe der Or-Kante ist hier nicht dargestellt worden

jiziert worden: Fig. 44. Die in Fig. 44 ebenfalls projizierten Isothermen
machen den steilen Temperaturanstieg der Liquidusfläche zur Q-Ecke und

auch zur Or-Ecke deutlich; sie zeigen andererseits auch den wesentlich flacheren Anstieg zur Ab-Ecke und den nur geringen Temperaturanstieg entlang der kotektischen Linie vom Minimum M zum Eutektikum E 1 bzw. E 2.

In dem bei konstantem Druck, d. h. isobar betrachteten System $Q-Ab-Or-H_2O$ verläuft also eine kotektische Linie von E 1 nach E 2.

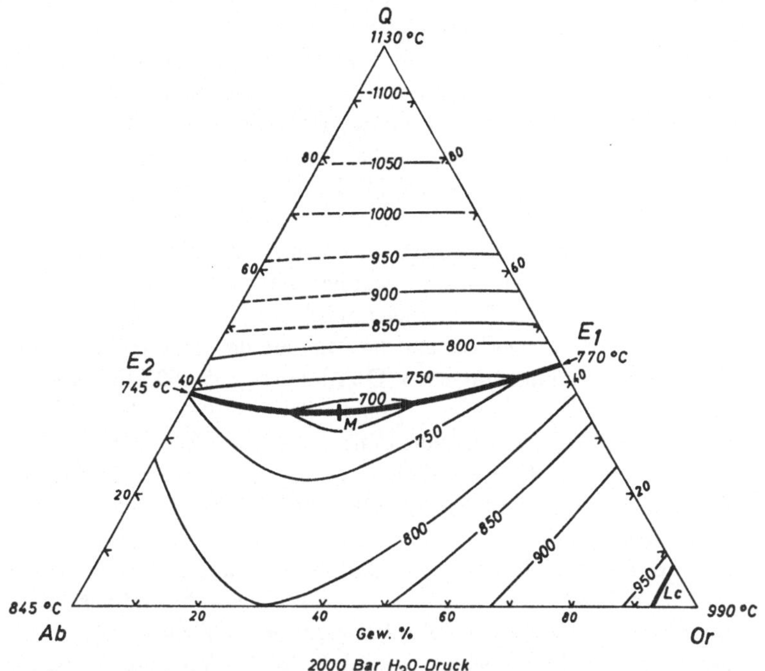

Fig. 44. Projektion der Isothermen und der kotektischen Linie des Systems SiO_2-$NaAlSi_3O_8$-$KAlSi_3O_8$-H_2O bei 2000 Bar H_2O-Druck. E 1 und E 2 sind Eutektika, M kennzeichnet die Zusammensetzung des Minimums auf der kotektischen Linie. Zusammensetzungen in Gew.-%. (Gezeichnet nach den Angaben von TUTTLE et al., 1958, und von H. R. SHAW: Amer. Miner. 48, 883—896 (1963).)
Lc = Leucit

Diese Linie trennt die Liquidusfläche in zwei Bereiche, in den Quarzbereich und den Alkalifeldspatbereich. Das heißt, eine Schmelze, deren darstellender Punkt oberhalb der kotektischen Linie im Quarzbereich liegt, beginnt bei Erreichung der Liquidustemperatur mit Quarz zu kristallisieren. Mit weiterer Abkühlung kristallisiert mehr Quarz aus, wobei der darstellende Punkt der Schmelzzusammensetzung sich in Richtung auf die kotektische Linie bewegt. Wenn die kotektische Linie erreicht ist, dann kristallisiert nun auch Alkalifeldspat neben Quarz aus, d. h. Alkalifeldspat, Quarz, Schmelze und Gasphase stehen miteinander im Gleichgewicht. Diese kotektische Kristallisation geht mit sinkender Temperatur noch etwas weiter, bis die Schmelze vollständig kristallisiert ist; der darstellende Punkt der Schmelzzusammensetzung ändert seine Lage auf der kotektischen Linie, indem er sich in Richtung auf das Minimum verschiebt, aber dieses im allgemeinen nicht erreicht. Nur im Falle starker fraktionierter Kristallisation, d. h. im Falle einer Kristallisation, bei der das Gleichgewicht zwischen Kristallen und Schmelze nicht ständig erreicht wird, hat der letzte Schmelzanteil stets die Zusammensetzung des kotektischen Minimums.

Wir wollen nun unter konstantem Druck den Fall des Aufschmelzens von Gesteinen betrachten, welche aus den Komponenten Q, Ab und Or bestehen. Die Bildung der ersten Schmelze erfolgt stets unter Gleichgewichtseinstellung, und deshalb hat die Erstschmelze im allgemeinen keineswegs die Zusammensetzung des kotektischen Minimums, sondern die — natürlich ebenfalls auf der *kotektischen* Linie gelegene — Zusammensetzung, welche der jeweiligen Zusammensetzung des Gesteins entspricht. Betrachten wir Fig. 44 und als Beispiel ein Gestein, welches die Zusammensetzung Q : Ab : Or = 50 : 40 : 10 hat: Die Erstschmelze wird nicht beim Minimum, sondern etwas oberhalb 700 °C gebildet und hat die auf der kotektischen Linie gelegene Zusammensetzung von etwa Q : Ab : Or = 35 : 50 : 15; Alkalifeldspat und Quarz sind in Schmelze gegangen. Bei 5 — 10 °C höherer Temperatur ist aller Alkalifeldspat zusammen mit der kotektischen Menge an Quarz in Schmelze gegangen; diese gerade noch auf der kotektischen Linie liegende Schmelzzusammensetzung ist Q : Ab : Or = 36 : 52 : 12. Es bedarf nun einer starken Temperaturerhöhung, damit von dem Quarz, der jetzt allein nur noch als feste Phase vorliegt, wesentliche Mengen zusätzlich aufgeschmolzen werden. Erst bei 850 °C ist das hier als Beispiel gewählte Mineralgemenge aus Quarz und Alkalifeldspat vollständig aufgeschmolzen.

Aus dieser Betrachtung geht hervor, daß für den Vorgang des partiellen Aufschmelzens der Zusammensetzung des kotektischen Minimums *keine* größere Bedeutung zukommt als irgendeiner anderen kotektischen Zusammensetzung im System $Q - Ab - Or - H_2O$. Grundsätzlich anders ist es jedoch, wenn bei H_2O-Drucken, welche nach TUTTLE und BOWEN (1958) etwa 3600 Bar übersteigen, an die Stelle des Minimums auf der kotektischen Linie ein *Eutektikum* im isobaren $Q - Ab - Or - H_2O$-System tritt. Denn für *alle* Zusammensetzungen in dem System gibt das Eutektikum die Temperatur und die Zusammensetzung der beim partiellen Aufschmelzen entstehenden Erstschmelze an. Bei 5000 Bar H_2O-Druck ist die eutektische Zusammensetzung Q : Ab : Or = 27 : 50 : 23, und die eutektische Temperatur beträgt etwa 650 °C; die eutektische Zusammensetzung für 10 000 Bar ist in Tab. 10 aufgeführt. Bei den eutektischen Bedingungen stehen 5 Phasen, nämlich Albit-reicher Alkalifeldspat, Kalium-reicher Alkalifeldspat, Quarz, Schmelze und Gasphase miteinander im Gleichgewicht; statt eines Alkalifeldspats existieren zwei Alkalifeldspäte, ein Ab-reicher und ein Or-reicher, wenn $P_{H_2O} > 3600$ Bar ist.

Schmelzbildung in granitischen Systemen. Bisher wurde angenommen, daß man das System $Q-Ab-Or-H_2O$ benutzen könne, um die Kristallisation granitischer Schmelzen bzw. die Anatexis von Gneisen verständlich zu machen. Prinzipiell wichtige Sachverhalte gewinnt man zwar aus diesem System, aber wenn quantitative Angaben, insbesondere über die Zusammensetzungen der bei der Anatexis von Gneisen entstehenden Erstschmelzen benötigt werden, darf man jenes System nicht benutzen. Es muß nämlich die im Plagioklas von Gneisen (wie in Graniten) enthaltene Anorthitkomponente unbedingt neben den bisherigen Komponenten berücksichtigt werden, obwohl die Menge der An-Komponente bei Gneisen und Graniten nur zwischen etwa 5 und 20% beträgt und stets wesentlich geringer als die Menge der Ab-Komponente ist.

H. v. PLATEN (1965) hat nun verschiedene Schnitte durch das An-haltige $Q-Ab-An-Or-H_2O$-System experimentell bei 2000 Bar H_2O-Druck untersucht. Es wurden solche Mineralgemenge bzw. Schmelzen verwendet, bei denen jeweils das Verhältnis der Komponenten Ab und An einen konstanten Wert hatte[1]. In Fig. 46 ist links oben das $Q-Ab-An-Or$-Konzentrationstetraeder dargestellt, durch das als Beispiel der Schnitt gelegt ist, auf dem die darstellenden Punkte aller Gesteinszusammensetzungen liegen, deren normatives Ab/An-Verhältnis 3,8 beträgt; also Ab verhält sich zu An wie ca. 80 zu 20. Von dieser Ebene werden die darstellenden Punkte von Mineralgemengen auf die Grundfläche $Q-Ab-Or$ des Tetraeders projiziert. Die Zusammensetzung der kotektischen Schmelzen eines Gneises haben ein etwas größeres Ab/An-Verhältnis als der Gneis, so daß diese Schmelzen nicht genau auf der jeweiligen Schnittebene, aber ihr sehr nahe liegen. Auch die kotektischen Schmelzzusammensetzungen werden von der An-Ecke aus auf die $Q-Ab-Or$-Fläche des Tetraeders projiziert. Auf diese Art können die An-haltigen Systeme unmittelbar mit der Projektion des An-freien Systems bei gleichem H_2O-Druck verglichen werden.

Bevor Fig. 46, die Projektion eines Tetraederschnittes, näher betrachtet wird, sollen die Phasenbeziehungen in dem Fünfstoffsystem $Q-Ab-An-Or-H_2O$ bei konstantem H_2O-Druck von ungefähr 2000 Bar mit Hilfe von Fig. 45 beschrieben werden. Jede der vier Seitenflächen des Tetraeders der Fig. 45 stellt ein System dar, welches aus drei Komponenten plus H_2O

H. v. PLATEN: Beitr. Miner. u. Petrogr. **11**, 334—381 (1965).

[1] *Anmerkung:* Das ist für die experimentelle Durchführung sehr wichtig; denn nur bei Schnitten durch das Ab—An—Or—Q-Tetraeder, bei denen das Ab/An-Verhältnis des Gesteinssystems konstant bleibt, ist experimentell beobachtet worden, daß die verschiedensten Zusammensetzungen, die auf solch einem Ab/An-Schnitt liegen, eine praktisch gleiche bei niedrigster Temperatur kristallisierende kotektische Zusammensetzung haben, so daß man diese für den praktischen Gebrauch als *eutektisch* bezeichnen kann. Mit dieser Schmelzzusammensetzung stehen die Phasen Plagioklas+Alkalifeldspat+Quarz+Gasphase (bei konstantem H_2O-Druck) im Gleichgewicht.

als vierter (nicht dargestellter) Komponente besteht. Es sind dies folgende Systeme:

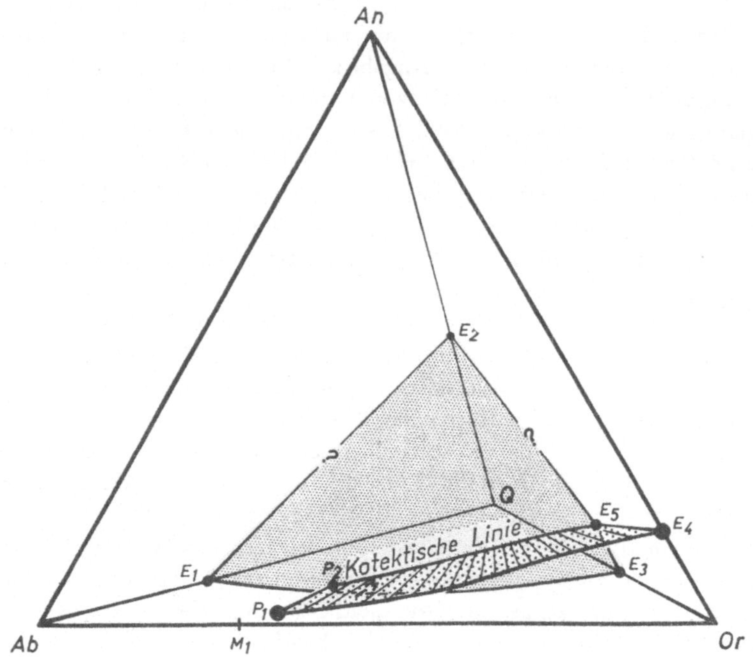

Fig. 45. Phasenbeziehungen im System Q—Ab—An—Or bei ungefähr 2000 Bar H_2O-Druck

a) $Q-Ab-An-H_2O$-System. Eine kotektische Linie verläuft hier von dem Eutektikum E1 auf der Q—Ab-Kante zum Eutektikum E2 auf der Q—An-Kante. E2 ist von STEWART (1957) bestimmt worden.

b) $Q-Or-An-H_2O$-System. In diesem System befindet sich ein ternäres Eutektikum E5. Von diesem Eutektikum verlaufen drei kotektische Linien zu je einem binären Eutektikum, nämlich zu E2 auf der Q—An-Kante, zu E3 auf der Q—Or-Kante und zu E4 auf der An—Or-Kante. Die Lage von E5 ist noch nicht genau bekannt, aber E5 muß ziemlich nahe der Q—Or-Kante liegen.

c) $Ab-An-Or-H_2O$-System. In diesem System verläuft eine kotektische Linie, auf der Plagioklas+Alkalifeldspat+Schmelze+Gas im Gleichgewicht sind, vom Eutektikum E4 auf der Or—An-Kante (nahe der Or-Ecke) in Richtung auf das Temperaturminimum M1 des Or—Ab-Systems bis zum Punkt P1. Dieser Punkt liegt bei 2000 Bar nicht auf der Ab—Or-Kante, aber ihr sehr nahe. Der Grund dafür, daß diese kotektische Linie

D. B. STEWART: Carnegie Inst. Washington, Year Book 56, 214—216 (1957).

oberhalb der Ab — Or-Kante endet, liegt darin, daß bei sehr geringer Menge an An-Komponente *ein* homogener Alkalifeldspat (mit wenig An) im Gleichgewicht mit der Schmelze steht, solange der Druck weniger als ca. 3,6 kb beträgt. Dieses System (c) ist bei 5000 Bar H_2O-Druck von YODER *et al.* (1957) bestimmt worden. Für die Konstruktion von Fig. 45 sind interpolierte Werte benutzt worden.

d) $Q - Ab - Or - H_2O$-System. Dieses ist das bereits aus Fig. 44 bekannte System. Eine kotektische Linie (mit Minimum, M) verläuft hier in Fig. 45 von dem Eutektikum E3 auf der $Q - Or$-Kante zum Eutektikum E1 auf der $Q - Ab$-Kante (TUTTLE und BOWEN, 1958).

Obwohl der genaue Verlauf der kotektischen Linien in den Systemen a, b und c bei 2000 Bar H_2O-Druck noch nicht bekannt ist, ergibt sich aus den vorangegangenen Angaben der prinzipielle Verlauf von kotektischen Flächen und *einer* kotektischen Linie, E5 — P2, im Innern des Tetraeders. Der *Raum* des $Q - Ab - An - Or$-Tetraeders ist durch drei kotektische Flächen unterteilt. Eine große kotektische *Fläche* trennt den Quarz-Raum vom Plagioklas-Raum (Fläche E1 — E2 — E5 — P2). Eine kleine kotektische Fläche trennt den Quarz-Raum vom Alkalifeldspat-Raum (Fläche E5 — E3 — M — E1 — P2). Eine weitere kotektische Fläche, E5 — E4 — P1 — P2, trennt den kleinen Alkalifeldspat-Raum vom großen Plagioklas-Raum. Es liegen also drei kotektische Flächen vor, entlang denen Quarz + Plagioklas + Schmelze, Quarz + Alkalifeldspat + Schmelze bzw. Alkalifeldspat + Plagioklas + Schmelze (außer der Gasphase) koexistieren. Diese drei kotektischen Flächen schneiden sich in einer kotektischen Linie, P2 — E5, welche die *Schmelzzusammensetzungen* angibt, die mit Quarz + Plagioklas + Alkalifeldspat und der Gasphase im Gleichgewicht stehen. Diese kotektische Linie beginnt etwa links oberhalb des Temperaturminimums M des Systems $Q - Ab - Or$, nämlich bei P2, und verläuft dann mit nur sehr geringer Steigung durch den An-armen Bereich des Tetraeder-Raumes zum Eutektikum E5 im System $Q - An - Or$. Es ist zu beachten, daß die kotektische Linie durch einen sehr An-armen Konzentrationsbereich des Tetraeders zieht. Damit wird es klar, daß sehr geringe Konzentrationen von An-Komponente, ja, daß sehr geringe Unterschiede zwischen den geringen An-Konzentrationen einen wesentlichen Einfluß auf die Zusammensetzung der eutektischen Schmelze haben. Das wird noch gezeigt werden.

Legt man nun einen Schnitt mit konstantem Ab/An-Verhältnis durch das $Q - Ab - An - Or$-Tetraeder (der Schnitt mündet in die $Q - Or$-Kante ein), dann werden die drei kotektischen Ebenen in kotektischen Linien geschnitten und die kotektische Linie wird in einem eutektischen Punkt geschnitten. In Fig. 46 sind die drei kotektischen Schnittlinien und der eutektische Schnittpunkt von der An-Ecke aus in die $Q - Ab - Or$-Grundebene

H. S. YODER, D. B. STEWART und J. R. SMITH: Carnegie Inst. Washington, Year Book 56, 206—216 (1957).

des Tetraeders projiziert. Ihre Lagen gelten für 2000 Bar H_2O-Druck und für das Ab/An-Verhältnis von 3,8 in den Ausgangsgesteinen; das Ab/An-Verhältnis in den kotektischen Schmelzen ist etwas größer. Ein Ab/An-Ver-

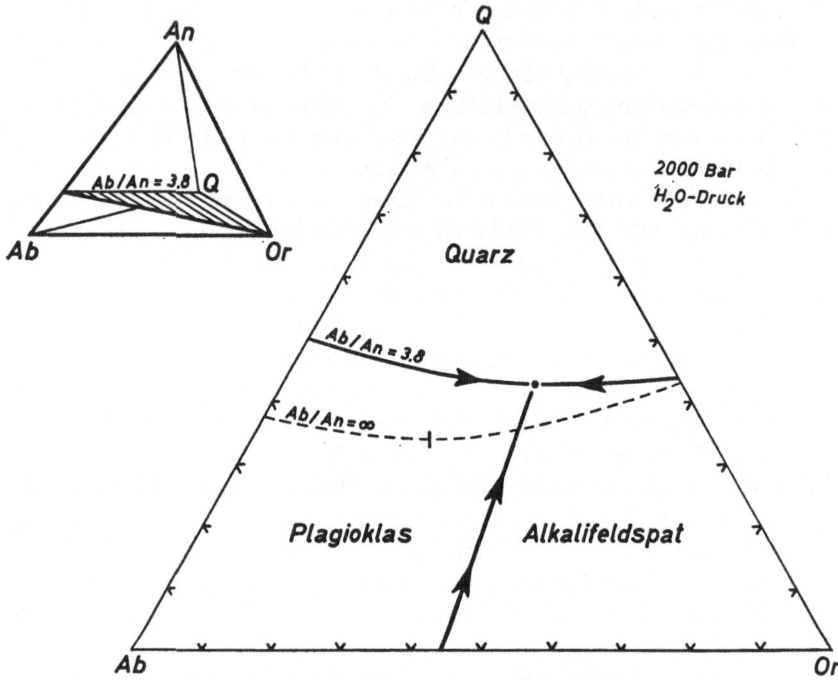

Fig. 46. Projektion des Systems Q—Ab—An—Or—H_2O mit Ab/An = 3,8 bei 2000 Bar H_2O-Druck auf die Ebene Q—Ab—Or. Ausgezogene Linien sind die drei kotektischen Linien, die sich im eutektischen Punkt treffen. Die Pfeile weisen in Richtung fallender Temperatur. Gestrichelt ist die kotektische Linie des Systems Q—Ab—Or—H_2O von TUTTLE und BOWEN; der Querstrich markiert die Lage des Minimums

hältnis von 3,8 bedeutet folgendes: Wenn Ab nur im Plagioklas — nicht auch im Alkalifeldspat — auftritt, dann hat der Plagioklas des Gneises die Zusammensetzung An 21. In dem (projizierten) Tetraederschnitt erscheinen der Quarz-, der Plagioklas- und der Alkalifeldspat-Raum des Tetraeders als Felder, die von den drei kotektischen (ausgezogenen) Linien getrennt sind; das heißt, alle Punkte auf solch einer Linie geben (ohne Berücksichtigung der geringen An-Komponente) diejenigen *Schmelzzusammensetzungen* an, die mit Plagioklas, Alkalifeldspat und Gasphase, mit Alkalifeldspat, Quarz und Gasphase bzw. mit Plagioklas, Quarz und Gasphase im Gleichgewicht stehen. Aus einer Schmelze, deren darstellender Punkt zum Beispiel im Plagioklas-Feld liegt, beginnt die Kristallisation nur mit der Bildung von

Plagioklas; Analoges gilt für Schmelzen, die in dem Quarz- bzw. Alkalifeldspat-Feld liegen.

Die drei kotektischen Linien treffen sich in dem eutektischen Punkt, wo Quarz, Plagioklas, Alkalifeldspat, Schmelze und Gasphase bei der eutektischen Temperatur im Gleichgewicht stehen. Die Zusammensetzung der Schmelze, die in solch einem Schnitt durch das $Q-Ab-An-Or-H_2O$-System bei Beginn der Schmelzbildung entsteht, wird also durch die Lage des eutektischen Punktes angegeben. Allerdings ist nur das Komponentenverhältnis Q : Ab : Or in Fig. 46 dargestellt, der geringe Anteil der An-Komponente in der eutektischen Schmelze ist nicht ablesbar und auch experimentell bisher noch nicht genau bestimmt worden. Man weiß zwar, daß die Menge der An-Komponente in der eutektischen Schmelze mit kleiner werdendem Ab/An-Verhältnis des Ausgangsgesteins etwas zunehmen muß, aber selbst bei Ab/An = 1,8 beträgt sie nur etwa 5%, so daß kein großer Fehler gemacht wird, wenn wir diese geringen Mengen an An-Komponente bei unserer Betrachtung vernachlässigen.

In dem Schnitt mit Ab/An = 3,8 ist das Verhältnis der Komponenten in der eutektischen Schmelze bei 2000 Bar H_2O-Druck (ohne Berücksichtigung von H_2O und der geringen Menge an An-Komponente) Q : Ab : Or = 43 : 21 : 36; die eutektische Temperatur beträgt 695 ± 5 °C. Dieses Eutektikum, bei dem gerade noch eine Schmelze existiert, ist vergleichbar mit dem Minimum auf der kotektischen Linie im System $Q-Ab-Or-H_2O$. Fig. 46 zeigt den starken Unterschied der Lagen der beiden Punkte und der kotektischen Linien, der allein auf die Anwesenheit bzw. Abwesenheit von An-Komponente im System zurückzuführen ist.

Der eutektische Punkt stellt diejenige Zusammensetzung dar, die bei der niedrigsten Temperatur schmilzt; daher wird ein beliebiger Gneis oder Schiefer, dessen darstellender Punkt in Fig. 46 liegt, mit Erreichen der eutektischen Temperatur teilweise aufgeschmolzen unter Bildung einer Schmelze von eutektischer Zusammensetzung. Mit weiterer geringer Temperatursteigerung wird mehr Schmelze gebildet, und die Schmelzzusammensetzung ändert sich entlang derjenigen kotektischen Linie, die an den darstellenden Punkt des Gesteins unter der geringstmöglichen Steigerung der Temperatur am nächsten heranführt.

Für den Prozeß der Anatexis ist es nun sehr wichtig, daß bei konstantem Druck die eutektische Zusammensetzung (und daher auch die Lage der kotektischen Linien) ziemlich stark von dem Komponentenverhältnis Ab/An eines Gneises abhängt. Das wird verständlich, wenn wir uns durch das Tetraeder der Fig. 45 verschiedene Schnitte mit ständig kleiner werdendem Ab/An-Verhältnis gelegt denken; diese Schnitte münden alle in die Or–Q-Kante ein und schneiden die An–Ab-Kante in immer größer werdendem Abstand von der Ab-Ecke. Es ist dann offensichtlich, daß solche Tetraederschnitte mit kleiner werdendem Ab/An-Verhältnis die kotektische Linie

P2—E5 in Punkten schneiden, welche sich immer mehr dem Punkt E5 nähern, der nahe der Or—Q-Kante liegt. Das bedeutet, daß bei konstantem H_2O-Druck die Erstschmelze um so Or- und auch Q-reicher und um so

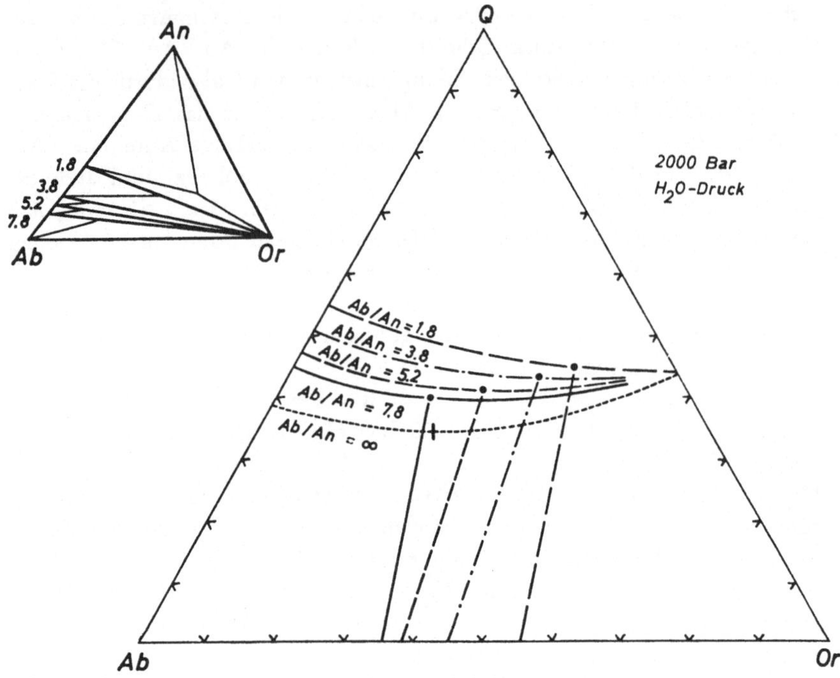

Fig. 47. Eutektika und kotektische Linien von Schnitten durch das System Q—Ab—An—Or—H_2O für verschiedene Ab/An-Verhältnisse bei 2000 Bar H_2O-Druck. Alle Systeme sind in die Q—Ab—Or-Ebene projiziert (v. PLATEN, 1965)

Ab-ärmer ist, je kleiner das Ab/An-Verhältnis bzw. je größer das An/Ab-Verhältnis des Systemschnitts ist. Allgemein muß also erwartet werden, daß ein Gneis, der Andesin als Plagioklas enthält, eine Or-reichere und Ab-ärmere Erstschmelze liefert als ein Gneis, der Oligoklas oder gar Albit als Plagioklas enthält.

Der vorstehend erläuterte Zusammenhang ist quantitativ von v. PLATEN (1965) experimentell verifiziert worden. Die von ihm übernommene Fig. 47 zeigt für verschiedene Ab/An-Verhältnisse die entsprechende Lage des eutektischen Punktes und die dazugehörigen Lagen der kotektischen Linien. Die gestrichelte kotektische Linie der Fig. 47 gilt für das An-freie System, also Ab/An = ∞; der kleine Querstrich auf dieser kotektischen Linie gibt die niedrigstschmelzende Zusammensetzung an, also das Minimum auf der kotektischen Linie im System Q—Ab—Or. Man sieht aus dem Vergleich sehr deutlich, daß bei Anwesenheit von An-Komponente die anatektisch zuerst gebildete Schmelzzusammensetzung um so ärmer an Ab und um so reicher an Kieselsäure- und vor allem an Kalifeldspatkomponente ist, je mehr An relativ zu Ab im System vorhanden ist. Statt 34 Q : 40 Ab : 26 Or bei Abwesenheit von An beträgt im System mit Ab/An = 3,8 das Komponentenverhältnis der eutektischen Schmelze 43 Q : 21 Ab : 36 Or. Wenn das Ab/An-Verhältnis im System kleiner ist, wenn also (vereinfacht) Plagioklas statt der Zusammensetzung An 20 die Zusammensetzung An 36 hat (Ab/An = 1,8), dann ist die Zusammensetzung der eutektischen Schmelze noch etwas reicher an Or- und Q-Komponente und ärmer an Ab-Komponente: 45 Q : 15 Ab : 40 Or. Die Unterschiede gegenüber dem An-freien System sind also sehr wesentlich. Es ist wichtig, daran zu denken, daß trotz konstantem H_2O-Druck die bei der Anatexis von Gneisen gebildeten Erstschmelzen nicht die gleiche Zusammensetzung haben; vielmehr sind sie um so reicher an Or-Komponente, je An-reicher der Plagioklas des Gneises ist (siehe Tab. 9).

Obwohl die eutektischen Schmelzzusammensetzungen in den granitischen Systemen ihre Zusammensetzung stark mit dem Ab/An-Verhältnis ändern, wird die Temperatur des Beginns des Schmelzens nur wenig erhöht: Bei Ab/An = ∞ beträgt sie 670 °C, bei Ab/An = 3,8 beträgt sie 695 °C und bei Ab/An = 1,8 ist die eutektische Temperatur 705 °C, bei jeweils konstantem H_2O-Druck von 2000 Bar. In Tab. 9 ist für verschiedene Ab/An-Verhältnisse von Gneisen die eutektische Temperatur und das Verhältnis Q : Ab : Or der eutektischen Zusammensetzung (ohne Berücksichtigung von H_2O und der geringen An-Mengen) bei $P_{H_2O} = 2000$ Bar angegeben.

Tabelle 9

| Ab/An-Verhältnis | Gültig für 2000 Bar H_2O-Druck | |
	Eutektische Temperatur in °C	Komponenten-Verhältnis in Erstschmelze Q : Ab : Or
∞	670	34 : 40 : 26
7,8	675	40 : 38 : 22
5,2	685	41 : 30 : 29
3,8	695	43 : 21 : 36
1,8	705	45 : 15 : 40

Für andere Ab/An-Verhältnisse können die Angaben hinreichend genau durch Interpolation erhalten werden.

Hieraus ergibt sich, daß die in einem Gneiskomplex zuerst, d. h. eutektisch entstehenden Schmelzen trotz gleicher Tiefenlage, also trotz gleichen Druckes, nicht bei genau gleicher *Temperatur* entstehen. In denjenigen Gneispartien des Komplexes, in denen das Ab/An-Verhältnis am größten ist, d. h. im allgemeinen in denjenigen Gneispartien, die den Ab-reichsten Plagioklas enthalten, erfolgt bei einer Erhöhung der Temperatur infolge hochgradiger Metamorphose zuerst die Anatexis. Die Temperatur des Beginns der Anatexis ist also um so höher, je An-reicher der Plagioklas eines Gneises ist. Hierfür liefern auch die Experimente von Winkler *et al.* (1961, S. 53) an aus Grauwacken entstandenen Gneisen ein überzeugendes Beispiel, welches zeigt, daß Temperaturunterschiede von 40 °C durchaus möglich sind.

Wenn nun die Temperatur z. B. nicht über 685 °C steigt, dann werden bei 2000 Bar H_2O-Druck alle diejenigen Paragneise, welche ein Ab/An-Verhältnis $<$ 5,2 haben, noch nicht teilweise aufgeschmolzen, während in den anderen Gneisen (wozu auch viele Orthogneise gehören) bereits eine anatektische Schmelze entsteht.

Die eutektische Schmelzzusammensetzung eines bestimmten Gneises hängt außerdem vom *Druck* ab. Aus den genannten Untersuchungen von Tuttle und Bowen (1958) und aus einer Arbeit von Luth *et al.* (1964) am System $Q-Ab-Or-H_2O$ wissen wir, daß die Zusammensetzung des kotektischen Minimums bzw. des Eutektikums (bei Drucken von mehr als 3,6 kb) mit steigendem H_2O-Druck vor allem Ab-reicher und Q-ärmer wird. Gleiches gilt auch für An-haltige Systeme. In Tab. 10 ist das Verhältnis der Komponenten Q : Ab : Or in dem An-freien System und andererseits für ein An-haltiges System mit Ab/An = 2,9 (nach v. Platen und Höller, 1966) für verschiedene H_2O-Drucke angegeben; die Temperatur des Minimums bzw. Eutektikums ist ebenfalls aufgeführt.

Tabelle 10

P_{H_2O}	System mit Ab/An=∞ Q : Ab : Or	T in °C	System mit Ab/An=2,9 Q : Ab : Or	T in °C
500	39 : 30 : 31	770		
2 000	35 : 40 : 25	685 [1]	44 : 19 : 37	695
4 000	31 : 46 : 23	655	39 : 25 : 36	670
5 000	27 : 50 : 23	650		
7 000			31 : 35 : 34	655
10 000	23 : 56 : 21	625		

[1] Neuere Experimente durch v. Platen ergaben 670 °C.

Die Zunahme der Ab-Komponente in der niedrigstschmelzenden Komponentenmischung ist auf die Zunahme der in der Schmelze gelösten H_2O-Menge mit steigendem Druck zurückzuführen; diese beträgt bei 2 kb etwa 6 Gew.-%, bei 4 kb etwa 9 − 10%, bei 10 kb 17%.

Es muß außerdem berücksichtigt werden, daß die H_2O-reiche Gasphase auch noch andere Komponenten, wie HCl und HF enthalten kann. Diese sind, wie ebenfalls v. Platen gezeigt hat, auch von Einfluß auf die eutektische Zusammensetzung und auf die Höhe der eutektischen Temperatur.

W. C. Luth, R. H. Jahns und O. F. Tuttle: J. Geophys. Res. **69**, 759 (1964).
H. v. Platen und H. Höller: N. Jb. Miner. Abh. **106**, 106—130 (1966).

Besonders die Anwesenheit einer geringen Menge an HCl neben H_2O in der Gasphase ist in einem metamorphen Gebiet aus folgendem Grunde wahrscheinlich: Sedimente enthalten salinare Lösungen, deren Konzentration mit der Tiefe z. T. erheblich ansteigt. Selbst nach starker Kompaktion in der Tiefe bleiben noch salinare Lösungen zwischen den Mineralkörnern erhalten. Experimente haben nun gezeigt, daß unter den Bedingungen der Metamorphose das NaCl hydrolysiert; das Na_2O reagiert mit den Mineralen der Gesteine und wird vor allem in der Albitkomponente fixiert, während HCl eine Komponente der bei der Metamorphose anwesenden Gasphase ist. Über ihre Konzentration in der Natur können keine Angaben gemacht werden, aber mit ihrer Anwesenheit muß in vielen Fällen gerechnet werden. Das wirkt sich dann auch bei der Anatexis aus, und zwar derart, daß die Eutektika in Schnitten durch das System $Q-Ab-An-Or-H_2O-HCl$ im wesentlichen etwas ärmer an Q und entsprechend etwas reicher an Or sind als bei Abwesenheit von HCl. Außerdem sind die eutektischen Temperaturen ein wenig niedriger. Aus der Arbeit von v. PLATEN (1965) seien folgende Beispiele gegeben, die für einen Gasdruck von 2000 Bar und für eine Konzentration von nur 0,05 m HCl gelten; die Angaben werden verglichen mit denjenigen der HCl-freien, nur H_2O enthaltenden Systeme:

Tabelle 11

Ab/An-Verhältnis		Eutektische Temperatur in °C	Verhältnis in eutektischer Zusammensetzung Q : Ab : Or
∞	mit HCl	660	29 : 38 : 33
	ohne HCl	675	34 : 40 : 26
7,8	mit HCl	665	34 : 35 : 31
	ohne HCl	680	40 : 38 : 22
5,2	mit HCl	680	38 : 30 : 32
	ohne HCl	685	41 : 30 : 29
3,8	mit HCl	690	39 : 23 : 38
	ohne HCl	695	43 : 21 : 36
1,8	mit HCl	700	40 : 15 : 45
	ohne HCl	705	45 : 15 : 40

Für das Verständnis der in der Natur erfolgenden Anatexis von Gneisen sind also außer dem Komponentenverhältnis Ab/An der Gneise auch die Zusammensetzung der Gasphase und selbstverständlich die Gasdrucke zu berücksichtigen.

Wenn überhaupt keine H_2O-reiche Gasphase zwischen den Mineralen eines Gneises vorhanden ist, dann kann natürlich überhaupt keine Anatexis bei den angegebenen Temperaturen erfolgen; denn erst durch die Anwesenheit leichtflüchtiger Komponenten, die sich unter Druck in der Schmelze lösen können, erfolgt die außerordentlich starke Erniedrigung der Temperatur der Schmelzbildung. Wenn kein H_2O vorhanden ist, dann liegen die für eine partielle Verflüssigung von Gneisen erforderlichen Temperaturen etwa 300 °C höher als bei Anwesenheit von H_2O. Temperaturen um 1000 °C werden bei einer hochgradigen Metamorphose jedoch niemals erreicht. Aber Temperaturen um 650 bis 700 °C, die bei Vorhandensein von H_2O für den Beginn der Anatexis bei H_2O-Drucken von 4 bis 2 kb erforderlich sind, werden bei der hochgradigen Metamorphose erreicht und sicherlich auch überschritten; etwa 800 °C wird als höchste Temperatur angenommen.

Wenn nun H_2O vorhanden ist, dann ist die Menge an H_2O ohne Einfluß sowohl auf die Temperatur der Bildung der ersten Schmelze als auch auf die Zusammensetzung dieser Schmelze. Lediglich die *Menge* der bei der Anatexis gebildeten Schmelze ist von der Menge des zur Verfügung stehenden H_2O (+ HCl etc.) abhängig. Das ergibt sich aus folgendem: Eine eutektische Schmelze (wie auch jede andere Schmelze der hier behandelten Systeme) enthält außer ihren silikatischen Komponenten und SiO_2 auch H_2O. Bei 3000 Bar beträgt der Anteil des H_2O an den Komponenten der Schmelze etwa 8 Gew.-%; die Schmelze ist an H_2O gesättigt. Wenn nun das Verhältnis der Komponenten eines Mineralgemenges genau von eutektischer Zusammensetzung ist, aber für die Bildung der eutektischen Schmelze nicht 8% H_2O oder mehr, sondern nur 2% H_2O zur Verfügung stehen, dann kann nicht das gesamte Mineralgemenge bei der eutektischen Temperatur aufgeschmolzen werden, sondern nur ein Viertel des Mineralgemenges; es ist nicht genügend H_2O vorhanden. Es bedarf einer sehr erheblichen Erhöhung der Temperatur, bis jener kristalline Rest vollständig aufgeschmolzen werden kann, obwohl Q : Ab : An : Or im eutektischen Verhältnis stehen. TUTTLE und BOWEN (1958, S. 122) geben hierfür ein schönes experimentelles Beispiel.

Allgemein gilt, daß die bei der Anatexis potentiell bildbaren maximalen Schmelzmengen nur dann gebildet werden können, wenn auch hinreichende Mengen an H_2O etc. zur Verfügung stehen. Das Erscheinungsbild in Migmatitkomplexen ist derart, daß anscheinend ausreichend H_2O zur Verfügung stand; jedenfalls sind noch keine oder nur vereinzelte Beispiele bekannt, die eine Deutung zulassen, daß nur ein Teil mobilisiert, anatektisch verflüssigt war und ein anderer, mineralogisch *gleich* zusammengesetzter Teil kristallin geblieben ist.

Experimentelle Anatexis. Das Grundsätzliche, was wir bisher kennengelernt haben, soll jetzt auf Beispiele angewandt werden. Eine Anzahl von Experimenten über Anatexis an verschiedenen Paragneisen, deren Ausgangsgesteine vor der Metamorphose Tone oder Grauwacken waren, liegen vor. Wenn man die Anatexis eines bestimmten Gneises verstehen will, dann muß man nach den vorangegangenen Ausführungen zunächst aus der chemi-

schen Analyse des Gneises die normativen Mengen von Albit und Anorthit
in Gew.-% berechnen und daraus das Ab/An-Verhältnis bilden. Für das
erhaltene Verhältnis zeichnet man sich aus Fig. 47 (evtl. durch Interpolation) die Projektion des hier anzuwendenden Systems mit seinem Eutektikum und seinen kotektischen Linien heraus. Das Komponentenverhältnis
Q : Ab : Or in der zuerst gebildeten Schmelze ist dasjenige des Eutektikums.

Bei einem der aus Grauwacken gebildeten Alkalifeldspat-Cordierit-
Plagioklas-Quarz-Paragneise (WINKLER *et al.*, 1961, S. 48 ff.) ist das Ab/An-
Verhältnis 5,0. Die Projektion des hierfür geltenden Systems ist in Fig. 48
für 2000 Bar H_2O-Druck dargestellt. Das Komponentenverhältnis Q :
Ab : Or in der eutektischen Zusammensetzung beträgt etwa 41 : 28 : 31,
und die eutektische Temperatur ist 687 ± 10 °C. Die Experimente mit dem
Paragneis haben nun ergeben, daß bei 685 ± 10°C und 2000 Bar H_2O-

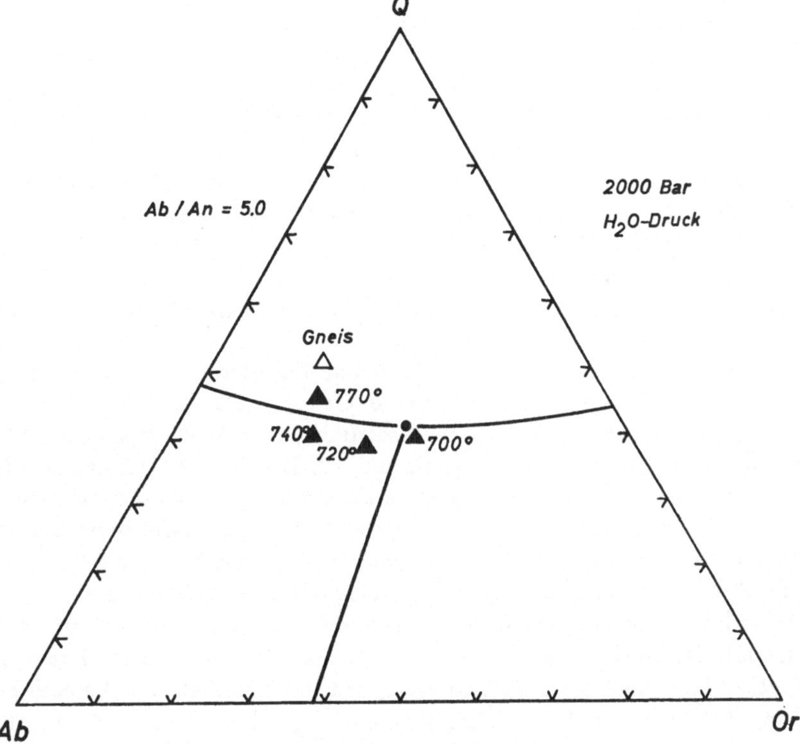

Fig. 48. Anatexis eines aus einer Grauwacke entstandenen Quarz—Plagioklas—
Cordierit—Kalifeldspat—Biotit—Sillimanit—Paragneises.
Veränderung des Verhältnisse Q : Ab : Or in den mit steigender Temperatur ge-
bildeten anatektischen Schmelzen. Temperaturschritte bei 700 °C (wenig oberhalb
der eutektischen Temperatur), 720 °C, 740 °C und 770 °C. Die für 2000 Bar
H_2O-Druck und das Ab/An-Verhältnis von 5,0 geltende Lage der kotektischen
Linie ist eingezeichnet

Druck sich tatsächlich eine Schmelze bildet, die bei 700 °C praktisch noch eutektische Zusammensetzung hat. Hier ist *aller* Alkalifeldspat zusammen mit den eutektischen Mengen von Plagioklas und Quarz aufgeschmolzen; insgesamt sind ca. 30% des Paragneises schmelzflüssig geworden. Die Schmelze hat eine granitische Zusammensetzung, obwohl der Gneis arm an Kalium ist; er enthält nur 1,7 Gew.-% K_2O und 3,2% Na_2O.

Mit weiterer Erhöhung der Temperatur ändert sich das in Fig. 48 dargestellte Komponentenverhältnis zunächst entlang der kotektischen Linie Plagioklas/Quarz bis etwa 740 °C[1]. Das hat zur Folge, daß die Schmelze bei 740 °C prozentual wesentlich weniger Or enthält als bei 700 °C. Bei 740 °C ist im untersuchten Falle auch *aller* Plagioklas in die Schmelze gegangen, und von den leukokraten Mineralen ist nur noch Quarz übriggeblieben. Hier hat die Schmelze eine granodioritische Zusammensetzung. Mit noch weiterer Temperaturerhöhung muß die Schmelzzusammensetzung jetzt die kotektische Linie verlassen und quarzreicher werden, weil nur noch Quarz aufgeschmolzen werden kann. Der darstellende Punkt der Schmelzzusammensetzung verschiebt sich bei Temperaturerhöhung um 30 °C, nämlich von 740 bis 770 °C, von der kotektischen Linie etwas in das Quarzfeld in Richtung auf den darstellenden Punkt des Gneises. Bei 700 °C beträgt die Menge der Schmelze ca. 30 Gew.-%, bei 720 °C sind es ca. 45%, bei 740 °C sind es ca. 75% und bei 770 °C ca. 80% des ursprünglichen Paragneises. Hierbei ist berücksichtigt, daß nicht nur die in Fig. 48 dargestellten Komponenten nebst An, sondern in jeweils geringer Menge auch die Komponenten eines Teils der Minerale Biotit, Cordierit und Sillimanit in den Schmelzen enthalten sind.

Der aus einer Grauwacke bei 2000 Bar H_2O-Druck entstandene hochmetamorphe Paragneis besteht aus 36 Gew.-% Quarz, 33% Plagioklas (Oligoklas mit An 19), 9% Kalifeldspat (mit wenig Ab-Komponente), 12% Cordierit, 3% Biotit, 3% Sillimanit und 4% Erz. Bei 770 °C, nachdem bei der Anatexis dieses Paragneises 80% schmelzflüssig geworden ist, besteht der kristallin gebliebene Rest aus etwa 8% Quarz, 8% Cordierit und 4% Erz. Bei der Anatexis anderer Paragneise kann auch Sillimanit (bzw. Disthen) und es kann auch An-reicher Plagioklas an Stelle von Quarz als kristalliner Rest erhalten bleiben. Letzteres ist leicht zu verstehen: Wenn nämlich der Gneis Quarz-ärmer ist, derart, daß der darstellende Punkt des Gneises in Fig. 48 nicht im Quarzfeld, sondern unterhalb der kotektischen Linie Quarz/Plagioklas im Plagioklasfeld liegt, dann ist bei 740 °C aller

---

[1] Anmerkung: Daß in Fig. 48 die dargestellten Punkte für die Schmelzzusammensetzung bei 720 °C und bei 740 °C etwas unterhalb, also nicht genau auf der kotektischen Linie liegen, dürfte auf geringe Fehler bei der Bestimmung der Schmelzzusammensetzungen zurückzuführen sein; dennoch ist die geschilderte Art der Änderung der Schmelzzusammensetzung mit steigender Temperatur offensichtlich.

verfügbarer Quarz in Schmelze gegangen, und folglich bleibt Plagioklas als kristalliner Rest übrig[2]. Wenn im Paragneis größere Mengen an Biotit enthalten sind, dann kann ein wesentlicher Teil des Biotits erhalten bleiben, insbesondere wenn die Temperatur des Beginns der Anatexis nicht erheblich überschritten wurde. Unter höheren Drucken, bei denen Almandin-Granat beständig ist, bleibt auch dieser als ein Mineral des kristallinen Restes erhalten.

Durch Anatexis wird also ein Gneis „zerlegt" in den schmelzflüssigen Anteil, der ganz überwiegend aus Feldspatkomponenten und Quarz besteht und granitische bzw. granodioritische Zusammensetzung hat, und in den Anteil des kristallinen Restes, in dem Mg, Fe, Al, evtl. Ca relativ angereichert sind. Der Anteil der Schmelze ist bei der Anatexis von Grauwacken-Paragneisen sehr groß. Bei der Anatexis von aus Tonen und Schiefertonen entstandenen Gneisen ist der Schmelzanteil meistens geringer, aber auch hier beträgt er auf Grund unserer Experimente mindestens die Hälfte des Paragneises, wenn die Temperatur etwas oder wenige Zehnergrade die Temperatur des Beginns der Anatexis überschritten hat.

Der Paragneis, dessen Anatexis vorstehend geschildert worden ist, enthält Kalifeldspat, keinen Muskovit und nur sehr wenig Biotit. Nun gibt es aber sehr viele Paragneise und Quarz-Glimmerschiefer, die keinen Kalifeldspat enthalten. Wie verhalten sich solche Gesteine bei der Anatexis? Man möchte zunächst meinen, daß solche Kalifeldspat-freien Metamorphite nicht in der Lage wären, eine granitische oder granodioritische Schmelze bei der Anatexis zu liefern, weil ja kein Kalifeldspat vorhanden ist, der als eine wesentliche Komponente in einer solchen Schmelze vorhanden sein muß. Experimente haben aber gelehrt, daß jene Meinung nicht richtig ist, sondern daß auch Metamorphite, welche keinen Kali- bzw. Alkalifeldspat enthalten, anatektische Schmelzen mit einem wesentlichen Anteil an Kalifeldspat-Komponente bilden können. Die Voraussetzung hierzu ist selbstverständlich, daß der Metamorphit überhaupt etwas K_2O enthält; dieses liegt dann in den Glimmern vor, wenn kein Alkalifeldspat auftritt.

Wir wollen zunächst Metamorphite betrachten, welche Plagioklas + Quarz + Biotit + Muskovit enthalten, und dann die keineswegs seltenen Muskovit-freien Metamorphite, welche nur Plagioklas + Quarz + Biotit als Hauptgemengteile haben. Für die Betrachtung des Verhaltens von Muskovit-führenden Metamorphiten ist vor allem die Gleichgewichtskurve der Reaktion

$$Muskovit + Quarz = Kalifeldspat + Al_2SiO_5 + H_2O$$

[2] Anmerkung: Diese aus den Aufschmelzbeziehungen sich ergebende Feststellung ist wichtig; denn in Migmatiten ist die Beobachtung z.B. von MEHNERT (1962) gemacht worden, daß *entweder* Quarz *oder* Plagioklas im Melanosom auftritt, d. h. in dem von uns als kristallinen Rest betrachteten Teil des durch Anatexis *in situ* entstandenen Migmatits. MEHNERT, K. R.: N. Jb. Miner. **98**, 208—249 (1962).

wichtig, die in Fig. 40 eingezeichnet ist. Man sieht aus ihrem Verlauf sofort, daß das Stabilitätsfeld von Kalifeldspat in Gegenwart von Al_2SiO_5 und H_2O recht begrenzt ist, d. h., daß das Stabilitätsfeld von Muskovit + Quarz sehr groß ist und daß es ab H_2O-Drucken von 3 – 4 kb den Bereich der Anatexis überlappt. Erst an der Kurve mit der Bezeichnung „Beginn Anatexis Maximum", d. h. an der Kurve, auf der die Eutektika des Systems $KAlSi_3O_8 - SiO_2 - H_2O$ in Abhängigkeit vom H_2O-Druck liegen, erreicht bei H_2O-Drucken von 5 und mehr Kilobar die Stabilität von Muskovit + Quarz ihr Ende, und zwar bei Temperaturen um 725 °C. Man stellt nun aber fest, daß Muskovit in Gegenwart von Quarz dann *nicht* bis zu jener Grenze beständig ist, wenn neben Muskovit und Quarz auch noch Plagioklas zur Mineralparagenese gehört. Denn dann erfolgt stets eine Anatexis bei einer Temperatur, die um so niedriger ist, je geringer der Anorthit-Gehalt im Plagioklas ist, und bei dieser Anatexis verschwindet der Muskovit.

Betrachten wir als Beispiel einen Muskovit-Plagioklas-Quarz-Gneis, der bei 5 kb H_2O-Druck und 680 °C (entsprechend der mittleren punktierten Kurve in Fig. 40) eine anatektische Schmelze zu bilden beginnt, dann stellt man fest (WINKLER, 1966), daß der Muskovit verschwindet und daß die gebildete Schmelze Kalifeldspatkomponente enthält, wodurch neben der Albit-, der Quarz- und der geringen Menge an Anorthit-Komponente eine granitische Zusammensetzung bewirkt wird. Abgesehen von dem höheren H_2O-Druck und der durch den höheren Druck etwas geänderten Zusammensetzung der Erstschmelze ist das Ergebnis genau dasselbe, als wenn — bei niedrigerem H_2O-Druck — Alkalifeldspat als Mineralart neben Plagioklas, Quarz und etwas Al_2SiO_5 im Metamorphit vorgelegen hätte. Der Vorgang läßt sich folgendermaßen beschreiben: Statt

Muskovit + Quarz → Kalifeldspat + Sillimanit + H_2O

gilt

Muskovit + Quarz + Plagioklas →
Kalifeldspat-Plagioklas-Quarz-Komponenten in Erstschmelze + Anreicherer Plagioklas + Sillimanit + H_2O.

Wenn außer Muskovit auch Biotit neben Quarz und Plagioklas vorkommt, dann setzt nach v. PLATEN und HÖLLER (1966) nach Ablauf der vorgenannten Reaktion bei nur wenig höherer Temperatur folgende Reaktion ein:

2 Biotit + 6 Sillimanit + 9 Quarz →
2 Kalifeldspat-Komponente + 3 Cordierit + 2 H_2O.

Bei höheren Drucken, bei denen Almandin neben Cordierit bzw. nur Al-

H. G. F. WINKLER: Tschermaks Miner. Petrogr. Mitt. 11, 266—287 (1966).
H. v. PLATEN und H. HÖLLER: N. J. Miner. Abh. 106, 106—130 (1966).

mandin existieren können, laufen ab:

2 Biotit + 8 Sillimanit + 13 Quarz →
2 Kalifeldspat-Komponente + 3 Cordierit + 2 Almandin + 2 H₂O

bzw.

Biotit + Sillimanit oder Disthen + Quarz →
Kalifeldspat-Komponente + Almandin + H₂O.

(Die letzte Reaktion ist noch nicht verifiziert worden, aber sie ist sehr wahrscheinlich.)

Das Al_2SiO_5 für die Reaktionen entsteht durch die vorher genannte Reaktion von Muskovit + Quarz, und darüber hinaus kann auch noch Al_2SiO_5 im Metamorphit neben Muskovit und Biotit vor der Anatexis vorgelegen haben. (Andere Reaktionen, an denen Biotit, aber kein Al_2SiO_5 beteiligt ist, werden später noch genannt werden.)

Das Wesentliche ist also, daß sowohl der Muskovit als auch der Biotit eine Quelle für die Kalifeldspat-Komponente ist, die in Gegenwart von Quarz und Plagioklas dann entsteht, wenn die Anatexis beginnt. *Die Gegenwart aller drei bzw. vier Minerale ist für die Anatexis notwendig;* denn Plagioklas, Quarz, Muskovit und/oder Biotit liefern jeweils die Komponenten für die bei relativ niedriger Temperatur entstehenden anatektischen Schmelzen granitischer oder granodioritischer Zusammensetzung.

Nach den Untersuchungen von v. PLATEN *et al.* (1966) haben die Erstschmelzen von Alkalifeldspat-freien Quarz-Plagioklas-Muskovit-Biotit-Gneisen dieselbe eutektische Zusammensetzung, die man aus den Schnitten mit konstantem Ab/An-Verhältnis durch das Ab−An−Or−Q−H₂O-Tetraeder erwartet; und die Veränderung der Schmelzzusammensetzung mit steigender Temperatur ist prinzipiell genauso, wie wir es an Hand von Fig. 48 besprochen haben. Das scheint jedoch nicht mehr der Fall zu sein, wenn ein der Anatexis unterworfener Metamorphit nur Biotit neben Plagioklas und Quarz, also keinen Muskovit enthält. Solche Paragneise sind recht häufig; in ihnen ist alles Kalium allein im Biotit gebunden.

KNABE (1966) hat die Anatexis von Gemischen aus Biotit, Quarz und Plagioklas und von entsprechend zusammengesetzten metamorphen Grauwackenschiefern bei 2000 Bar H₂O-Druck untersucht. Es steht fest, daß bei Beginn der Anatexis solcher Gesteine der Biotit nicht vollständig verschwindet, wie das der Muskovit tut; vielmehr vermindert sich mit steigender Temperatur ab dem Beginn der Anatexis die Menge des Biotits allmählich, und selbst bei Temperaturen, die 70 − 100 °C höher als die Temperatur des Beginns der Anatexis liegen, ist noch ein Teil des Biotits erhalten. Es stehen in einem erheblichen Temperaturbereich Schmelze + Biotit + Plagioklas +

W. KNABE: Anatektische Schmelzbildung in Quarz-Plagioklas-Biotit-Gesteinen. Dissertation Göttingen (1966).

Quarz + Gasphase im Gleichgewicht. Ein Teil des Biotits bleibt also bei der Anatexis in der Regel ein Bestandteil des kristallinen Restes, zusammen mit anderen Mineralen, wie Granat, Sillimanit, Cordierit usw.; der andere Teil des Biotits aber liefert infolge inkongruenten Schmelzens und Reaktion mit anderen Mineralen eine Kalifeldspat-Komponente für die anatektische Schmelze. Außer den vorher angegebenen Reaktionen, durch die in Gegenwart von Quarz und Plagioklas aus Biotit und Al_2SiO_5 eine Kalifeldspat-Komponente geliefert wird, sind folgende von den verschiedenartigen, experimentell festgestellten Reaktionen petrogenetisch wichtig:

$$Al\text{-reicher Biotit} + Quarz \rightarrow Kalifeldspat\text{-Komponente} + Gedrit + H_2O.$$

Die Bildung von orthorhombischem Gedrit wurde von KNABE (1966) festgestellt, und zwar bei Verwendung eines Al-reichen Biotits aus einer Biotit-Quarz-Plagioklas-Metagrauwacke.

$$Biotit + Plagioklas + Quarz \rightarrow Kalifeldspat\text{- und}$$
$$Albit\text{-Komponente} + Hornblende.$$

Es sei darauf hingewiesen, daß sich Hornblende gebildet hat, obwohl der Plagioklas arm an Ca ist, denn seine Zusammensetzung betrug nur An 13. Die Neubildung von Hornblende bei der Anatexis ist auch petrographisch festgestellt worden[1]. Bemerkt sei ferner, daß auch eine Neubildung von Ilmenit, $FeTiO_3$, sowohl petrographisch als auch experimentell dann festgestellt wird, wenn der an der Reaktion beteiligte Biotit reich an Ti und Fe ist.

Die schematisch angegebenen Reaktionen von Biotit mit Quarz oder mit Quarz und Plagioklas liefern ab Beginn der Anatexis und von dort an über einen recht großen Temperaturbereich Kalifeldspat-Komponente. Zu Beginn der Anatexis wird also nur ein Bruchteil des Biotits umgesetzt, so daß in der Regel auch nur eine geringe Menge an Kalifeldspat-Komponente, bezogen auf die Menge an Plagioklas- und Quarz-Komponente, in der Erstschmelze vorliegt; das bedeutet, daß in der Regel bei Beginn der Anatexis eine Schmelze granodioritischer Zusammensetzung erzeugt wird. Die jeweilige Zusammensetzung ändert sich mit geringer Erhöhung der Temperatur nur recht wenig, keineswegs in vergleichbarem Ausmaß, wie dies in Fig. 48 für die Anatexis eines anders zusammengesetzten Paragneises dargestellt ist. Das ist darauf zurückzuführen, daß in den hier besprochenen Fällen keine kristalline Phase kurz nach Beginn der Schmelzbildung vollständig in Schmelze gegangen ist; vielmehr wird mit steigender Temperatur infolge weiteren Umsatzes des Biotits eine weitere Menge an Kalifeldspat-Komponente geliefert, die wiederum mit entsprechenden Mengen an Plagioklas- und Quarz-Komponenten die anatektisch entstandene Schmelzmenge vermehrt, ohne — wie die Experimente lehrten — die Schmelzzusammensetzung wesentlich zu ändern. Es bleibt also eine granodioritische Schmelze,

---

[1] Zum Beispiel: W. BÜSCH: N. Jb. Miner. Abh. **104**, 190—258 (1966).

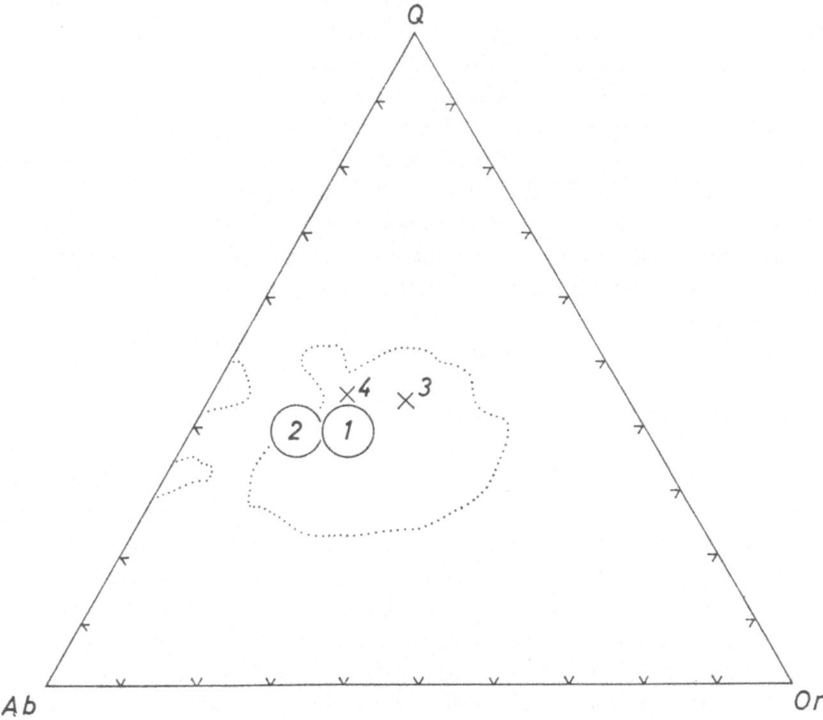

Fig. 49. Durch Anatexis experimentell bei 2000 Bar H_2O-Druck entstandene Schmelzen.
Muskovit- und Kalifeldspat-freie Ausgangsgesteine, bestehend aus Quarz, Biotit und Plagioklas. Kreise 1 u. 2 Schmelzen bei 720 °C, Kreuze 3 und 4 Schmelzen bei 760 °C. Die punktierte Umrandung gibt die Bereiche von granitischen, granodioritischen und trondhjemitischen Gesteinen der Fig. 50 an

Zusammensetzung der Gesteine in Gew.-%:

Gestein	Quarz	Biotit	Plagioklas (An-Gehalt)	Beginn der Anatexis	Schmelzmenge
(1)	20	37	40 (An 25)	715 ± 10 °C	ca. 45% bei 720 °C
(2)	21	30	45 (An 21)	690 ± 10 °C	ca. 50% bei 720 °C
(3)	38	34	28 (An 13)	660 ± 10 °C	ca. 55% bei 690 °C ca. 75% bei 760 °C
(4)	38	34	28 (An 13)	690 ± 10 °C	ca. 55% bei 720 °C ca. 60% bei 760 °C

Die sehr niedrige Temperatur des Schmelzbeginns bei (3) ist einerseits auf das große Ab/An-Verhältnis und andererseits darauf zurückzuführen, daß der Biotit sehr Fe-reich ist. Der molare Anteil des FeO, bezogen auf FeO+MgO, beträgt bei dem Biotit des Gesteins (3) etwa 0,8, bei (1) und (2) etwa 0,5 und bei (4) nur 0,3. (4) und (3) unterscheiden sich in ihrer Zusammensetzung allein durch die verschiedene Biotitzusammensetzung

die durch Anatexis eines Quarz-Plagioklas-Biotit-Metamorphits entstanden
ist, auch bei mäßiger Erhöhung der Temperatur um einige Zehnergrade als
granodioritische Schmelze erhalten. Die Gesteine 1, 2 und 4, die in der Unterschrift zu Fig. 49 näher gekennzeichnet sind, haben solche granodioritischen anatektischen Schmelzen geliefert. Das Verhältnis Q : Ab : Or innerhalb der Schmelzen ist in Fig. 49 graphisch dargestellt. Der darstellende
Punkt des Gesteins 3 in Fig. 49 zeigt, daß nicht nur granodioritische, sondern bisweilen auch granitische Schmelzen durch Anatexis von Muskovit-
und Kalifeldspalt-freien Gneisen entstehen können. Das ist dann der Fall,
wenn ein sehr Fe-reicher Biotit vorliegt, der in größeren Mengen als andere
Biotite inkongruent schmilzt.

Bei Trennung des Schmelzanteils vom kristallinen Rest, wie es in Migmatiten der Fall war, liefern die anatektisch entstandenen granitischen bzw.
granodioritischen Schmelzen beim Kristallisieren den Mineralbestand von
Graniten bzw. Granodioriten. Auch tonalitische und trondhjemitische
Schmelzen können bei der Anatexis von K_2O-armen Grauwacken gebildet
werden, was wir in unseren früheren Versuchen gezeigt haben. Es ist nun
durchaus vorstellbar, daß sich die Schmelzanteile nicht nur in Linsen und
Adern, sondern auch zu großen magmatischen Körpern sammeln. Die kristallinen Reste, bestehend aus Biotit ± Hornblende + Granat ± Cordierit +
Erz + meistens etwas Quarz, müssen sich dann natürlich auch konzentri-
ren. Solche anatektischen „Restite", zusammen mit den bei anatektischen
Temperaturen nicht partiell verflüssigten Metamorphiten, wie vor allem
Amphibolite und − mengenmäßig untergeordnet − Kalksilikatfelse, Marmore und reine Quarzite, sind dann besonders unter den großen granitischen bzw. granodioritischen Plutonen zu erwarten.

Die Bildung großer Mengen von granitischen, granodioritischen, trondhjemitischen und tonalitischen Schmelzen durch Anatexis ist also ein physika-
lisch-chemisch gut fundierter Vorgang. In einem Gebiet hochtemperierter
Metamorphose ist das Entstehen solcher Schmelzen zwangsläufig, wenn
Quarz-Feldspat-Glimmer-Metamorphite vorliegen und wenn H_2O vorhanden ist. Die Schmelzbildung beginnt − unabhängig von der Menge des anwesenden H_2O − bei erstaunlich niedrigen Temperaturen, um $650-700\,°C$,
also bei den Temperaturen der hochgradigen Metamorphose.

16.2. Entstehung von Migmatiten

Es wird oft die Meinung geäußert, daß die Bildung des leukokraten,
granitisch-granodioritischen Anteils der grob-heterogenen Migmatite auf
einen metasomatischen Prozeß, d. h. hier auf die Zufuhr von „Emanationen" aus der Tiefe, zurückzuführen sei[1]. Diese nicht näher gekennzeichneten

---

[1] Kurzer historischer Überblick in T. F. W. BARTH: Theoretical Petrology.
New York — London 1962, S. 352 ff.

Emanationen sollen Alkalien zugeführt haben, und zwar vor allem Na, in anderen Gebieten aber vor allem K. Andererseits wird die Anatexis als ein wesentlicher Prozeß für die Migmatitbildung heute wohl allgemein akzeptiert; aber den Vorgang der Anatexis selbst kannte man bis vor kurzem nicht. Man hatte keine klare Vorstellung über die Art der gebildeten Schmelzen, so daß man glaubte, auf eine Zufuhr von Alkalien für die Migmatitentstehung nicht verzichten zu können. Es war daher ein großes Verdienst von MEHNERT (1953), folgendes festgestellt zu haben: „Eine Summierung von (leukokratem, granitoidem) Metatekt + (dunklem) Restbestand ergab in einfachen, d. h. quantitativ überschaubaren Fällen ... praktisch Stoffkonstanz." Und ergänzend hierzu kamen MEHNERT et al. (1957) zu dem Ergebnis: „Die Granitisation (die Migmatitbildung) der intermediären Paragesteine des Schwarzwaldes erfolgte im großen gesehen bei konstantem Alkalihaushalt." Es gibt in diesem petrographisch sehr sorgfältig untersuchten Gebiet keine Anzeichen für eine allgemeine Alkali-Zufuhr aus der Tiefe. Lediglich eine Umlagerung, eine Trennung in leukokrate, granitische Partien und in die hier sehr biotitreichen sog. Restit-Partien, welche Cordierit, Sillimanit und auch oft Quarz enthalten, ist in situ erfolgt. Es ist also, wenn man über einen Migmatitbereich von etwa Steinbruchgröße integriert, Stoffkonstanz nachgewiesen worden [1].

Dieses Ergebnis muß man erwarten, wenn der in hochmetamorphen Gebieten zwangsläufig ablaufende Prozeß der Anatexis von Gneisen die Ursache für die Bildung der Migmatite war. Durch Anatexis wird ja in situ, d. h. im Gneiskomplex selbst, ein schmelzflüssiger, also sehr mobiler granitischer Anteil gebildet, der sich zunächst in Linsen und Adern etc. sammelt und sich daher von dem kristallin gebliebenen Rest im Bereich von cm oder dm separiert. Es ist daher selbstverständlich, daß zwar in kleinen Bereichen sehr starke Stoffverschiebungen zwischen mobilem Schmelzanteil und immobilem Restit-Anteil erfolgen, daß aber im großen Bereich die Stoffkonstanz der Summe jener beiden Anteile erhalten bleibt.

Die Migmatite treten in sehr unterschiedlichen Erscheinungsformen auf: Adergneise, speziell *Venite*, deren mengenmäßig unterschiedlicher Anteil an hellen Adern in situ entstandene Segregationen des Gneises selbst sind; *Agmatite*, bei denen brekziöse, also scharfkantige Bruchstücke von dunklen Gneisen oder Amphiboliten von mehr oder weniger homogenem, graniti-

---

K. R. MEHNERT: Geol. Rdsch. **42**, 4—11 (1953).

K. R. MEHNERT und A. WILLGALLIS: N. Jb. Miner. Abh. **91**, 104—130 (1957); siehe auch K. R. MEHNERT: N. Jb. Miner. Abh. **98**, 208—249 (1962).

[1] Die Aussage bezieht sich selbstverständlich nur auf *in situ*-Migmatite. Die andere Art von Migmatiten, die wir Injektionsmigmatite nennen, ist durch Injizieren von granitischer Schmelze in z. B. zerbrochene Amphibolitpartien entstanden. Solche Injektionsmigmatite, die im Vergleich zu den *in situ*-Migmatiten in ganz untergeordneter Menge auftreten, stellen genetisch kein Problem dar und sind von unserer Betrachtung völlig ausgeschlossen.

schem Material umgeben sind; *Nebulite*, welche wesentlich homogener sind als die Venite und Agmatite; in ihnen treten Schlieren auf, d. h. mehr oder weniger scharf begrenzte, unregelmäßig parallele Züge von abweichender, meistens Biotit-reicherer Zusammensetzung. Zwischen diesen Gesteinstypen gibt es alle Übergänge[1].

Das Zustandekommen der so mannigfaltigen Erscheinungsweisen der Migmatite kann man gut verstehen, wenn man sich vorstellt, daß ein Gesteinskomplex, der aus unterschiedlichen Sedimenten, wie Grauwacken, Schiefertonen, Sandsteinen, Tuffen etc. besteht, der Metamorphose und schließlich der Anatexis unterworfen wird. Um das Grundsätzliche zu erkennen, wollen wir uns auf eine Gesteinsgruppe, nämlich auf Grauwacken, beschränken; und hier genügt es, wenn wir nur vier Grauwacken aus dem Harz auswählen, von denen drei sogar aus dem gleichen Steinbruch stammen. Alle vier Grauwacken sind bei der experimentell unter 2000 Bar H_2O-Druck durchgeführten hochgradigen Metamorphose zu Quarz-Plagioklas-Kalifeldspat-Cordierit-Biotit-Gneisen geworden, welche Sillimanit enthalten können. Ihr Mineralbestand ist in Tab. 12 angegeben. Die Ergebnisse der experimentellen Anatexis dieser Gneise bezüglich der entstandenen Schmelzmengen und der Rest-Minerale sind ebenfalls in der Tabelle aufgeführt. (WINKLER *et al.*, 1961, S. 250 ff. Die Temperaturen sind hier auf Grund neuerer Eichung um $5-10\,°C$ korrigiert.)

Die in ihrem qualitativen Mineralbestand so sehr ähnlichen Gneise verhalten sich bei der Anatexis sehr unterschiedlich. Die Temperaturen des Beginns der Anatexis sind wegen des verschieden großen Ab/An-Verhältnisses der Gneise merklich verschieden: In den Gneisen (a) und (b) beginnt die Schmelzbildung bei 685 °C, im Gneis (c) bei 700 °C und im Gneis (d) erst bei 715 °C, weil hier der An-Gehalt des Plagioklases am höchsten ist (die Grauwacke, aus der dieser Gneis entstand, enthält 5% Calcit). Diese etwas unterschiedlichen Temperaturen des Beginns der Anatexis haben zur Folge, daß nur in denjenigen Lagen des Gneiskomplexes, welche aus den Zusammensetzungen (a) und (b) bestehen, bei z. B. 700 °C, eine partielle Schmelzbildung eingetreten ist, während die anderen Partien noch völlig fest geblieben sind. Aber auch in dem Teil des Gneiskomplexes, in dem die Anatexis eingesetzt hat, sind die Mengen der bei 700 °C gebildeten Schmelzen mit 48 bzw. nur 20% sehr unterschiedlich. Wenn dünne schmelzfreie Lagen der Zusammensetzung (c) oder (d) zwischen dicken, fast 50% Schmelze aufweisenden Lagen der Zusammensetzung (a) liegen, dann ist leicht vorstellbar, daß bei tektonischer Beanspruchung die dünnen, festen Gneislagen eckig zerbrechen und sich mit der schmelzreichen Partie (a) vermengen können: Agmatite. Der flüssige Teil von (a) kann auch in Klüfte und Schieferungs-

---

[1] Detaillierte Systematik der Migmatite siehe K. R. MEHNERT: Krystallinikum (Prag) 1, 85—110 (1962).

flächen von (c) oder (d) eindringen. Im Gneisbereich (b) dagegen werden Venite mit nur 20% Schmelzanteil gebildet.

Mit steigender Temperatur vergrößert sich natürlich die Schmelzmenge, aber das Ausmaß der Zunahme ist in den verschiedenen Gneispartien wegen

Tabelle 12. Unterschiedliche Schmelzmengen, gebildet bei jeweils gleicher Temperatur und gleichem Druck bei der Anatexis von vier Paragneisen

Ausgangsgestein Grauwacke	Ab/An-Verhältnis	Schmelzbeginn ±5 °C	Schmelzmenge bei verschiedenen Temperaturen (°C)			
			700	722	740	770
(a) IV/25	5,8	685	48	59	68	73
(b) IV/29	5,7	685	20	49	68	68
(c) IV/16	2,0	700	—	31	48	63
(d) 1 d	1,5	715	—	25	43	67

Mineralbestand (in Gew.-%) der höchstgradigen Gneise

Ausgangsgestein	Quarz	Plagioklas in ( ) An-Gehalt	K-Feldspat	Cordierit	Biotit	Silli-manit	Erz
(a) IV/25	31	31 (13)	7	8	11	8	4
(b) IV/29	47	28 (18)	5	8	5	5	3
(c) IV/16	52	31 (30)	4,5	7	5	—	2
(d) 1 d	28	44 (40)	9	4	10	—	4

Ungefähre Mengen (in Gew.-%) der bei 770 °C nicht aufgeschmolzenen Restit-Minerale im Vergleich zur Schmelzmenge

Ausgangsgestein	Quarz	Plagioklas	Cordierit	Biotit	Silli-manit	Erz	Schmelz-menge
(a) IV/25	3	—	11	4	5	4	73
(b) IV/29	23	—	4	—	2	3	68
(c) IV/16	30	—	5	—	—	2	63
(d) 1 d	8	10	6	5	—	4	67

ihrer quantitativ unterschiedlichen Zusammensetzung durchaus verschieden groß.

Bei 720 °C hat sich in allen vier Gneislagen eine anatektische Schmelze gebildet, die in (a) fast 60%, in (d) aber nur 25% beträgt. Man kann sich gut vorstellen, daß das mechanische Verhalten solcher Lagen mit stark unterschiedlichen Schmelzmengen gegenüber deformativer Beanspruchung sehr unterschiedlich ist und zu den mannigfaltigsten Erscheinungsformen hinsichtlich der Größe und Form von Spalten, Ausquetschungen etc. führt.

Bei 770 °C beträgt schließlich der Schmelzanteil in allen vier Gneislagen $^2/_3$ bis $^3/_4$ der Gneise, so daß die Möglichkeit einer weitgehenden Durchmischung und Homogenisierung besteht: Nebulite.

In allen diesen Gneisen, die aus Grauwacken entstanden sind, bleibt bei der Anatexis bei 770 °C (2000 Bar H_2O-Druck) kaum oder sehr viel Quarz neben den anderen in der Tabelle aufgeführten Mg, Fe und Al fixierenden Mineralen übrig. In (d) bleibt sogar Plagioklas übrig; er hat die Zusammensetzung eines An-reichen Labradorits, d. h., dieser kristallin gebliebene Rest des Plagioklases ist infolge des fraktionierten Schmelzens der Plagioklase wesentlich An-reicher als der Plagioklas des Gneises (Andesin) vor der Anatexis.

Die Bildung verschiedener migmatitischer Erscheinungsweisen ist hier am Beispiel von Grauwacken geschildert worden. Durch Berücksichtigung von Ton-, Arkose-, Sandstein- und Tufflagen im sedimentären Komplex wird der Vorgang der Anatexis prinzipiell nicht verändert; denn bei gleicher Temperatur werden einige Lagen noch keine Schmelzphase, andere dagegen unterschiedliche Schmelzmengen aufweisen. Lagen, die aus Quarzit oder Amphibolit bestehen, bleiben bei der Anatexis fest; wenn sie zerbrechen, dann werden sie als Schollen von mehr oder weniger homogenem Anatexit umgeben.

Wir erinnern uns der weltweiten Feldbeobachtung, daß in hochgradig metamorphen Gebieten stets auch Migmatite vorhanden sind. Das ist jetzt völlig verständlich; denn die regionale starke Aufheizung solcher Gebiete bewirkt die Metamorphose, und in ihrem höchsttemperierten Bereich kommt es zwangsläufig zur regionalen Anatexis der Gneise und damit zur Migmatitbildung.

16.3. Genese granitischer Magmen durch Anatexis

Die häufigsten Sedimente sind Schiefertone, aber in Geosynklinalen sind auch Grauwacken stark vertreten, und man nimmt an, daß im Präkambrium Grauwacken besonders häufig waren. Die großen Migmatitgebiete und die meisten von Metamorphiten umgebenen Granitkomplexe im tiefen Grundgebirge sind geologisch sehr alt. Es ist nicht möglich, sich vorzustellen, daß diese riesigen Granitkomplexe aus fraktionierten Restschmelzen gabbroider Magmen entstanden sind. Eine andere Möglichkeit der Entstehung granitischer Magmen — nämlich die durch Anatexis — war bis vor wenigen Jahren in ihrem quantitativen Verlauf noch nicht bekannt. Deshalb hat man vor etwa 30 Jahren die Granitisationshypothesen erdacht, welche die Bildung von Graniten auf metasomatischem Wege durch Transformationen von Sedimenten in Abwesenheit einer Schmelze verstehen wollen. „Transformisten" und „Magmatisten" haben das Problem der Entstehung der Granite lange Zeit heftig diskutiert. In diesem Zusammenhang sind die auf S. 219 angegebenen ersten vier Veröffentlichungen sehr interessant. MEHNERT hat sich der Mühe unterzogen, den Stand des Granitproblems im Jahre 1959 zu schildern, wobei er etwa 300 Arbeiten zitiert.

Auf Grund der erörterten experimentellen Arbeiten über die Anatexis von Gneisen, deren unmetamorphe Ausgangsgesteine Tone, Schiefertone und Grauwacken waren, werden wir nun zwangsläufig zu der Überzeugung gebracht, daß sehr große Mengen granitischer, granodioritischer und (untergeordnet) tonalitischer oder trondhjemitischer *Magmen* in regionalem Ausmaß durch Anatexis von Gneisen entstanden sein müssen. Wir stellen uns ein hochgradig metamorphes Gebiet des tiefen Grundgebirges vor, in dem die Anatexis von Gneisen großräumig vor sich geht. Da die Schmelzmengen granitischer Zusammensetzung, die durch Anatexis von Gneisen entsteht, mindestens 50%, bei Grauwacken 70, ja selbst 95% des Gneises ausmachen können, ist es auch gut vorstellbar, daß sich große Schmelzmengen in großen Volumina sammeln können. Je höher die Temperatur bei der Anatexis war, um so höher ist auch die Temperatur der so entstandenen Magmen; wir meinen, daß etwa 800 °C die maximale Temperatur war. Die anatektischen, granitisch-granodioritischen Magmen können nun in dem Tiefenniveau, in dem sie entstanden sind, kristallisieren: *in situ*-Migmatite; sie können aber auch von hier aus in höhere Krustenniveaus aufsteigen, d. h., sie können intrudieren. Und zwar kann solch ein Magma um so höher aufsteigen, je höher seine Temperatur oberhalb der Solidustemperatur des Magmas liegt, mit anderen Worten, je stärker überhitzt das vom kristallinen Rest weitgehend separierte granitische Magma ist. Ein granitisches, an H_2O gesättigtes Magma, welches nicht überhitzt ist, kann nicht höher aufsteigen, es muß am Ort seiner Entstehung bleiben; denn die Verminderung des Druckes beim Aufsteigen bewirkt sofort eine Kristallisation eines solchen Magmas; siehe WINKLER (1962). Man versteht hieraus, daß man — wie es READ (1957) getan hat — hinsichtlich des geologischen Verbandes granitischer Gesteine mit ihrer Umgebung folgende Arten unterscheiden kann:

a) Am Ort ihrer Bildung gebliebene, autochthone Granite: Das ist der Verband von Graniten mit *in situ*-Migmatiten und Metamorphiten.

b) Parautochthone Granite: Nicht mehr ganz am Ort der Bildung gebliebene Granitkörper mit diffusem Kontakt zum Nebengestein.

c) Intrusive Granite: Vom Ort ihrer Entstehung aufgestiegene Granite in regionalmetamorphen Gebieten, welche die metamorphen Zonen schneiden und scharfen Kontakt zum Nebengestein aufweisen.

d) Granit-Plutone: Hochaufgestiegene, seichte Plutone.

Wir sind der Ansicht, daß eine geringe Menge granitischer Magmen als Differentiationsprodukt gabbroider Magmen entstanden ist; das sind die Magmen, die Temperaturen um 950 °C gehabt haben und infolgedessen auch

J. GILLULY (edit.): Origin of Granite. Geol. Soc. Amer. Memoir. **28** (1948).

H. H. READ: The Granite Controversy. London 1957.

E. RAGUIN: Géologie du Granite. Paris 1957; engl. Übersetzung: Geology of Granite. London-New York-Sydney 1965.

K. R. MEHNERT: Fortschr. Mineral. **37**, 117—206 (1959).

H. G. F. WINKLER: Beitr. Miner. u. Petrogr. **8**, 222—231 (1962).

als rhyolithische Ergüsse oder als Obsidian die Oberflächen erreichen konnten. Aber die bei weitem größeren Mengen der granitischen Magmen sind durch die partielle Anatexis entstanden. Wir sind also der Ansicht, daß die Granite — wie die granitischen Bereiche der Migmatite — aus Magmen kristallisiert sind, und daß lediglich lokal, nämlich im Grenzbereich der Magmen, andere Gesteine durch Feldspatmetasomatose „granitähnlich" werden konnten; letzteres ist oft beobachtet worden; aber stets nur in lokal begrenzten Bereichen.

TUTTLE und BOWEN (1958) hatten in dem Meinungsstreit um das Granitproblem durch ihre experimentellen Arbeiten eine Lanze zugunsten der „Magmatisten" gebrochen. Durch die hier dargestellten Ergebnisse der Experimente über Anatexis und über die granitischen Systeme ist die Stellung der „Magmatisten" noch viel stärker geworden. Die wesentliche Begründung ergibt sich aus den folgenden beiden Punkten:

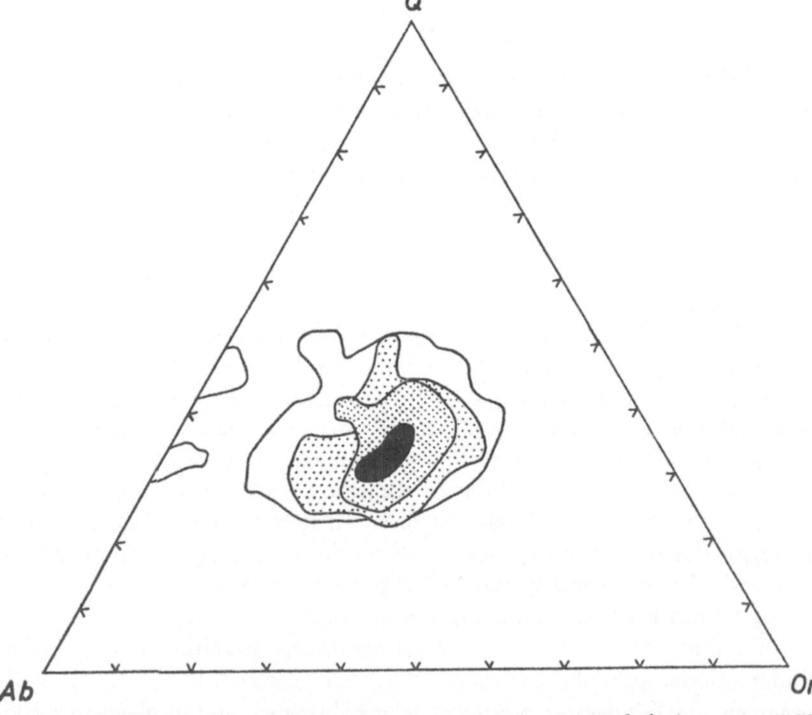

Fig. 50. Häufigkeitsverteilung des normativen Q—Ab—Or-Verhältnisses von 1190 granitischen Gesteinen [aus WINKLER und v. PLATEN: Geochim. et Cosmochim. Acta 24, 250 ff. 1961] In den von der Linie begrenzten Bereichen liegen 86% aller Granite; weit punktierter + eng punktierter + schwarzer Bereich umfassen 73% aller Granite; im eng punktierten + schwarzen Bereich liegen 53%, und allein in dem kleinen schwarzen Bereich liegen 14% aller Granite; hier ist das Häufigkeitsmaximum

1. Die Zusammensetzungen granitischer Gesteine (d. h. Granite i. e. S., Adamellite, Granodiorite, Trondhjemite und Tonalite) liegen hinsichtlich des Verhältnisses ihrer chemischen Hauptkomponenten Q, Ab und Or in einem relativ engen Bereich. Die Zusammensetzungen streuen keineswegs willkürlich, sondern gruppieren sich eindeutig um einen engen Zusammensetzungsbereich größter Häufigkeit. Fig. 50 zeigt die Häufigkeitsverteilung des normativen Q—Ab—Or-Verhältnisses von 1190 granitischen Gesteinen. Das Häufigkeitsmaximum liegt im zentralen (schwarzen) Bereich der Darstellung, und in diesem und dem umgebenden, eng punktierten Bereich liegen zusammen 53% aller granitischen Gesteine. Eine derartige geordnete Häufigkeitsverteilung der granitischen Gesteine scheint nicht durch metasomatische Prozesse erreichbar zu sein.

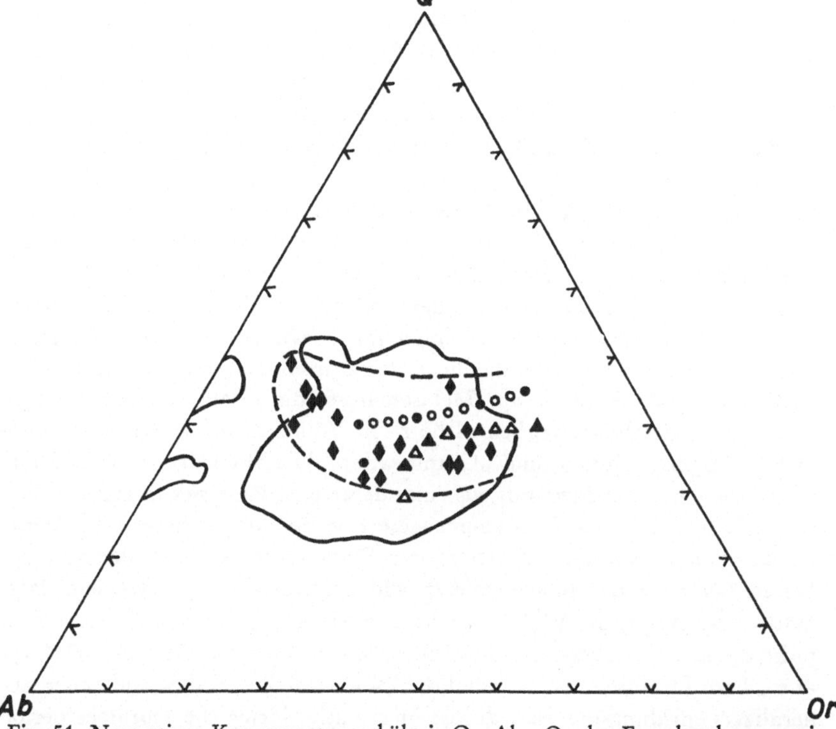

Fig. 51. Normatives Komponentenverhältnis Q—Ab—Or der Erstschmelzen granitischer Systeme und anderer experimentell erzeugter anatektischer Schmelzen bei 2000 Bar H_2O-Druck (v. PLATEN, 1965, und WINKLER et al., 1961). — Punkte = Eutektika im System mit H_2O für die in Tab. 10 angegebenen Ab/An-Verhältnisse; Kreise = Eutektika für interpolierte Ab/An-Verhältnisse. Ausgefüllte Dreiecke und offene Dreiecke kennzeichnen die Eutektika in den Systemen mit 0,05 m HCl. Rauten = anatektische Schmelzen oberhalb eutektischer Temperaturen. — Bei Drucken > 2000 Bar verschiebt sich das gestrichelt umrahmte Feld etwas in Richtung auf die Ab-Ecke. Die ausgezogene Kontur ist von Fig. 50 übernommen

2. Vergleicht man die Häufigkeitsverteilung granitischer Gesteine der Fig. 50 nun mit der in Fig. 51 dargestellten Lage der Eutektika der von v. PLATEN untersuchten granitischen Systeme und mit der Lage der oberhalb der Eutektika experimentell gebildeten anatektischen Schmelzen (des sog. anatektischen Endstadiums, siehe WINKLER et al., 1961), dann sieht man, daß diese Schmelzen sich weitgehend mit der Häufigkeitsverteilung der Granite decken. Die in Fig. 51 dargestellten Punkte der anatektischen Schmelzen geben natürlich keine Häufigkeit an, aber auf Grund der mittleren Zusammensetzung der Schiefertone und der Zusammensetzungen vieler Grauwacken läßt sich sagen, daß die häufigsten anatektischen Schmelzen im zentralen Teil des umgrenzten Bereichs besonders häufig sein müssen.

Bedenken wir nun ferner, daß die in Fig. 51 eingezeichneten Punkte der Schmelzzusammensetzungen nur für 2000 Bar H_2O-Druck gelten, dann ergibt sich entsprechend der im Abschnitt 16.1, Tab. 11, festgestellten Verschiebung der Eutektika in Richtung auf Ab und der dadurch bedingten Verschiebung der kotektischen Linien Quarz/Plagioklas und Quarz/Alkalifeldspat in Richtung auf die Ab—Or-Seite der Darstellung, daß das in Fig. 51 gestrichelt umgrenzte, für 2000 Bar geltende Feld bei höheren Drucken etwas weiter nach unten verschoben, bei geringeren Drucken etwas weiter nach oben verschoben werden muß. Es wird also der ganze ausgezogen umrandete Bereich der Fig. 51, in dem 68% aller Granite liegen, durch den Bereich der anatektisch entstandenen Schmelzen überdeckt. Diese Übereinstimmung kann doch wohl nicht anders gedeutet werden, als daß die Granite aus Schmelzen kristallisiert sind, und zwar — wie wir dargestellt haben — überwiegend aus Schmelzen, die durch den Prozeß der Anatexis von Gneisen entstanden sind. *Großräumige* Metasomatose, die infolge Zufuhr eines an Alkali und Kieselsäure reichen „Ichors" in Volumen von vielen Kubikkilometern Migmatitbildung und „Granitisation" bewirkt haben soll, ist kaum vorstellbar, und der Mechanismus eines derartigen Prozesses in einem petrographisch verschiedenartig zusammengesetzten Bereich der tieferen Erdkruste ist unbekannt. Andererseits liefert der Prozeß der Anatexis der mannigfachen Gneise und Glimmerschiefer widerspruchsfrei und zwingend Migmatite und granitische Magmen in riesigen Mengen. Für uns stellt sich daher nicht die kritische Frage, die RAGUIN (1965, S. 296) als „Transformist" für alle „Transformisten" stellt, nämlich: "Why do the alkalies and other mineralizers enriching the ichor diffuse incessantly during the enormous period of a granitization process, and why at a particular moment do they stop, leaving the resulting granitic environment to evolve und consolidate slowly?"

Diese petrogenetische Feststellung steht außer Zweifel: In und unterhalb von höchstgradig metamorphen Gebieten, in den Bereichen der Erdkruste, wo weiträumig die Anatexis vor sich geht, ist der Entstehungsort riesiger Mengen granitischer Magmen. — Basaltische Magmen, die nach heutiger

Ansicht ebenfalls durch partielle Anatexis, aber von Peridotiten, entstanden sind, haben dagegen ihren Ursprungsort in wesentlich heißeren Regionen und in viel größeren Tiefen, nämlich im oberen Bereich des Mantels der Erde.

17. Anhang: Nomenklatur der häufigen metamorphen Gesteine

Magmatische Gesteine sind meistens nach Lokalitäten benannt worden und lassen nur in seltenen Fällen erkennen, wie das Gefüge und der Mineralbestand eines Gesteines ist. Man muß die Namen magmatischer Gesteine — leider — wie Vokabeln lernen. Das ist bei dem Namen der allermeisten metamorphen Gesteine erfreulicherweise nicht der Fall. Hier braucht man nur wenige Namen von Gesteinsgruppen zu lernen, die durch Gefügemerkmale oder/und durch einen bestimmten Mineralbestand gekennzeichnet sind. Darüber hinaus wird der Bestand an Haupt- oder kritischen Mineralen angegeben, indem man ihre Namen dem Namen der jeweiligen Gesteinsgruppe voranstellt. So spricht man z. B. von der Gruppe der Marmore, die alle gut kristallisiertes Carbonat als Hauptgemengteil enthalten, und dann bezeichnet man ein spezielles Gestein z. B. als Dolomit-Marmor, Diopsid-Grossular-Marmor, Tremolit-Marmor etc. Das macht die Nomenklatur der allermeisten Metamorphite klar und leicht verständlich. Sehr zu empfehlen ist es, eine auf quantitativer mineralogischer Zusammensetzung basierende detailliertere Nomenklatur der Metamorphite zu verwenden, wie sie österreichische Petrographen nach Diskussion mit Fachleuten anderer Länder vorgeschlagen haben[1]. Diesem Vorschlag wird hier auszugsweise gefolgt.

Namen wichtiger Gesteinsgruppen

Phyllit: Feinkörniges, sehr dünnschiefriges Gestein, dessen blättrige Minerale überwiegend aus Sericit bestehen. Sie verleihen der Schieferungsfläche einen zusammenhängenden seidigen Glanz. Die Kristallgrößen sind größer als in Tonschiefern (z. B. Dachschiefern), aber kleiner als in Glimmerschiefern.

Die Menge an Sericit + etwas Chlorit ± Biotit übersteigt 50%; zweiter Hauptgemengteil ist Quarz. Ist die Menge des Quarzes jedoch größer als die des Sericits (+ Chlorits), dann spricht man von *Quarzphyllit*.

Zur genaueren Kennzeichnung wird der Name der Nebengemengteile vor die Gesteinsbezeichnung gesetzt, und zwar beginnend mit jenem Mineral, das in geringster Menge vorhanden ist; Mengen von weniger als 5%

---

[1] „Ein Vorschlag zur qualitativen und quantitativen Klassifikation der kristallinen Schiefer" (Ein Symposium), N. Jb. Miner. Monatshefte, 163—172 (1963).

werden im Namen im allgemeinen nicht berücksichtigt. Beispiele: Chloritoid – Chlorit – Albit – Phyllit; Phlogopit – Calcit – Phyllit.

Schiefer: Mittel- bis grobkörniges Gestein mit ausgezeichnetem planarem
und linearem Parallelgefüge. Die einzelnen Mineralkörper können megaskopisch erkannt werden (im Unterschied zu Phylliten). Ist Glimmer, Chlorit, Tremolit oder Talk usw. mit mehr als 50% am Mineralbestand beteiligt,
dann ist das jeweilige Mineral namengebend; man spricht von Glimmerschiefer, Chloritschiefer, Tremolitschiefer, Talkschiefer usw. Als Grünschiefer
werden Sericit – Epidot – Chlorit – Albit-Schiefer bezeichnet.

Ist die Menge der Summe der Phyllosilikate kleiner als die Menge an
Quarz, dann wird der Schiefer *Quarz-Glimmerschiefer* genannt. Darüber
hinaus gilt zur näheren Kennzeichnung die bei den Phylliten angegebene
Regelung.

In dem zitierten Symposiumsbericht wird als maximale Menge des Feld-
spats 20% genannt; wenn mehr Feldspat vorhanden ist, dann soll von
Gneisen statt von Schiefern gesprochen werden. Es trifft zwar oft zu, daß
Schiefer nur bis zu 20% und Gneise mehr als 20% Feldspat enthalten, aber
das gilt nicht allgemein. Das eigentlich charakteristische Unterscheidungs-
merkmal zwischen Schiefern bzw. Quarz-Schiefern und Gneisen ist nicht
der Mineralbestand, sondern das Gefüge. Das hat WENK (1963) klar herausgestellt: Man unterscheidet das *schiefrige* Gefüge von dem *gneisigen*
Gefüge.

„Gesteine mit *schiefrigem* Gefüge (Schiefer) spalten mit dem Hammer-
schlag vorzüglich nach ‚s' in mm- bis 1 cm-dünne Scheiben oder parallel der
Lineation in dünne Stengel." — Schiefer spalten in dünnere Scheiben als
Gneise.

Gneise: Gneise sind mittel- bis grobkörnige Gesteine mit *gneisigem* Gefüge, d. h., sie „spalten grob nach ‚s' in cm- bis dm-dicke Platten und Qua-
der — meist nach Glimmer- oder Hornblendelagen — oder in zylindrische
Körper parallel B (Stengelgneise). Die in der Regel vorherrschenden hellen
und körnigen Gemengteile (Feldspat + Quarz) mit ihrem verzahnten Korn-
gefüge bedingen einen besseren Verband und, verglichen mit dem Schiefer,
eine gröbere, oft jedoch ideal plane Teilbarkeit" (WENK, 1963).

Man unterscheidet Orthogneise, die aus Magmatiten, wie Graniten,
Syeniten, Dioriten etc., entstanden sind, und Quarz- und oft Biotit-reichere
Paragneise, die aus Sedimenten, wie Grauwacken und Schiefertonen, ent-
standen sind. Der speziellere Mineralbestand wird nach der bei den Phyl-
liten angegebenen Regelung bezeichnet; z. B. Disthen – Staurolith – Granat –
Biotit-Gneis.

Amphibolit: Überwiegend aus Hornblende und Plagioklas bestehendes
Gestein, welches aus basischen Magmatiten bzw. Tuffen oder Mergeln entstanden ist. Bei Schieferung liegen die Hornblendeprismen in der Schie-

---

E. WENK: N. Jb. Miner. Monatshefte, 97—107 (1963).

ferungsebene; die Teilbarkeit ist meistens nicht so gut wie bei Schiefern. Quarz ist abwesend oder nur in geringen Mengen vorhanden.

Marmor: Überwiegend aus fein bis grob kristallisiertem Calcit und/oder Dolomit bestehender Metamorphit. Die weiteren Minerale werden angegeben; z. B. Muskovit-Biotit-Marmor.

Quarzit: Zu mehr als etwa 80% aus Quarz bestehendes Gestein; die Quarzkörner verzahnen sich gegenseitig und ergeben so die große Festigkeit. Metamorphe Quarzite müssen von unmetamorphen, diagenetisch entstandenen Quarziten unterschieden werden.

Fels: Fels wird als Texturbezeichnung für massig erscheinende Metamorphite gebraucht; z. B. Quarz-Albit-Fels, Plagioklas-Fels, Kalksilikat-Fels.

Hornfels: Nicht-schiefriges, beim Anschlagen splittriges, feinkörniges Gestein, welches an den Kanten dünner Gesteinssplitter bisweilen wie Horn durchscheint. Das Gefüge ist granoblastisch, ein Mosaik äquidimensionaler kleiner Mineralkörner, in dem oft auch größere porphyroblastische Minerale (oder Relikte) eingebettet sind. Typisch für kontaktmetamorphe Tone, Grauwacken etc.; dieses Gefüge kommt aber auch bisweilen in regionalmetamorphen Gesteinen vor.

Die Kennzeichen anderer Metamorphite, wie z. B. Eklogit, Granulit usw., sind im Text gegeben; siehe Register.

Vorsilben

Meta-: Vorsilbe für metamorphisierte Eruptiva oder Sedimentgesteine, deren Gefüge aber noch das Ausgangsgestein erkennen läßt; z. B. Metabasalte, Metagrauwacken in der Lawsonit-Glaukophan-Fazies.

Von anderen wird jedoch die Vorsilbe „Meta-" allgemeiner gebraucht, nämlich zur Bezeichnung metamorpher Gesteine nach ihrem Ausgangsmaterial, aus dem sie entstanden sind. Beispiel: Meta-Grauwacke bzw. Meta-Diorit = ein aus einer Grauwacke bzw. einem Diorit entstandener Metamorphit.

Ortho-: Diese Vorsilbe vor dem Namen eines Metamorphits kennzeichnet, daß der Metamorphit aus einem magmatischen Gestein entstanden ist; z. B. Orthogneis, Ortho-Amphibolit.

Para-: Vorsilbe zur Bezeichnung eines sedimentären Ausgangsmaterials; z. B. Paragneis, Para-Amphibolit.

Die *quantitative Klassifikation* von häufigen Metamorphiten zeigen die Fig. 52 und 53. Sie folgen weitgehend den Vorschlägen, die auf dem zitierten Symposium (1962) erarbeitet worden sind und ernsthafte Beachtung verdienen. Es müssen jedoch die genannten Einwände von WENK hinsichtlich der Unterscheidung von Gneis und Schiefer bzw. Phyllit berücksichtigt werden; d. h., man darf die zwischen jenen Gesteinsgruppen in den beiden

Figuren eingezeichnete Grenze bei 20⁰/₀ Feldspat nicht als entscheidend für die Namengebung ansehen. Nicht der Mineralbestand, sondern die Art der Teilbarkeit gestattet die Unterscheidung von Gneisen und Schiefern bzw. Phylliten, gerade auch dort, wo die Mineralbestände gleich sein können.

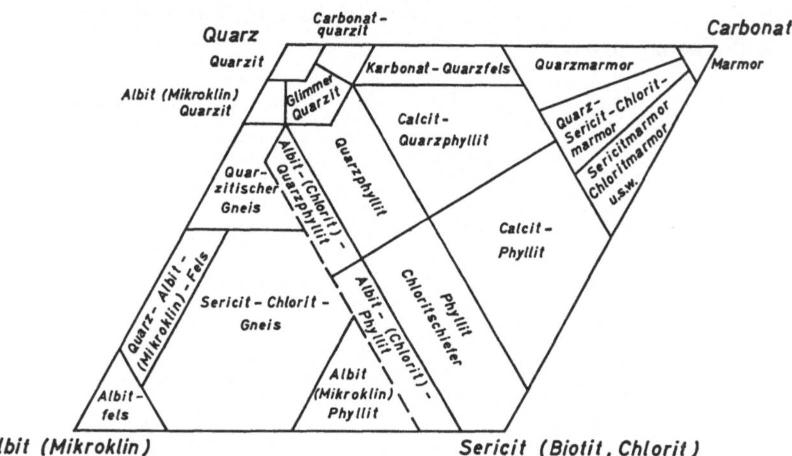

Fig. 52. Metamorphite der Grünschieferfazies mit den in der Darstellung angegebenen Hauptgemengteilen

Die Fig. 52 und 53 geben die Klassifikation für solche Metamorphite an, deren Hauptbestandteile Quarz, Feldspäte und Phyllosilikate bzw. Quarz, Phyllosilikate und Carbonate sind; dies sind in sehr vielen Meta-

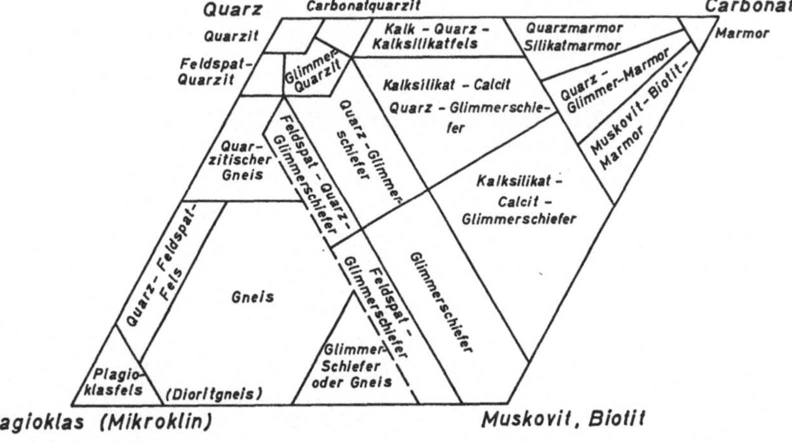

Fig. 53. Metamorphite der Amphibolitfazies mit den in der Darstellung angegebenen Hauptgemengteilen

morphiten die jeweils mengenmäßig häufigsten Minerale bzw. Mineralgruppen. Fig. 52, in der unter den Phyllosilikaten auch Chlorit aufgeführt ist, gilt für Metamorphite der Grünschieferfazies. Fig. 53 gilt für Metamorphite, die bei höheren Temperaturen entstanden sind. Hier sind Phyllite durch Schiefer abgelöst, und Kalksilikate, wie Diopsid und Grossular, die in der Grünschieferfazies nicht auftreten können, kommen hier z. B. in Marmoren vor (Silikatmarmor).

Sachverzeichnis

Herstellung: Konrad Triltsch, Graphischer Betrieb, Würzburg